重庆合川涞滩古镇城门城垣修缮与保护研究

重庆市合川区文物管理所

王励　著

吉林美术出版社

图书在版编目（CIP）数据

重庆合川涞滩古镇城门城垣修缮与保护研究 / 王励著 . -- 长春 : 吉林美术出版社 , 2024. 8.-- ISBN 978-7-5575-9219-6

Ⅰ . TU-87

中国国家版本馆 CIP 数据核字第 2024NB3851 号

重庆合川涞滩古镇城门城垣修缮与保护研究

CHONGQING HECHUAN LAITAN GUZHEN CHENGMEN CHENGYUAN XIUSHAN YU BAOHU YANJIU

著　　者：王励
责任编辑：邓哲
封面设计：石儿
开　　本：710mm × 1000mm　1/16
字　　数：350 千字
印　　张：29.5
版　　次：2024 年 8 月第 1 版
印　　次：2024 年 8 月第 1 次印刷

出版发行：吉林美术出版社
地　　址：长春市净月开发区福祉大路 5788 号龙腾国际大厦 A 座
邮　　编：130118
网　　址：www.jimspress.com
印　　刷：广东虎彩云印刷有限公司

ISBN 978-7-5575-9219-6　　定价：98.00 元

序

刘豫川

初识王励是在 1986 年末，受重庆市文化局委托，市博物馆在南山举办第二次全国文物普查重庆培训班，我是授课老师之一。20 名学员分别来自当时市属区县文化系统，大多初涉文物工作，王励在他们中间年龄最小，当时 19 岁。学习内容为文物基本知识和普查资料采集方法。培训后期进行了实习，沿嘉陵江、涪江、渠江开展三江考古调查，这次培训的学员后来基本上成为了渝西地区各区县文物工作的骨干力量。时光荏苒，屈指算来，距今已近四十年了。

从第二次全国文物普查，到现今的第四次全国文物普查，王励始终在合川文管所工作，扎根于基层文博事业，可谓是“择一事，终一生”了。在这个过程中，他经历了一系列的文物专业培训以及大学文博专业学习，参加了三峡库区哨棚嘴遗址、乌杨墓地考古发掘，白鹤梁文物资料留取，重庆市文物考古研究院在合川的考古发掘项目等工作，完成了专业知识的构建、专业技能的掌握、工作经验的积累，成为合川区文物保护的业务带头人。合川的文物遗存十分丰富，王励在常年工作中，对涞滩古城的保护特别关注。他以所经历的文物保护工作为基础，开展相关学术研究，我认为是一件很值得肯定的事情。需要大力鼓励基层文物工作者深入文物理论学习，开展科学研究，不断适应新时代文物保护的更高要求，这也是我为《重庆涞滩古镇城门城垣修缮与保护研究》作序的初衷。

在文物保护领域，考古发掘后编写报告是规范性要求，但地面文物修缮工程则没有这么明确。一直以来，我们对文物保护工程的成果出版似乎并不太重视，大量的工程资料沉睡于档案资料柜里，难以发挥应有的作用。世纪之交开展的三峡文物大抢救为了促成地面文物保护成果的出版，在国家文物局统一设计的编号序列中给出了丙种的位置。在重庆库区，有《瞿塘峡壁题刻保护工程报告》《巫山大昌古镇》等出版。其间，三峡之外的修缮工程也有了《重庆湖广会馆》的出版，2018 年，《重庆巴南朱家大院修缮与保护研究》问世。其他省市也有这类成果出版，如《天水玉泉观文物建筑保护维修报告》《汾水师家沟古建筑群修缮工程报告》《平顺天台庵弥陀殿修缮工程报告》等。这类成果虽然还不是很多，但已经有了很好的趋势。

《重庆涞滩古镇城门城垣修缮与保护研究》是这一趋势中的又一个重要成果。该书在涞滩古镇清代城寨兴建的政治、经济、文化背景基础上，以勘察设计、修缮方案、修缮工程为主要内容，进行了完整而系统的资料汇集，对涞滩古镇城墙城垣的保存现状、建筑结构、病害特征等进行了调查分析，形成了有针对性的修缮措施和保护方案，全面复原了修缮工程的全过程。书中展示了涞滩古镇城门城垣修缮工程从设计到施工的整个过程中，在强化工程质量的同时，特别注重文物历史信息的保留和文物历史原貌的恢复，体现了文物保护工程的规范化、严谨性和科学性。同时，该书结合涞滩古镇的自然及人文环境、历史脉络、文物资源构成情况，对古镇的形成和发展进行了探讨，对文物价值进行了提炼和评估，对局部性的建筑结构，如瓮城藏兵洞的功能和运作方式进行了分析，体现了作者在深度参与该项目过程中的观察与思考。

对文物工作者来说，除日常文物保护外，还肩负着挖掘文物内涵和弘扬优秀传统文化的责任，这就要求我们不断学习，勤于思考，深入研究，并将其转化为成果。《重庆涞滩古镇城门城垣修缮与保护研究》就是基层文物工作者对这一要求所作的尝试，希望有更多的文物工作者积极作为，在各自的专长中不断精进，取得更加丰硕的学术成果。

2024 年 8 月 1 日

前言

涞滩古镇是全国首批十大历史文化名镇之一，也是全国重点文物保护单位——涞滩二佛寺摩崖造像所在地，因其文物数量众多，类型多样，历史文化深厚，吸引了各地游客，而成为合川著名的旅游景区和文化名片。

据古镇内二佛寺明代正德十年《重修鹫峰禅寺碑记》引前朝遗碑所载，唐末僖宗避蜀期间，曾遣使至涞滩寺院祈佛，可见此时的涞滩已梵音远传。南宋时期在此大规模开凿造像，更显现了涞滩佛教文化的盛行。清代嘉庆年间为防范白莲教，涞滩古镇开始修筑城寨。同治年间，李永和、蓝朝鼎起义纵横四川，民心震动，涞滩古镇又于西门加修瓮城以增强防御，使其防御体系更加完备。

清代川渝各地兴建的山寨数量极多，仅合川一地的清代山寨类文物就有近50座，均位于人烟稀少的孤绝山梁上，只有涞滩古镇在场镇处修建山寨，分析其如此特殊的原因，首先是人口稠密、财富集中而难于迁避它处，其次是三面悬崖，有险可守，一面平坦，可以瓮城加强防御，还有就是人们笃信涞滩古镇乃崇佛之地，有能得到佛祖护佑的心理支撑。涞滩古镇瓮城及城墙的产生，是历史事件、地理环境、经济因素、宗教信仰等共同作用的结果。

历经二百余年的自然和人为损害，涞滩瓮城及城墙多处已出现残破的状况，危及到文物本体安全以及古镇居民的人身财产安全。经国家文物局批准，由北京建工建筑设计研究院制定设计方案，北京古建筑公司对涞滩瓮城及城墙进行了抢救性修缮保护，在各方共同努力下，按科学规划、严格施工、尽职监管，排除了文物险情，恢复了文物的历史风貌，充分保留了文物的历史信息，文物保护工程取得了极大的成功。

文物修缮是一项具有高度责任感和崇高使命感的事业，关系到优秀传统文化的传承，需要对历史有敬畏之心，也需要对文物有充分的理解，更需要严谨的工作态度和踏实认真的工作作风，这一切均体现在修缮工程的每一个步骤，每一处细节中。文物维修工程的完成，不仅延续了文物的生命，保存了文化财富，还在于工程实践中可借鉴的经验与技术，迸发的智慧灵感能得以传承和发扬，而这也正是我们的成书目的。本书以涞滩瓮城及城墙勘察、修缮方案设计和修缮工程为基础，结合涞滩古镇历史、文物资源状况、文物内涵及价值，探讨城寨类文物建筑的设计思路与方法，把握和提炼文物建筑的时代及地域特征，在严格遵守工程规范的基础上，实践创新性的工作方法，积累和总结工作经验，形成工程科技成果，为同类型的文物古建筑修缮提供有价值的参考。

目 录

第一章 概 述

（一）工作背景

1. 区域环境

1.1 合川的区域环境

合川区位于四川盆地东部，华蓥山南段西北麓，重庆以北约 70 千米，面积 2356.21 平方千米，北与四川省武胜县、岳池县及华蓥市接壤。合川地处川东平行岭谷交接地带，位于川东平行岭谷区和成都平原之间。东、北、西三面地势较高，南面地势较低。境内地形主要包括平行岭谷和平缓丘陵，以丘陵为主，沿江两岸多黄土或岩质阶地。气候属亚热带湿润季风区，雨量充足。区内嘉陵江、涪江、渠江三江汇流。

1.2 涞滩古镇的区域环境

涞滩古镇位于合川东北部，渠江右岸的鹫峰山顶，隶属合川区涞滩镇二佛村。其地势西面平坦，东、南两面为陡崖，崖下延续起伏的坡地，北面为自然岩沟，岩陡沟深，地势险峻。其岩体为巨厚层中细粒岩屑长石砂岩，在四段细分层位具有泥质含量较高的特点，但古镇所在的地质基底稳定，边沿岩体风化作用较强，易发生崩裂。

涞滩古镇历史以来为居民聚集地，由古街、民居建筑、寺院建筑等构成，房屋鳞次栉比，人烟稠密，商业繁荣。西门外 100 米处为涞滩新场镇，有宽阔公路与古镇西门相连，公路两侧为仿古式新建房屋，屋高不超过 9 米。古镇山岩下，东、南两面坡地为农业旱地和水田，种植小麦、玉米、水稻、红薯等粮食及蔬菜，并间种有柑橘、枇杷、桃、李等果木，北面岩沟内为成片的楠竹林。古镇东门、小寨门外均有石板路顺坡势蜿蜒与渠江边下涞滩老街及码头相连接。

图 1-1　涞滩古镇航拍

图 1-2　涞滩二佛寺远景

2. 历史沿革

2.1 合川的历史沿革

合川城有两千三百余年历史。古代合川在巴人之前为濮人居住地，约在春秋后期为巴人领地，《华阳国志》载，今城区涪江之南的铜梁山下曾为巴国别都。

秦灭巴蜀后，公元前316年（周郝王元年，秦惠文王后元十一年）置垫江县，是为合川历史上最早县名，辖今重庆合川、铜梁、四川武胜、安岳、岳池等区县，为当时巴蜀境内最早一批置县。

西魏恭帝三年（556年）改为合州，辖垫江、清居、东遂宁、怀化4郡及郡属石镜（合川）、汉初（武胜）、清居（南充市南）、方义（遂宁城区）、德阳（遂宁市中区东南）、长江（蓬溪）、始兴（潼南）7县。

隋开皇十八年（598年），合州更名涪州，大业三年（607年）又改名为涪陵郡。

唐武德元年（618年）复名合州。

宋淳祐三年（1243年）为抗击蒙兵，在州城之东五千米的钓鱼山筑了新城，州治迁至钓鱼城。元至元二十年（1283年）返回原址。以后，合州辖县陆续划出，至清雍正六年（1728年）成为不再辖县的单州，属重庆府管辖。

1913年（民国二年）合州改名合川县，属川东道。民国二十四年属第三行政督察区。

1949年12月3日，属四川省巴县专区，12月20日专署移驻璧山，属四川省璧山专区管辖。此后，于1951年后属四川省江津专区，1981年后属四川省永川地区。1983年永川地区8县划入四川省重庆市，合川县属重庆市辖，1992年合川县改为合川市，仍属重庆。1997年重庆恢复为直辖市，合川市隶属重庆直辖市。2006年合川改市设区，属重庆。

2.2 涞滩古镇及涞滩二佛寺摩崖造像历史沿革

唐代在涞滩古镇所在地已建有寺院，据明代正德年间石碑根据前朝遗碑记载，唐广明二年（公元881年），唐僖宗遣使到二佛寺祈祷，说明早在晚唐时期就有此寺存在，并具有一定的规模。

宋乾德三年（965年）置涞滩场，隶属合州石照县。

南宋淳熙至嘉泰年间（1174—1204年），大规模雕凿佛像，现存造像大部分为此时凿造，形成涞滩二佛寺摩崖造像。

明洪武初涞滩属合州隆市里。

明成化元年（公元1465年）永川僧静照重建该寺。弘治年间废寺。

明正德十三年（公元1518年），寺僧明洁、明宦重建修葺。

明万历二十一年（公元1593年），隆市里信使张承宗装塑大佛、阿难、十地菩萨、地藏、目莲14尊，并作天花板陀盖一副。

崇祯十三年（公元1640年），本州宋坝里信士刘芳先姚氏三出资财金装二佛一尊。

清雍正三年（公元 1725 年），重建二佛大殿。

清乾隆末年属合州明月里。清乾隆五十九年（公元 1794 年），二佛寺建立社仓。

清嘉庆四年（1799 年），为防白莲教起义，当地绅商筹资修筑涞滩古寨。涞滩古镇建立寨墙，形成山城式防御寨堡。

清嘉庆二十一年（公元 1816 年），僧再学修补二佛殿，道光四年（公元 1824 年）重建观音殿创修藏经楼；道光六年（公元 1826 年）修立山门牌坊，道光七年（公元 1827 年）建左右天王殿，道光十年（公元 1830 年）重建东廊。

清道光十二年（公元 1832 年），明经戴君延珍、王君文亮、胡君延黄骏思传、胡君蔼如、刘君大贤、戴君椿龄、胡君春和及住持等重装二佛金身。

清道光二十四年（公元 1844 年），再学徒永桂重建了西廊和玉皇殿。

清同治元年（1862 年）在地势平坦的西门前增修瓮城以增强防御，内设藏洞。

清同治九年（公元 1870 年），合仓绅粮重修二佛寺社仓。

光绪三十二年（1906 年）属龙涞镇，镇治在今龙市场镇。

1918 年 2 月，住持僧觉照补修二佛寺下殿。

民国二十年（1931 年）成为合川第四区公所驻地，置涞滩镇。1941 年改为乡。

解放初期，二佛寺上殿改为涞滩粮站。

1956 年，涞滩古镇内的二佛寺摩崖造像被公布为四川省第一批文物保护单位。

1958 年，改乡为涞滩人民公社，1983 年复编为涞滩乡，1992 年改制为涞滩镇。

1980 年 7 月，四川省人民政府重新公布涞滩二佛寺摩崖造像为省级文物保护单位。

1981 年，经永川地委批准，成立合川县文物保管所，对涞滩二佛寺摩崖造像实施有效管理并正式对外开放。

1990 年，涞滩瓮城及城墙被公布为合川县文物保护单位。

1992 年，重庆市人民政府将其定为重庆市级风景名胜区和“巴渝小十景”之一。

1995 年，涞滩古镇被公布为四川省历史文化名镇。

2000 年 9 月，重庆市人民政府公布涞滩二佛寺摩崖造像为重庆直辖市后第一批文物保护单位。

2003 年 10 月 9 日，国家建设部、国家文物局公布涞滩二佛寺摩崖造像所处的涞滩古镇为第一批中国历史文化名镇。

2006 年 5 月 25 日，国务院公布涞滩二佛寺摩崖造像为第六批全国重点文物保护单位。涞滩瓮城及城墙作为其附属文物纳入。

图 1-3　涞滩二佛寺下殿

图 1-4　涞滩二佛寺上殿山门

图 1-5　涞滩古镇远景

3. 历次维修情况

1981 年至 1984 年，四川省文管会拨款 4 万元，对二佛寺下殿作了排危处理。

1982 年，文管所自筹资金 0.5 万元，对涞滩二佛寺摩崖造像中的水月观音龛后石壁裂隙进行了锚杆和灌浆加固。

1985 年，国家文物局拨款 18 万元，重庆市文化局拨款 3 万元，合川县人民政府拨款 1.5 万元，总计 22.5 万元，整修了上下殿排水沟和下殿造像区的截水沟，翻盖维修了下殿的殿宇，修筑了下殿堡坎和通道，并对主佛脚下的岩穴进行填石灌浆。

1989 年 7 月，涞滩瓮城正门段遭暴雨袭击，部分城门、城墙塌陷，高度为 14 米。

1989 年 8 月，在涞滩瓮城正门段遭受暴雨袭击的情况下，抢险维修了部分城门、城墙，高度为 14 米。

1990 年，合川县人民政府拨款 1.5 万元，新修消防水池一个，安装消防专用通道 200 米，上下殿全部安装了避雷设施。

1993 年，新建二佛寺下殿山门工程，维修资金 2.5 万元。

1994 年，重庆市文化局、财政局立项批准了二佛寺上殿观音殿抢险排危工程项目，并拨款维修经费 9 万元。

1997 年，根据《重庆市文化局、重庆市财政局关于下达 1997 年文物维修工程项目经费的通知》(渝文物〔1997〕44 号),涞滩摩崖造像上殿大雄宝殿排危维修工程,补助经费 9 万元。

1998 年,重庆市文化局、财政局拨款经费 7.5 万元,用于下殿环境工程。

1998 年 11 月 24 日,《重庆市文化局关于涞滩二佛寺大雄宝殿维修工程开工请示的批复》(渝文物〔1998〕110 号)下达。1999 年初,由合川市古建筑队承建,大雄宝殿维修工程动工,年底竣工,并通过重庆市文物局验收。

2000 年,由中国文物研究所进行了合川涞滩摩崖造像第一阶段防渗排水工程施工设计,工程的主要内容有:

(1)顶坡地面的防渗排水工程;

(2)整治后缘排水沟工程;

(3)上殿的消防和防渗、堵漏及后缘墙体的防渗处理工程。

2001 年—2005 年,维修古瓮城及城墙,并对西侧城墙在遗址上进行修复。2001 年由国家住建部、财政部下拨历史文化名城(镇)专项保护资金,由中国文物研究所设计,重庆市文物局批准,重庆三峡地质工程技术有限公司施工,重庆市南江水文地质工程地质队为监理单位,完成了涞滩二佛寺摩崖造像危岩体加固工程和第一期防渗排水工程。项目竣工后经重庆市文物局组织专家验收。

2016 年,《关于审批全国重点文物保护单位涞滩二佛寺摩崖造像——瓮城及古城墙修缮工程立项报告的请示》(渝文物〔2015〕294 号)通过国家文物局立项批复(文物保函〔2016〕470 号),并获得国家文物局专项补助设计经费 38 万元。

2017 年,滩二佛寺摩崖造像北岩造像本体保护工程实施,工程经费 1155 万元。

2017 年,对二佛寺周边 16 处危岩体进行抢险加固,并通过验收,工程经费 619 万元。

2018 年,涞滩二佛寺摩崖造像——瓮城及城墙维修工程开工,工程经费 620 万元。

4. 项目由来

涞滩古镇城门城垣是全国重点文物保护单位,涞滩二佛寺摩崖造像的附属文物,因年久失修已存在较多的病害和相应的险情,并日趋严重,构成了较大的安全隐患,只能以彻底修缮方式,才能根本性解决文物的病害,恢复文物的整体性及历史原貌。合川区文化旅游委提出抢险维修申请,由重庆市文物局报经国家文物局批准,开展实施涞滩古镇城门城垣修缮工程。

5. 工程概况

涞滩二佛寺摩崖造像——瓮城及城墙维修工程涉及西门瓮城、瓮城两侧城墙、东水门（东门）及两侧边墙各 20 延米、小寨门（南门）及两侧边墙各 20 延米。

重庆市文物局向国家文物局上报涞滩古镇城门城垣抢险修缮的请示，获国家文物局批准，拨款进行抢险修缮。工程分两期进行。第一期为：瓮城及城墙现状整修工程，总建筑面积 1785 平方米。第二期为：长岩洞段城墙修护工程。项目总投资 730 万元，其中瓮城及城墙维修工程投入资金约 630 万元，对涞滩古镇瓮城进行修缮加固；长岩洞段城墙修护工程约投入资金 100 万元，对涞滩古镇文昌宫段危岩进行抢险排危及城墙修缮加固。建设工期为 12 个月。

6. 工作依据

6.1 法律依据

（1）《中华人民共和国文物保护法》（根据 2017 年 11 月 4 日第十二届全国人民代表大会常务委员会第三十次会议《关于修改 < 中华人民共和国会计法 > 等十一部法律的决定》第五次修正）。

（2）《< 中华人民共和国文物保护法 > 实施条例》（根据 2017 年 3 月 1 日《国务院关于修改和废止部分行政法规的决定》第三次修订）。

（3）《重庆市实施 < 中华人民共和国文物保护法 > 办法》，依据《重庆市人民代表大会常务委员会关于修改 < 重庆市户外广告管理条例 > 等十三件地方性法规的决定》（重庆市人民代表大会常务委员会公告〔2016〕第 43 号）修订。

6.2 政策依据

（1）《关于加强文物保护利用改革的若干意见》（2018 年 7 月 6 日，中央全面深化改革委员会第三次会议审议通过）。

（2）《国务院关于加强文化遗产保护的通知》（国发〔2005〕42 号）。

（3）《关于进一步加强文物工作的指导意见》（国发〔2016〕17 号）。

（4）《关于加强尚未核定公布为文物保护单位的不可移动文物保护工作的通知》（国家文物局，文物保函〔2017〕75 号）。

（5）《不可移动文物认定导则（试行）》（国家文物局，文物政发〔2018〕5 号）。

（6）《重庆市人民政府关于进一步加强文物工作的通知》（重庆市政府，渝府发 [2012]104 号）。

（7）《重庆市人民政府关于进一步加强文物工作的实施意见》（重庆市人民政府，渝府发〔2016〕26号）。

6.3 技术依据

（1）《中国文物古迹保护准则》（2002年）。

（2）《中国文物古迹保护准则案例阐释》（2005年）。

（3）《文物建筑修缮工程操作规程第2部分：木作》（2014年）。

（4）《古建筑木结构维护与加固技术标准》（2020年）。

（5）《重庆市合川区涞滩二佛寺摩崖造像文物保护规划》（2010年）。

（二）涞滩古镇的历史文化内涵及价值

1. 涞滩古镇城寨兴建的历史缘由

古时地方之间的商贸往来及人员流动以江河航运为主。涞滩濒临渠江，沿江上溯渭溪出合州境，连接广安、达州、巴中，下经小沔、官渡、云门等场镇直达合州，汇入嘉陵江后流经重庆。涞滩河段有礁滩横亘江面，水流湍急，枯水期航道狭窄，需小心通行，洪水期则江面暴涨，隐没礁石，急流中船速难以控制，极易发生触礁毁船事件。船行至此，或进行人员休整以待水位易行之时，或换船转货以避险滩，或收捡船难货物、救治人员，因如此诸多需要，在江边形成街市，人烟密集的市井之地，称为下涞滩场，主要为服务于行商、船工之地，并兼作货物中转场所。在此过程中，当地人已积累了相当的财富。而涞滩古镇则在距此约一千米的山梁之上，主要为当地人聚集进行集市贸易的场所，唐代以前的历史不可考，但在晚唐时，应有规模颇大，闻名于世的佛教寺院，不然也不会有唐僖宗遣使祈佛的古代碑刻记录，而涞滩古镇也极有可能伴随寺院经济而兴起。至于涞滩古镇与下涞滩场孰早孰晚，因无明确文献佐证，无法轻易判断，但两集市本属同地之人，商贸发展和财富流通在本区域内密切相关，所以在相互依存发展的关系下，兴衰应是同步的。这就为涞滩古镇在清代中晚期修建城墙及瓮城提供了经济及社会关系的基础。

清嘉庆元年（1796年）白莲教起义爆发，活跃于四川、湖北、河南、陕西诸省，尤以四川、湖北两省最为激烈，史称“川楚教乱”。至嘉庆九年（1804年），清政府调集十六个省的数十万兵力，总投入超过两亿两白银，国库基本耗费一空才将其剿灭，导致清朝由盛至衰。教乱期间，合州屡受侵害，光绪四年（1878）

《合州志》于“贼侵”中详细列举了嘉庆元年（1796年）至嘉庆七年（1802年）合州境内白莲教劫掠情况。嘉庆三年（1798年），合州知州龚景瀚写了《坚壁清野并招抚议》上书朝廷，提出“团练壮丁，建立寨堡，使百姓自保相聚”，“贼未至则力农贸易，各安其生”，让“民有所恃而无恐”的策略，获朝廷允准，四川各地民众纷纷修建山寨以自保，涞滩古镇城墙即是在此种情况下修建而成的。

清咸丰九年（1859年），李永和、蓝朝鼎在云南昭通牛皮寨发动起义，史称“李蓝起义”，声势浩大，活动遍及滇、川、鄂、陕、甘5省，尤以四川广受影响，起义军流动作战，行踪不定，四川各府、州、县示警不断。咸丰十一年（1861年）起义部队围攻邻近合州的南充、武胜等城，并派兵进入合州境内，引起全州震动。四川总督骆秉章命湘军将领黄淳熙率果毅营追击，5月14日被设伏于合州二郎场燕儿窝的起义军全歼，黄淳熙战死。后于战死地建祠祭祀，名骆黄二公祠，现合川文物管理所收藏有祠内木刻碑一块，是骆秉章为战死将士请加抚恤的奏章，详述了此战全过程。同治元年（1862年）太平军石达开部入川，意欲与李蓝的队伍相互支援，经营四川，民心愈加不稳，在清军力战剿灭起义部队的同时，四川各地民众再一次兴起修建山寨的浪潮。涞滩古镇瓮城就是因应此时情势而修建的，现涞滩二佛寺上殿山门内侧嵌有刻《重装二佛金身碑记》的刻碑一块，其中有：“咸丰辛酉间滇逆猖獗，里人避患于兹”，所谓“滇逆”，即指李永和、蓝朝鼎起义军，可为修筑涞滩古镇瓮城原因之实证。

清中晚期山寨的修建主要为三种形式。第一种是家族式山寨，由家族独自出资，作为本族人的庇护地，这种山寨一般规模较小，如合川区三庙镇高明寨，寨子面积约1800平方米，南寨门券顶石上题记“咸丰三年地主何……承首……”，西寨门券顶石上题记“皇清同治十年辛未岁九月初九日建立，地主何四荣、四美、四思三房人等捐修高明寨第二堡”，系同一家族兴建和增修，为家族独用的山寨；第二种是民众共同筹资兴建的山寨，由当时有名望的士绅充任会首主持修建，如合川区铜溪镇平安寨，面积达3万平方米，西门额枋上题刻“嘉庆三年孟冬月，合郡绅士耆民公建”，这种面积庞大的寨子，为附近居民提供避难之所，非一家一族人财力可完成，且城寨的守护也需更多人完成，是一种公益性的公众建筑；第三种为官督民修的山寨，一般位于商业发达，人烟密集的场镇附近，因官府设有基层管理机构，并是税赋来源地，易于动员及筹资，可免于巨大的人员及财产损失。涞滩瓮城就是以此种形式建成的，虽然无具体的修建人题记，但区文物部门在调查中，据当地戴姓居民口述，他家族流传有官府以责令其先祖带头出资，其余居民进行分摊的方式，承担瓮城的修建，以保古镇内居民平安。瓮城门匾上所题“众志成城”是这一段历史的高度浓缩。

图 1-6 合川长青寨北门

图 1-7 合川四堡寨建寨题记

2. 文物构成情况

2.1 涞滩二佛寺摩崖造像

位于涞滩古镇东部，为南宋时期禅宗造像，全国重点文物保护单位。在北、西、南三面岩壁上镌刻造像一千七百余尊，以高 12.5 米的释迦牟尼说法像为中心，采用分层环绕的方式雕造了佛、菩萨、弟子、罗汉等各种形象，展现了禅宗渊源、法统、禅修方式、公案故事以及水陆供养，具有深刻的禅宗思想内涵。造像布局

图 1-8　涞滩二佛寺释迦说法像贴金后现状

图 1-9 涞滩二佛寺摩崖造像——西岩造像

图 1-10 涞滩二佛寺摩崖造像——禅宗公案像

结构严谨、动静结合，人物形象写实，雕刻细腻繁复，线条自然流畅，具有典型的宋代石刻艺术的特征。

2.2 涞滩瓮城及城墙

位于涞滩古镇，始建于清嘉庆年间，同治元年（1862 年）在西门加修瓮城，占地面积 85800 平方米。城墙用条石砌筑，共设城门 6 道，城内清代古街 2 条，两旁为民居建筑，并有二佛寺摩崖造像、和尚墓群、文昌宫、舍利塔墓、石牌坊等众多文物。1990 年被公布为合川县文物保护单位，2006 年被作为全国重点文物保护单位涞滩二佛寺摩崖造像的附属文物予以合并。

图 1-11　涞滩瓮城

2.3 文昌宫

位于涞滩古镇东南部，始建于清咸丰三年（1853 年），同治年间进行了扩建，平面呈四合院布局，南北对应分别为戏楼和文昌殿，两侧为东、西厢房，中间为天井式院坝，占地面积约 600 平方米，建筑面积 450 平方米。文昌殿为木结构单檐悬山顶，小青瓦屋面，穿透式梁架，次檩上墨书“大清咸丰年岁次癸丑小阳春吉日建”，面阔 3 间 14.35 米，进深 4 间 20.37 米，通高 6.3 米；戏楼为木结构单檐歇山顶，抬梁式梁架，面阔 3 间 8.30 米，进深 3 间 6.50 米，通高 6 米，两侧附廊庑，用木扶梯与地面相连。文昌宫具有清晚期巴渝地方建筑特色，是涞滩古镇历史文化的有机组成部分。

图 1-12 文昌宫

2.4 明代石牌坊

位于涞滩古镇中部，通宽 7 米，通高 6.4 米。为四柱三进三楼，歇山顶，明间檐下施斗拱 3 朵，次间檐下各施斗拱 2 朵，云纹状抱鼓，明楼的上下横额各嵌浮雕“双凤朝阳”和“二龙抢宝”，横额间设石匾，正面刻“大佛禅林”，旁题

图 1-13 明代石牌坊

“万历十五年岁在丁亥秋九月吉旦”；背面刻“鹫岭云深”，左题“住持成相、宗锡，度牒僧行智、行朝立”，右题“郡人陶成关建立”。涞滩石牌坊为明代寺院建筑，反映了二佛寺的历史，具有较高的文物价值。

2.5 二佛寺上、下殿古建筑群

位于涞滩古镇中部，上殿现存建筑为清道光年间重建，由山门、玉皇殿、大雄宝殿、观音殿及左右厢房构成，中轴线对称，呈复式四合院布局，占地面积5181 平方米，建筑面积 3600 平方米。大雄宝殿为石木结构建筑，重檐歇山式，黄色琉璃瓦屋面，抬梁式结构，十架椽屋六椽栿，前后乳栿札牵用四柱，前后均设通廊，面阔 5 间 19.20 米，进深 3 间 15 米，通高 14.10 米。

下殿建筑一座，建于清雍正三年（1725 年），为两楼一底的三重檐歇山顶建筑，依山势而筑，充分利用自然的山岩坡石支撑屋顶，势如梁柱。前檐依托在两块分离的巨石上形成天然门阙，与大门相对的是一块天然巨石，这样东南西北四方均由巨石布局而成，形成了主山、对山和次山的对应关系，前面的巨石就代表了寺院山门前的照壁。大殿的柱、枋、檩子完全以自然山岩的走势和岩体的布局为基础，参差错落于跌宕起伏的山岩上，因势利导构成艺术造型。

2.6 明代和尚墓群

位于涞滩古镇内二佛寺上殿围墙外的缓坡上，从上至下呈 3 排横列，同冢异穴，共 85 座，墓向 78° 。第一排 M1—M42，第二排 M43—M78，第三排 M79—M85，分布于长 60 米，宽 15 米，高 3.2 米范围内，各墓形制相似，大小相同，墓向一致。单墓长 3.10 米，宽 0.90 米，高 1.15 米，均用石板砌成，平顶，直壁，无雕刻纹饰，平面呈长方形，墓门横额均刻有死者姓名，为和尚墓群。该墓群为研究涞滩摩崖造像及二佛寺的发展提供了宝贵的资料。

2.7 清代舍利塔

位于涞滩古镇内二佛寺上殿以东 50 米的山岩上，是清代中期二佛寺住持再学禅师和永桂禅师的瘗骨塔，均为石结构五级六边形，宝瓶顶，由塔基、塔身、塔刹三部分构成。

再学舍利塔采用束腰四边形塔基，浮雕僧众修行图，塔身第一级刻生平铭文，第二级上书“法眼正宗再学塔墓”及“传法眼正宗第十七世荼毗本师上愿下定再学上人铭塔”，落款“道光十一年”。该塔通高 5.75 米，塔基高 1.16 米，边长 1.45米。塔基下设拱形龛，龛内石雕一高僧像，结跏趺坐。

图 1-14　永桂、愿定禅师舍利塔

永桂舍利塔采用两层式束腰塔基，第一级为方形，镂折枝花卉，第二层为圆形，四周雕仰莲瓣，塔身第一级刻铭文，落款“道光十七年”。各级塔身均浮雕佛像及菩萨像，塔基下地宫已被掘开。该塔通高 6.50 米，塔基高 1.26 米，直径 1.86 米。永桂与再学舍利塔明确了清代二佛寺法眼宗的法脉，是研究佛教文化传播与演化的重要文物资料。

2.8 太平池

位于涞滩古镇内的顺城街。清同治元年（1862 年）培修古镇竣工，为防火灾，建此石缸蓄水用于古镇内的消防。石缸平面呈长方形，系人工在整石上挖凿而成，缸体纹路粗糙，未加修饰，缸的一侧刻有楷书体“太平池”，“同治元年”等字，显示为涞滩瓮城修建时同时设置。石缸长 1.93 米，宽 0.90 米，高 0.56 米，壁厚 0.10 米。太平池是涞滩古镇发展的见证，体现了古人的消防意识，是涞滩古镇文物群体的组成部分。

2.9 回龙庙遗址

位于涞滩古镇内。原为寺庙，现今部分被拆毁。先后作为涞滩粮站、涞滩乡政府、涞滩派出所办公场所。庙内主要建筑被毁，文物遗迹有寺庙山门 1 座、侧门 2 座、部分围墙、池塘、石柱础等。山门上横匾用青花碎瓷片各嵌篆体“水月”“松风”，门角施花牙子雀替，围墙用薄青砖纵横错缝砌成中空状墙体。水池边有古老黄桷树二棵，枝叶繁茂。遗址内散落有各式雕花石柱础6个。据当地人介绍，遗址新铺的地面叠压于老庙原石板地坝之上。

2.10 摩崖卧狮

位于涞滩古镇内二佛寺上殿以东，紧邻清代舍利塔。石狮雕凿于一整块暴露于地表的基岩边缘，呈卧伏状，狮头部分雕工较细，双目圆睁，张口露齿，狮鼻硕大，身体其余部分略加修饰，并利用岩石的走向及起伏形成狮身。长8.10米，宽2.20米，高1.86米。该狮造型古朴，动感十足，不尚雕饰而颇具匠心，体现了古人利用自然地形进行艺术加工的审美情趣。

2.11 敏堂、德沛和尚墓

位于涞滩古镇内清代舍利塔旁，西距二佛寺上殿50米。墓葬用条石围砌并设石檐，墓顶垒筑土冢，系同冢异穴墓。墓前立碑2块，碑额均为云纹状，浮雕双龙戏珠、瓶花、狮戏等图案，长7.20米，宽5.90米，高3.02米。左墓碑书“传法眼正宗第十九世圆寂恩师上统下纪敏堂上人觉灵之寿城”，右墓碑书“法眼正宗第二十一世圆寂恩师上大下闻法号德沛上人之墓”，两墓间刻石“大清同治八年岁次己巳孟秋月上浣吉立”。该墓埋葬着清晚期二佛寺高僧，反映了二佛寺的历史渊源、世系等情况，是研究二佛寺历史的珍贵文物资料。

3. 涞滩古镇保存现状

涞滩古镇位于鹫峰山顶，三面临险崖，一面地势平坦，古镇城门城垣依地势而建，在平坦的西面增建半圆状瓮城以加强防御纵深，东、南两面于山岩上修建石墙，北面临深沟，以险绝的自然崖壁为屏障，未修筑城墙。古镇平面略呈圆形，总面积约85800平方米，设城门6道，其中西面瓮城设4道，正方向为贯通式内外城门，两侧城墙交界处各设城门1道，另于东面设东水门，东南面设小寨门。古镇内有2条街道，呈“人”字状分布，分别通往二佛寺和小寨门，蜿蜒曲折，街面用青砂石板铺成，两旁为小青瓦层面的穿斗式民居建筑相连接，立面为木质门窗及板壁，房屋密集，人口众多，商业气息浓郁。镇东部为摩崖造像区和二佛寺，建筑巍峨，气势雄伟。

古镇城门城垣整体较完整，但因自然损害已发生局部性垮塌，尚存的城体也存在石面严重风化、开裂变形、掏蚀、空鼓、石料掉落缺失、地面积水及植物根系窜生造成的墙体松动等情况。2019年文昌宫段基岩发生崩裂垮塌，直接对建于其上的城墙及文昌宫造成严重的安全隐患。人为损害方面，因地处场镇所在地，历史上被当地居民拆除部分石料，民房依城墙而建，被居民随意截石凿孔，改变用途，以及车辆穿行造成城门墙体磕碰损伤，破坏了文物的历史风貌。

4. 价值评述

4.1 涞滩古镇及涞滩二佛寺摩崖造像价值评述

（1）历史价值：

涞滩古镇具有较久远的历史，依渠江航运的水利及宋代摩崖造像的寺院经济而兴，及至清代中晚期修筑城墙及增建瓮城，因应了地理环境、经济发展、宗教信仰和历史事件等诸多因素，是中国古代城镇发展的微缩历史。

涞滩二佛寺摩崖造像是我国晚期摩崖造像寺中的重要遗存，是巴蜀地区石窟艺术发展至巅峰时期的典型代表，是我国建筑史、艺术史、技术史及宗教史的珍贵例证。

涞滩二佛寺的摩崖造像、文物建筑、墓塔、题记、碑记、相关文献记载以及涞滩古镇的城墙、文昌宫等共同构成的文物体系，真实反映了从南宋至清代的历史时期，禅宗佛教的传播和发展以及在这一信仰驱使下，周边民众对涞滩二佛寺的建设和使用活动，体现了以南宋及清代为主的各历史时期的物质生产、精神信仰、生活方式、风俗习惯和社会风尚；同时，各时代的开凿、塑造、绘画的手法也反映出当时人们的工艺水平。

通过研究涞滩二佛寺摩崖造像及相关碑刻、题记，可证实、订正、补充碑文、县志等相关文献记载，进一步真实准确地体现合川地区的历史演变。

涞滩二佛寺摩崖造像是中石窟中绝无仅有的以禅宗为主的大型造像群，更是独一无二的道场式围合空间造像群，其类型独特珍贵，极具代表性。

二佛寺摩崖造像及文物建筑大都经过历史上规模不一的维修，表现出复杂的时代特征，体现着古迹自身的发展变化，真实地反映了不同时期该区域的历史演变。

（2）艺术价值：

涞滩二佛寺摩崖造像为全国重点文物保护单位，是全国最大规模的禅宗摩崖造像，影响广泛。造像布局严谨，虚实相映，人物形态生动自然，线条流畅，雕刻繁复精美，具有典型的宋代石窟艺术特征。

涞滩二佛寺摩崖造像利用崖壁及巨石，以释迦牟尼说法图为中心，构成了一个庞大的禅宗佛教道场，布局巧妙，气势磅礴。

涞滩二佛寺、上下寺及文昌宫等文物建筑结构合理、造型美观、装饰精巧，体现了巴蜀地区传统建筑的较高水平，具有一定的建筑艺术价值。

涞滩二佛寺摩崖造像现存有的宋、明、清各代佛教造像约一千七百尊，题材广泛、内容丰富、造型生动，是中国石窟造像的精品。

涞滩二佛寺摩崖造像的整体布局及雕刻深受禅宗文化的影响，多用写实主义的表现手法，表现出了巴蜀晚期佛教造像艺术现实化、世俗化的审美趋势及禅宗宗教思想。

（3）科学价值：

涞滩古镇充分依托地势营建，增建瓮城的体例在四川地区极为少见，是重庆区域唯一的小体量山寨型城址，对研究古代军事设施建设，建筑思想与建筑工艺均有十分重要的参考价值。

涞滩二佛寺摩崖造像开凿于渠江边山崖之上，符合中国摩崖造像寺开凿选址的传统规律，北岩、南岩、西岩三组造像围合成全国独一无二的道场式造像群。

大部分涞滩二佛寺摩崖造像保存完整，反映了合川地区古代工匠们的高超石刻技艺和卓越的艺术成就，体现了我国劳动人民的勤劳与智慧。

（4）社会价值：

涞滩二佛寺摩崖造像是国家级历史文化名城重庆市、国家级历史文化名镇涞滩古镇和重庆市市级风景区涞滩双龙湖景区的重要组成部分，是重庆市合川区重要的文化资源，也是优质的国有资产，是展示和传播合川地区特色历史文化的重要载体，对传播合川的特色文化和推动区域的经济发展有积极的作用。它是合川区最主要的旅游景点之一。

涞滩二佛寺是合川地区重要的宗教活动场所，目前仍保持禅宗信仰，由禅宗僧人主持，一些传统的宗教活动和知识体系也得到了部分传承。涞滩二佛寺是研究佛教禅宗特别是巴蜀地区禅宗发展历史的重要基地，涞滩二佛寺作为重庆市的佛教名胜，会定期举行庙会、节日庆典及宗教活动，是周边地区民俗文化展现及民间宗教信仰活动的重要场所。

涞滩古镇内文物种类众多，文物资源丰富，展现了深厚的历史文化内涵和多彩纷呈的文化面貌。市井文化与宗教文化并存，相互独立而又相交相融，体现了传统文化的包容与和谐统一。

4.2 瓮城及城墙价值评述

瓮城及城墙作为涞滩二佛寺摩崖造像的重要组成部分，与涞滩摩崖造像、清代古建筑及民居共同形成了具有鲜明特色的历史文化遗产，具有很高的历史、艺术和科学价值。

涞滩瓮城作为石筑古瓮城的代表作，是重庆地区唯一保存完好的古代防御性坞堡建筑，是研究当时建筑形态和防御体系的重要的实物资料，具有很高的历史、艺术、科学和鉴赏价值。

5. 真实性与完整性

5.1 涞滩古镇及涞滩二佛寺摩崖造像真实性

（1）涞滩二佛寺摩崖造像文物本体真实性

1）根据真实性评估标准，结合涞滩二佛寺摩崖造像文物体系的具体情况，主要从文物的外形、材料、功能、位置、管理体制及后期工程干预等方面，对文物原状受干预及变化程度和对文物真实性进行评估：

2）涞滩二佛寺摩崖造像文物本体基本保持了原有历史格局，造像群也基本保持了开凿原貌并且保留有历史上的修缮痕迹，部分被毁建筑及造像的遗址也保存了下来。

3）涞滩二佛寺摩崖造像群基本保留了原建筑材料，原有石雕、泥塑、金装彩绘颜料、题记和碑刻等都保持历史原有材料；二佛大殿结构、材料、内檐装修等也都延续了历史原状，屋顶及檐部进行的修补也使用了传统的材料和工艺；舍利双塔、和尚墓区、文昌宫及瓮城等也基本保持了历史原貌。

4）二佛寺上寺观音殿因为年久失修而被拆除，重建时未在原址，也没有使用原有材料和传统工艺，近年来上寺又陆续修建了僧舍、钟楼、鼓楼等新建筑，并对原有文物建筑重新进行了内部装修，以上工程极大影响了上寺建筑群的历史格局和外观；90 年代以后上寺重新划定了边界范围，修建了新的围墙，人流主要从西侧和南侧新建院门进入，而原先作为主要入口的上寺山门变为出口及次要入口，极大地影响了文物的真实性。

5）二佛寺下寺二佛大殿南侧原有城墙被拆除，增建了平台；原有入口位置及阶梯走向均被改变，影响了原有空间格局。

6）瓮城城门楼被拆除重建，对文物真实性构成了一定影响。

7）解放后对摩崖造像群及可移动文物进行的少量修补，没有完全使用原有构件或传统工艺或传统材料，对文物本体产生了一定的负面影响。

（2）涞滩古镇真实性

涞滩古镇历史风貌及其东侧自然环境均得到了较好的保持，古镇内部分近期建设的商业建筑对文物环境造成了一定的破坏，渠江西岸双槐火力发电站的建设也对二佛寺摩崖造像文物整体环境的真实性造成了一定的负面影响。

涞滩古镇西侧，涞兴街两侧新镇区的建设没有采用与原有历史风貌相协调的方式，对文物环境造成了一定破坏。

（3）真实性总结评估

涞滩二佛寺摩崖造像真实性较好，摩崖造像群、二佛寺下寺、和尚墓区均基本保持了文物原状，上寺文物建筑群受到后期各类工程改变、干预较大，真实性受到很大破坏；各类可移动文物真实性也受到了不同程度的影响。

涞滩二佛寺摩崖造像文物环境整体真实性较好，但部分新建建筑及设施造成了一定的负面影响。

涞滩二佛寺周边的非物质文化遗产部分得到了保留和传承，但真实性受到一定影响。

5.2 涞滩古镇及涞滩二佛寺摩崖造像完整性

涞滩二佛寺摩崖造像完整性评估以是否完整地保存文物本体的全部组成特征作为标准，用以衡量文物特征的整体性和无缺憾性：

（1）涞滩二佛寺摩崖造像群从开凿至今现存41龛，造像总数约一千七百尊，摩崖造像本体完整性较好，但普遍存在一定程度的残损，其中金装彩绘大多已经脱落；造像相关题记、碑刻也大多得以留存，但其中一部分残损严重，历史信息已无法识别，另有少部分遗失。

（2）涞滩二佛寺摩崖造像文物构成复杂、类别丰富，造像、塔龛、文物建筑、舍利塔、墓葬、瓮城城墙等主要构成要素均基本保存完整，并延续了原有历史格局，但上寺观音殿已被拆毁、城墙也仅有部分留存下来，有部分墓葬被掩埋，影响了文物的完整性。

（3）二佛寺摩崖造像文物环境得到了比较完整的保存，其中涞滩二佛寺下寺及和尚墓区内与文物保护无关新建设较少，文物环境完整性较好；二佛寺上寺内新建建筑物较多，原有历史格局受到了较大破坏，对完整性有负面影响。

（4）涞滩古镇内传统民居大多保留，古镇周边历史环境也得到了较好的保护，人为干扰较少，为文物环境提供了足够缓冲范围。

（5）涞滩二佛寺摩崖造像可移动文物以碑刻为主，大部分得以保存，少量遗失，但现存碑刻大多存在一定程度的风化残损，部分碑刻字迹已经很难辨认，历史信息的完整性受到一定程度的破坏。

评估结论，涞滩二佛寺摩崖造像保存完整性较好。

第二章
现场勘察

（一）区域地质环境勘察

1. 气象与水文条件

合川区属亚热带季风气候区，具有春早、夏热、秋雨绵长、冬暖而多雾、无霜期长、雨量充沛的特点。

多年平均降雨量为1227.90毫米，主要集中在5月至9月，占全年降雨量的70%；在冬季（12月至次年2月）雨量最少，占全年降雨量的4.20%，年最大降雨量为1635.20毫米（1982年），日最大降雨量为199.30毫米；多年平均气温18.0℃，极端最低气温－4.5℃，最大风速16.7m/s，年主导风向为北风、静风；多年平均相对湿度80%，年内分配以12月最大，为87%，以8月份最小，为74%。绝对湿度为17.5mb；一年霜冻期日数一般为10—20天；雾日数多为20—35天，日照时数达1384.2—1542.8小时。

区内地表水系发育，在涞滩镇东侧发育渠江，南北侧均发育溪沟。地表水面流汇入溪沟，由溪沟水汇入渠江，再由渠江汇入嘉陵江后流入长江。水系多属树枝状水系，局部形成羽毛状水系。

2. 地质构造与地震

2.1 地质构造

勘查区位于大石桥背斜北西翼，岩层呈单斜产出，据工作区出露基岩，岩层产状320°—325°∠5°—8°，区内未见次级褶皱和断层，地质构造简单。

据已有资料，并结合地质原型调查成果进行分析，发现区内岩体中发育有构造裂隙、卸荷裂隙两类裂隙，各类裂隙发育特征如下：

构造裂隙主要发育有三组：L1 组，产状 50° —57° ∠ 60° —86° ，延伸长度 0.5—8 米，发育间距 1.5—10 米，张开度 2—30 毫米，无充填或少量岩屑充填，节理面较平直；L2 组，产状 142° —148° ∠ 65° —87° ，延伸长度 2—5 米，发育间距 3—6 米，张开度 5—30 毫米，无充填或少量岩屑充填，节理面较平直；L3 组：产状 85° —100° ∠ 70° —88° ，延伸长度 0.5—3 米，发育间距 1.5—3.0 米，节理面较平直。

卸荷裂隙主要是陡崖应力释放回弹形成，沿危岩带所在山体顶部边缘断续延伸，形成卸荷带，勘查区西侧凹腔顶部（长岩洞顶部）可见卸荷裂隙，卸荷裂隙延伸长度一般 5—35 米，张开度为 2—50 毫米不等，裂隙有水渗出。危岩带顶部发育卸荷裂隙宽 5—29 厘米，延伸长度一般 8—29 米，可见深度一般 0.5—15.0 米，张开度为 50—200 毫米不等，黏土及岩屑不完全充填。卸荷带延伸方向（57° —107° ）与危岩带的展布近乎一致，呈东西走向，倾角近于直立。

2.2 地震

区内地震活动微弱，属于相对稳定的弱震环境。根据《中国地震动参数区划图》GB18306—2015 和《建筑抗震设计规范》GB50011—2010（2016 年版），场区地震动峰值加速度为 0.05g，反应谱特征周期为 0.35s，相应的地震基本烈度为Ⅵ度。

3. 地形地貌

工作区属构造剥蚀河流切割丘陵地貌，地形高程在 244.5—283.1 米之间，微地貌上为陡崖—斜坡—陡坎。长岩洞危岩带呈东西走向，坡脚高程在 249.3—256.1 米之间，顶部高程在 273.8—283.1 米之间，相对高差 16.7—32.8 米，陡崖面多数近于直立，陡崖面坡度 65° —86° 。地表植被较发育。危岩体受构造裂隙切割、差异风化、卸荷作用、雨水的侵蚀等共同作用，形成了一大凹腔，凹腔的长度约 70 米，宽度约 15.2 米，凹腔高度约 13.7 米。

（二）保护范围与建设控制地带

1. 概述

1995 年 12 月 8 日，重庆市人民政府以重府发〔1995〕222 号《重庆市人民政府关于报送我市国家级、省级文物保护单位保护范围和建设控制地带及保护管理办法的通知》公布了涞滩二佛寺摩崖造像的文物保护范围、建设控制地带及保护管理办法。

（1）重点保护范围：以摩崖造像所处的二佛寺上、下殿古建筑群的围墙外 10 米为界，面积 0.019 平方千米。

（2）一般保护范围：以涞滩古城寨城墙外 30 米为界，没有城墙的地段以自然山岩下 30 米为界，面积 1.395 平方千米。

（3）建设控制地带：以古城寨瓮城门外的通道前 250 米，现有公路两侧各 50 米为界，建设控制地带面积 0.27225 平方千米。

2. 分述

2.1 保护范围

保护范围：保护范围包括摩崖造像、瓮城、文昌宫三个区。

以摩崖造像所处的二佛寺上、下殿古建筑群、明代石牌坊、明代和尚墓群、清代城门城墙、清代舍利塔等主体文物外围线外 10 米为界，为一个保护范围区。保护范围东至二佛寺下殿自然岩壁下 10 米，西至明代石牌坊外 10 米，南至二佛寺下殿天然巨石下 10 米，北至二佛寺上殿后围墙外 10 米。文物保护范围面积 0.0229 平方千米。

以清代瓮城及城墙的文物外围线外 10 米为界，为一个保护范围区。东、西至瓮城及城墙外文物外围线外 10 米，南、北至自然山岩下 10 米，文物保护范围面积 0.0092 平方千米。

以清代文昌宫建筑文物外围线外 10 米为界，为一个保护范围区。东、南至文昌宫所处南门外及自然山岩下 10 米，西、北至文昌宫围墙外 10 米周边民房，文物保护范围面积 0.003 平方千米。

2.2 建设控制地带

建设控制地带：以涞滩古城寨瓮城及城墙外 60 米，接古城寨瓮城外新街中轴线两侧各 55 米，至前端即新街与公路交接处 250 米为界，没有城墙的地段以自然山岩下 30 米为界。东至古城寨东门外 30 米，南至古城寨南门外 30 米，西至瓮城外 60 米和新街与公路交接处 250 米，北至流石山湾自然山岩以下 30 米为界。建设控制地带面积 0.179 平方千米。

（三）文物形制与结构勘察

1. 古寨整体形制与构成

涞滩瓮城及城墙始建于清代嘉庆四年（1799 年），设东、南、西三门，城墙周长 2.5 千米，东面为东水门，南面为小寨门，北面城墙现已被拆毁，西面为中寨门，同治元年（公元 1862 年）加修瓮城，是为防范当时太平军入川和李蓝起义而建筑的防御设施。

瓮城修建在西门正对的大路口上，呈半圆形状，分内外两层，共建四道城门，四道城门十字相对，颇为壮观，城门边设有藏兵洞，中间构成约 400 平方米的小城堡。瓮城西面的正中开设着的拱形城门，俗称“大寨门”，横额镌有“众志成城”楷书四字，字径 0.5 米，落款“大清同治元年壬戌季夏建立”。

城墙大部分保存完好，用条石构筑，颇为坚固，城内还保存着旧时城堡的面貌。古镇内有历史传统街区两条。

2. 西门瓮城形制与结构

位于城区涞兴街，始建于同治元年（1862 年），由瓮城及城楼组成。瓮城用条石围成半圆状，底边长约 30 米，半径约 16 米，分内外两层，共建四道城门，十字相对。瓮城城墙宽约 3.5 米，高约 6.5 米。垛口墙高约 1.3 米。大寨门门高为 2.67 米、宽为 2.5 米，券高 3.4 米、宽为 4 米，总进深 3.37 米。中寨门门高为 3.12 米、宽为 2.54 米，中空高 4.81 米，总进深 3.95 米。北小门门高为 2.43 米、宽为 2.03 米，中空高 4.81 米，总进深 3.38 米。南小门门高为 2.51 米、宽为 2.03 米，中空高 4.81 米，总进深 3.38 米。城门边设有藏兵洞，从南至北藏兵洞的高度分别为 3.46 米、3.45 米、3.25 米、3.38 米，深为 2.6 米，宽为 4 米。中间构成约 400 平方米的小城堡。城台上外侧用砂岩条石砌筑垛口墙，内侧砌筑砂岩条石宇墙。西门城台上设有城楼，系后期修建，木结构，悬山顶，小青瓦屋面。

3. 瓮城两侧城墙形制与结构

位于城区涞兴街东侧端头，始建于同治元年（1862 年），由瓮城向北约 203.77 米，向南约 104.13 米，全长 307.9 米，城墙宽约 3.5 米，高约 5 米。垛口墙高约 1.3 米。城墙顶外侧用砂岩石砌筑垛口墙，垛口石厚 0.30 米，高 0.30 米，长 0.75 米，内侧用砂岩石砌筑宇墙，石材厚 0.30 米，高 0.30 米，长 0.75 米，城墙顶地面灰土垫层上铺设砂岩石，砂岩石长 1.2 米，宽 0.39 米，厚 0.1 米。

4. 东水门（东门）形制与结构

位于城区二佛寺上殿山门前方，始建于嘉庆四年（1799 年），城门门高 2.46 米，宽 2.05 米，券高 3.19 米、宽 2.52 米，总进深 3.02 米。垛口墙高约 1.3 米。墙身从下至上均为砂岩条石砌筑，城门顶外侧用砂岩石砌筑垛口墙，垛口石厚 0.30 米，高 0.30 米，长 0.75 米，内侧用砂岩石砌筑宇墙，石材厚 0.30 米，高 0.30 米，长 0.75 米，城门顶地面灰土垫层上铺设砂岩石，砂岩石长 1.2 米，宽 0.39 米，厚 0.12 米。

5. 小寨门（南门）形制与结构

位于城区顺城街文昌宫南侧，始建于嘉庆四年（1799 年），门卷拱上刻建城题记“嘉庆四年季冬月，中元之吉象建立”，城门高 3.43 米，宽 2.6 米，中空高 4.86 米，总进深 4.3 米。垛口墙高约 1.3 米。墙身从下至上均为砂岩条石砌筑，城门顶外侧用砂岩石砌筑垛口墙，垛口石厚 0.30 米，高 0.30 米，长 0.75 米，内侧用砂岩石砌筑宇墙，石材厚 0.30 米，高 0.30 米，长 0.75 米，城门顶地面灰土垫层上铺设砂岩石，砂岩石长 1.2 米，宽 0.39 米，厚 0.12 米。

6. 长岩洞段城墙形制与结构

6.1 调查访问

通过对生活在古镇内的年长村民进行的调查访问可知：该段城墙与西城墙连接处长度约 30 米，双面城墙，城墙高约 1.5 米，通过步梯自然过渡到地面。30 米以后至小寨门，为单面城墙。地面为基岩或石板铺设。

经对保存完好城墙的调查可知：山体陡峭地段城墙多为单面城墙（东段、北段城墙），其余段多为双面城墙（西段城墙）。长岩洞段城墙所处位置为高陡边坡，十分险峻，为单面城墙，这与调查访问结果（表 2-1）基本吻合。

表 2-1 调查访问成果表

序号	姓名	年龄	
1	刘业善	82  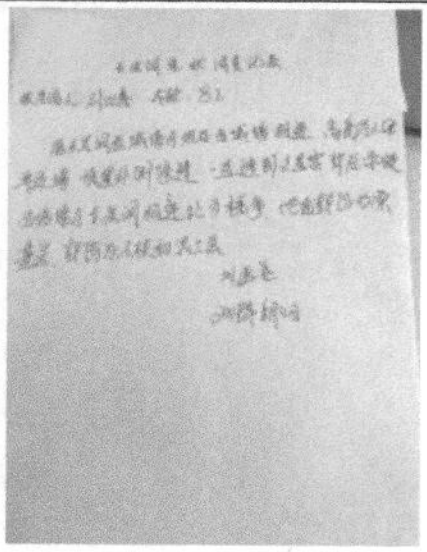	
2	魏兴吉	82  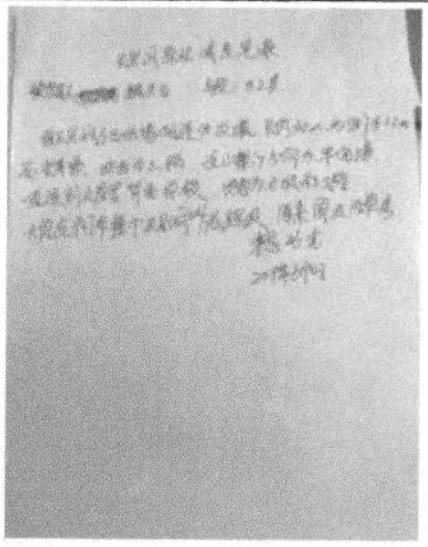	
3	杨常宇	73  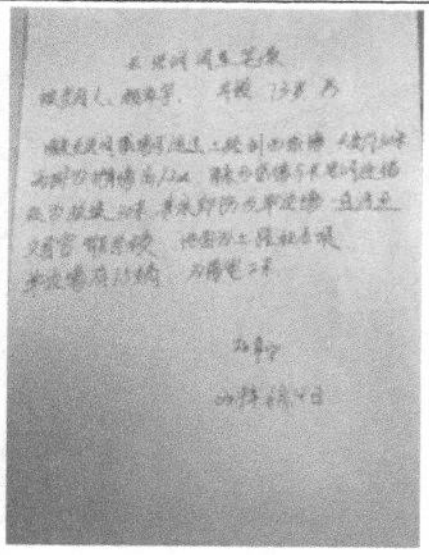	

6.1 现存城墙形制

根据现场调查，瓮城两侧城墙、小寨门、东水门三处的垛口墙形制和调查访问原长岩洞城墙形制来做进一步论证。现存城墙形制如下：

（1）瓮城两侧城墙：垛口墙高约 1.3 米，垛口石厚 0.30 米，高 0.30 米，长 0.75 米，全部采用灰浆勾缝。城墙顶地面灰土垫层上铺设砂岩石，砂岩石长 1.2 米，宽 0.39 米，厚 0.12 米。

（2）小寨门（南门）：垛口墙高约 1.3 米。墙身从下至上均为砂岩条石砌筑，垛口石厚 0.30 米，高 0.30 米，长 0.75 米，全部采用灰浆勾缝。城门顶地面灰土垫层上铺设砂岩石，砂岩石长 2 米，宽 0.39 米，厚 0.12 米。

（3）东水门（东门）：垛口墙高约 1.3 米。墙身从下至上均为砂岩条石砌筑，城门顶外侧为砂岩石砌筑垛口墙，垛口石厚 0.30 米，高 0.30 米，长 0.75 米，全部采用灰浆勾缝。城门顶地面灰土垫层上铺设砂岩石，砂岩石长 1.2 米，宽 0.39 米，厚 0.12 米。

图 2-1　瓮城西侧垛口墙及地面形制（1）

图 2-2　瓮城西侧垛口墙及地面形制（2）

图 2-3　小寨门南侧垛口墙形制（2020 年 10 月摄）

（四）瓮城及城墙病害勘察与评估

1. 总体病害情况

瓮城及城墙整体完整、稳定，没有大范围的安全隐患，但仍存在局部区域墙体鼓闪、开裂，地面积水、坍塌。没有有效的排水设施，树木根系对墙体的侵害，加剧了石砌体的开裂、变形。病害包括车辆穿行造成的磕碰损伤，以及长期的雨水侵蚀、自然风化导致的石砌体表面风化，表面开裂、脱落、碎裂、缺失，墙顶及墙身有大量树木及杂草。城墙底部除部分区域外仍存在排水不畅、杂物堆积及贴墙而建的民房等问题。

2. 普遍性病害

2.1 瓮城范围内：

（1）地面：瓮城内地面现为满铺装石材地面。其中，连接三个门的 T 字形道路采用旧石料铺装、石材损坏程度不一，规格各异，导致地面凹凸不平，铺装方式随意，杂乱无章，无规律可循，路面泛水较大，排水方向为两侧门，路面低于地面，地面为现代机械加工石材铺装，尺寸及工艺与路面石差别较大，影响整体景观效果。城内没有暗排水系统。瓮城外地面除北侧小门外采用杂料铺装外，其余均为现代铺装石地面。

（2）瓮城城墙：垛口以下墙体大部分为原有，垛口墙及宇墙均为后砌。原有墙体石料表面风化、局部缺损较为普遍。树根导致的砌块移位，歪闪以及碎裂较为突出。整体墙面有鼓闪现象，多处有明显的雨水自内向外渗出留下的水渍，石砌体表面残留水泥砂浆抹灰的痕迹。墙面多处生长高大乔木、灌木，杂草丛生，墙面潮湿。

（3）瓮城城台地面、垛口墙、宇墙

1）地面：凹凸不平，勾缝灰脱落，雨水下渗，多处有明显下沉现象。除瓮城主券上城楼建筑投影范围内的石砌体材质较好，且有一定厚度，加工较为规矩外，其他瓮城范围内的顶部地面石材铺装较为粗糙，基础垫层处理不当。现普遍存在石板间高低不平、局部区域下沉、石板断裂、碎裂的现象，破损十分普遍，多处有积水现象。且对游人通行造成了安全隐患。

2）垛口墙、宇墙：大部分为上次修缮时采用新石材砌筑，由于拉结、背山不到位，雨水导致的灰浆流失等情况，造成砌块下沉，墙体外闪。个别石材的材质较差、已完全风蚀粉化，有较大的安全隐患。

（4）城楼：中寨门、大寨门之上的木结构城楼均为后期修建，但大木构架及木基层槽朽严重，歪闪，瓦件碎裂、缺失，屋面漏雨，表面油饰脱落。

2.2 瓮城两侧（西侧）城墙

（1）城墙边墙：中寨门以南（瓮城以南）约 90 米，西侧城墙为原物，尺寸多为 300 毫米 ×300 毫米的方形条石、整体墙面相对完整。没有明显的残缺或大面积的破损，但从建成至今已有两百多年，雨水的冲刷、树木根系的扰动，导致整体石墙呈现不均匀外闪、变形现象。墙体收分变小、树根处鼓胀，普遍存在勾缝灰缺失、砌筑灰浆流失、石砌体间空隙较大等现象，且整个城墙墙体里面常年处于潮湿状态。瓮城北侧全部及南侧端头城墙为后期在遗址上修复，且均按瓮城藏兵洞的做法在城内侧留有多个连续券洞。整体较为完好。

（2）顶面地面：凹凸不平，勾缝灰脱落，雨水下渗，多处有明显下沉现象。地面石材铺装较为粗糙，基础垫层处理不当。现普遍存在石板间高低不平、局部区域下沉、石板断裂、碎裂的现象，破损十分普遍，多处有积水现象。且对游人通行造成了安全隐患。

（3）垛口墙、宇墙：大部分为上次修缮时采用新石材砌筑，由于拉结、背山不到位，雨水导致的灰浆流失等原因，造成砌块下沉，墙体外闪。个别石材的材质较差、已完全风蚀粉化，有较大的安全隐患。

（4）上城台阶：紧邻瓮城的登城口已被封堵、现有的登城口位于西侧城墙的南、北两端，均距瓮城较远。

2.4 东水门

由于所处位置相对于瓮城而言较为偏僻、周边地势又相对陡峭，且体量较小，主要是当地居民日常前往江边或农田时使用，因此，长期以来未得到重视。近年来因为旅游开发的需要，与券门相连的城外山道上进行了较大的改动。券顶也作为观光道路的一部分使用，地面铺装材料已改变且券顶漏雨较严重。加之根系的不断生长和蔓延造成石券面外闪、错位，墙体开裂、鼓闪，券内地面高低不平、积水现象明显。

（1）地面：券洞内地面、城内踏跺、城外踏跺为近期改造，全部采用现代机械加工条石铺装，在改造时，未按其宽度铺满，地面一侧留出排水沟，现路宽较窄。

（2）城墙边墙：两侧边墙均为依山势而建，墙体与山体相接，垛口下墙体为山石料砌筑，因雨水的冲刷导致石墙勾缝灰大量缺失，砌筑灰浆流失、石砌体间空隙较大，后做勾缝灰及抹灰脱落；大量乔木根系侵入墙体，造成石砌体局部碎裂、缺失、鼓闪。

（3）顶面地面：过道地面及台阶为旧石料铺装，石材损坏程度不一，规格各异，导致所有地面凹凸不平，存水、下渗造成券洞内漏雨；城门上共生长3棵树木，其中，内、外侧券脸处的树木已与券体形成一体，券顶上方生长的树木根系由外部侵入券洞内侧，造成拱券石周边大部分墙体鼓闪、松动、碎裂严重，存在安全隐患。

（4）垛口墙、宇墙：垛口墙普遍存在勾缝灰缺失，石砌体间空隙较大、鼓闪等现象；现有宇墙为后做石墙，风貌、样式与城门墙体不符，石墙直接沿城门券洞上方砌筑，无宇墙，造成城门顶面平台较为狭窄。

2.5 小寨门

（1）地面：券洞内现状为旧石料铺装，石材损坏程度不一，规格各异，导致所有地面凹凸不平，存水、下渗而影响基础；无有效的排水系统及设施导致落差形成的城内街道雨水对券门扰动较大。

（2）城墙边墙：两侧边墙均为依山势而建，墙体与山体相接，垛口下墙体为山石料砌筑，因雨水的冲刷导致石墙勾缝灰大量缺失，砌筑灰浆流失、石砌体间空隙较大，后做勾缝灰及抹灰脱落；大量乔木根系侵入墙体，造成石砌体局部碎裂、缺失、鼓闪，其中东侧边墙之上为后建文昌宫建筑，直接坐落在挡土墙之上，侵占了城墙顶面马道，同时荷载造成边墙墙体受压，导致空鼓、变形、碎裂，存在较大的坍塌隐患。

（3）顶面地面：由于城门顶部部分条石外露，导致门洞内雨渍遍布，后期改抹水泥砂浆，现已部分脱落。

（4）垛口墙、宇墙：垛口墙、宇墙均为机砖砌筑，风格与石质门洞极不协调，现墙多处出现竖向通裂，存在坍塌隐患。

表 2-2 现状残损量汇总表 - 瓮城及西侧城墙

名称	瓮城	西侧城墙
地面	307.79 平方米（路面）凹凸不平，破损不一，171.47 平方米（海墁地面）机械加工石板。	——
墙面	16.13 平方米缺失，鼓闪严重、竖向开裂面积约 100 平方米，石材风化严重、碎裂约 150 平方米，表面污渍约 122.56 平方米，所有墙面勾缝灰缺失，砌筑灰浆流失，石砌体间空隙较大。 藏兵洞约 1.5 平方米缺失，鼓闪严重、竖向开裂约 7.5 平方米，石材风化严重、碎裂约 15 平方米。	150.34 平方米缺失，鼓闪严重约 400.73 平方米，石材风化严重、碎裂约 1393.45 平方米，表面污渍约 422.56 平方米，所有墙面勾缝灰缺失，砌筑灰浆流失，石砌体间空隙较大。 券洞约 10.8 平方米缺失，鼓闪严重约 54 平方米，石材风化严重、碎裂约 150 平方米，表面污渍约 254 平方米，所有墙面勾缝灰缺失，砌筑灰浆流失，石砌体间空隙较大。
顶面地面	188.75 平方米凹凸不平，破损不一，10.5 平方米勾缝灰缺失。	约 201.24 平方米凹凸不平，破损不一；约 486.24 平方米勾缝灰缺失，长满杂草。
垛口墙	石砌块 30% 局部风化、碎裂，石砌块 5% 局部缺失，勾缝灰局部脱落 50%，条石局部歪闪 30%，水泥砂浆勾缝 20%。	石砌块 70% 局部风化、碎裂，石砌块 15% 局部缺失，勾缝灰局部脱落 30%，条石局部歪闪 10%，水泥砂浆勾缝 30%。
宇墙	石砌块 25% 局部风化、碎裂，石砌块 3% 局 部缺失，勾缝灰局部脱落 40%，条石局部歪闪 20%，水泥砂浆勾缝 30%。	——
城门门扇	门扇及附件缺失。	——
登城马道	——	2 级阶梯石砌体局部破损，歪闪
台阶	——	——

表 2-3 现状残损量汇总表 - 小寨门和东水门

名称	小寨门	东水门
地面	石板断裂、碎裂约 10%，风化、缺楞断角约 80%。	地面全部为近期改造，原有条石地面全无。
墙面	城门：鼓闪严重、竖向开裂，面积约 10 平方米，石材风化严重、碎裂约 10%。 边墙（西侧）：鼓闪严重约 10%，外闪、变形约 15%，石材缺失、碎裂约 5%。 边墙（东侧）：墙体空鼓、变形、碎裂约 10%。 所有墙面勾缝灰缺失，砌筑灰浆流失，石砌体间空隙较大。	城门：鼓闪严重的约 5.5 平方米，风化、缺损严重的约 2 平方米。 边墙（南侧）：石砌体局部碎裂、缺失约 5%，鼓闪约 10%。 边墙（北侧）：石砌体局部碎裂、缺失约 5%，鼓闪约 10%。
顶面地面	全部为后期水泥砂浆罩面，面积约 85 平方米 。	地面大面积凹凸不平，存水，石块断裂、缺失约 5%。
垛口墙	垛口墙位置全部为后砌机砖花墙，长度约 30 米。	城门 10 米范围内，鼓闪、错位严重，存在安全隐患的约 30%，缺失、断裂约 5%，其余全部勾缝处理。
宇墙	宇墙位置全部为后砌机砖护身墙，长度约 7 米。	宇墙位置全部为后做石挡墙，风貌、样式与城门墙体不符，长度约 25 米。
城门门扇	门扇及附件缺失。	门扇及附件缺失。
登城马道	——	——
台阶	台阶下沉、塌陷导致积水约 60%，踏跺石断裂 10 块。	地面全部为近期改造，原有条石地面全无。

表 2-4 现状残损量汇总表 - 城楼

名称	大寨门	中寨门
城门门扇	门扇及附件缺失。	门扇及附件缺失。
屋面	漏雨严重。	漏雨严重。
正脊	全部为后做水泥脊。	全部为后做水泥脊。
瓦件	瓦件碎裂约 10%、缺失约 5%，缺失、碎裂的勾滴共约 20%。	瓦件碎裂 15%，缺失 15%；勾滴碎裂 20%，缺失 15%。
望板	——	40% 槽朽严重。
席箔	——	100% 槽朽严重。
封檐板	槽朽约 70%。	100% 槽朽严重。
椽子	——	20% 槽朽严重。
檩条	——	3 根截面尺寸较小。
柱子	1 根柱子歪闪，根部以上 1.5 米内槽朽严重。	1 根柱子歪闪且根部槽朽，3 根开裂。
柱顶石	——	1 个局部碎屑缺失。
格子窗	——	20 扇 15 平方米缺失。
门扇	——	6 扇 12 平方米缺失。
花牙子	——	3 个缺失。
油饰地仗	全部为单皮灰地仗，喷刷红色涂料，现灰皮局部脱落严重。	上架全部为单皮灰地仗，喷刷红色涂料，现灰皮局部脱落严重。下架 30% 灰皮局部脱落严重。
木栈板墙	——	100% 缺失。
登城马道	——	——
台阶	——	——

3. 病害分析

一、排水不畅：

1、没有明确、清晰、有效的排水设施、排水走向。

2、破损、变形、坍塌等破损现象会阻碍雨水的外排。

3、城墙上生长的树木根系过于发达，造成石砌体翘起，错位，松动，灰浆流失，间隙、空腔逐步加大。

4、民房以及后做设施不但直接影响城墙的雨水外排及通风、干燥，一定程度上又增加了城墙的排水负荷及雨水的积存。

二、城墙本体上生长的根系对砌体的扰动、破坏。

三、石材的残损，砌体的开裂、鼓闪。

四、券洞顶部漏雨。

五、周边环境、设施的改造，造成特定区域环境的信息缺失。

六、排水系统不健全。

七、券顶部雨水下渗严重。

八、树木根系对墙体的扰动。

九、后做的墙体、地面与基层存在拉结、夯实问题，石材的材质、尺寸与加工方法与遗存有较大的差别。

十、砌体间灰浆流失较为普遍且严重。

结论：整体未发现明显的安全隐患，但现存病害及残损仍对文物本体造成不良影响，应采取有效的修缮措施对文物本体进行修缮。

（五）长岩洞段城墙病害勘察与评估

1. 现状描述

拟修缮城墙西至西城墙南端，东至小寨门，全长约 187 米，总体上呈南北走向。城墙地上部分及地面附属设施等均已缺失，地表堆积碎石料，杂草丛生，部分地段被开荒为菜地。本段城墙修建在陡崖边缘，陡崖垂直高度 25—30 米，崖边采用简易彩钢板进行围护，人员可随意进出，安全隐患极大。

总体情况同瓮城及城墙，详见（四）瓮城及城墙病害勘察与评估 1. 总体病害情况。

图 2-4　西城墙东端现状（与拟修缮城墙交点处，2020 年 10 月拍摄）

图 2-5　地面现状（植被茂盛，2020 年 10 月拍摄）

图 2-6　西城墙东端现状（与拟修缮城墙交点处，2020 年 10 月拍摄）

2. 长岩洞段城墙基础探查

为了进一步查明城墙修建走向位置等信息，本次勘察工作中，共布设了 6 处探查城墙基础的探坑，各探坑成果见表 2-5。

依据探坑资料及现场调查访问情况，可以初步确定长岩洞段城墙基本形制：城墙为双面城墙，墙宽 250—300 毫米，马道宽 2000—2500 毫米。城墙基础宽度 600—900 毫米不等，基础埋深较浅，一般 300—500 毫米，持力层为砂岩。

坡顶端发育卸荷裂隙，裂隙一般宽为 100 毫米，部分裂隙在前期危岩应急抢险治理工程中进行了封堵处理。

表 2-5 探坑勘察成果表（现状图片和实测图）

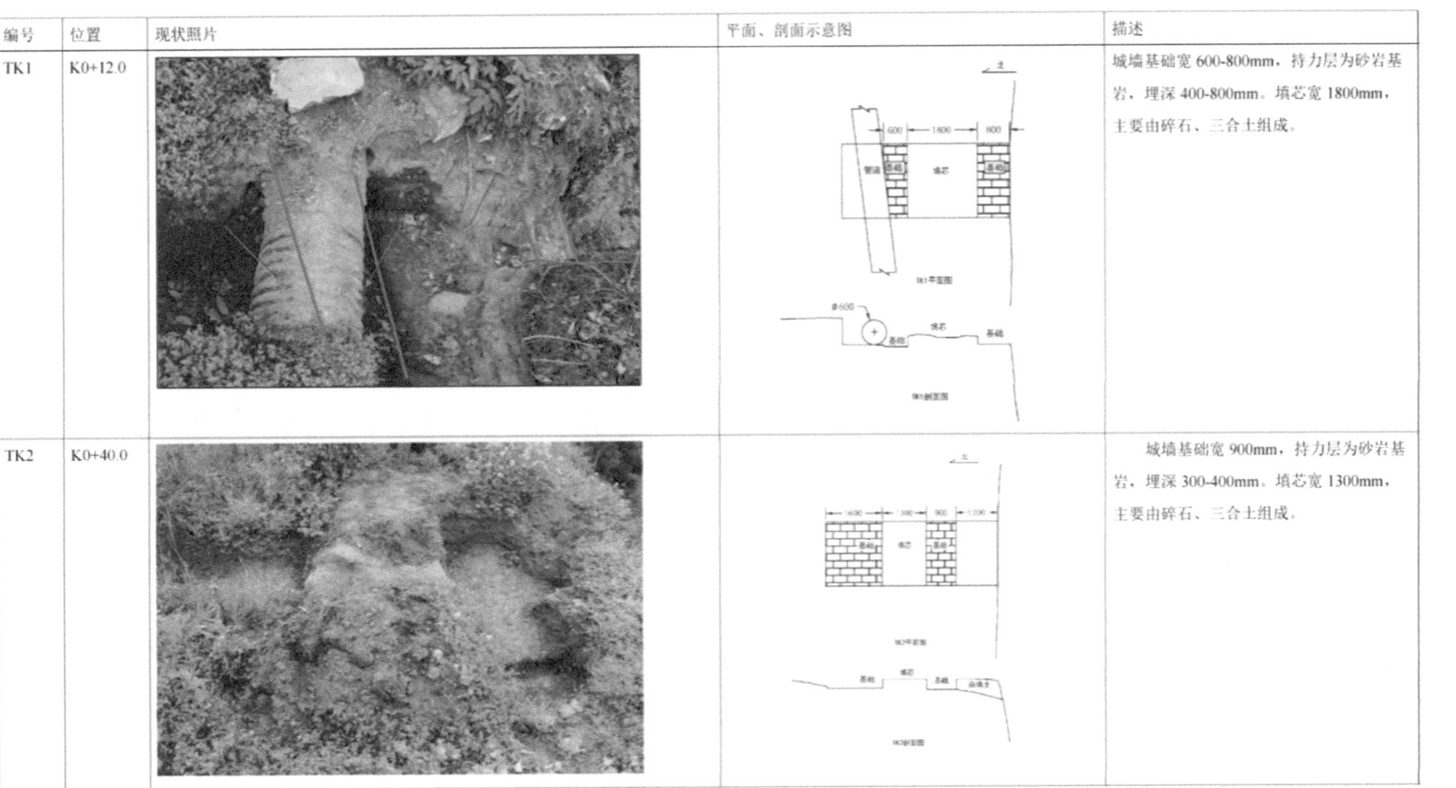

编号	位置	现状照片	平面、剖面示意图	描述
TK1	K0+12.0			城墙基础宽 600-800mm，持力层为砂岩基岩，埋深 400-800mm。填芯宽 1800mm，主要由碎石、三合土组成。
TK2	K0+40.0			城墙基础宽 900mm，持力层为砂岩基岩，埋深 300-400mm。填芯宽 1300mm，主要由碎石、三合土组成。

续表

编号	位置	现状照片	平面、剖面示意图	描述
TK3	K0+53.0		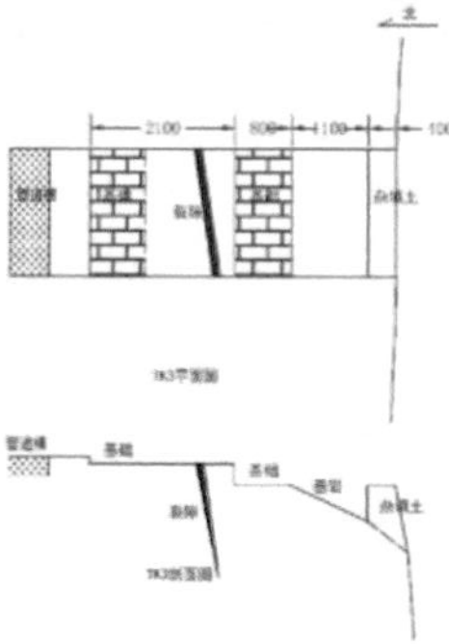	基础宽 800mm，持力层为砂岩基岩，埋深 400-500mm。探坑底部均为砂岩。顶部卸荷裂隙发育，已进行过封堵处理。
TK4	K0+67.0		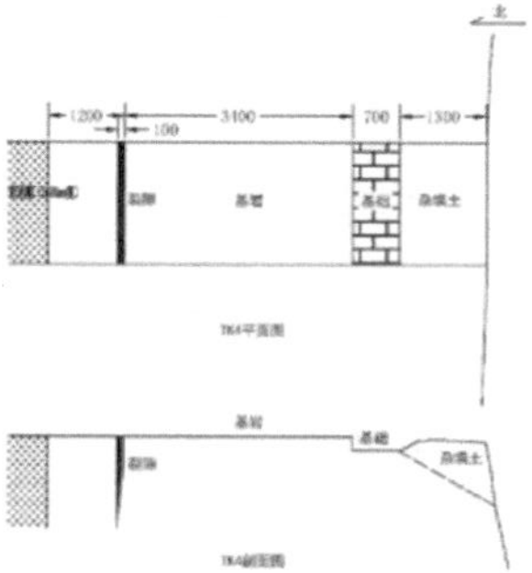	基础宽度 700mm，持力层为砂岩，距坡顶边缘 5400mm 处卸荷裂隙发育，宽 100mm，黏性土充填。

续表

编号	位置	现状照片	平面、剖面示意图	描述
TK5	K0+99.5	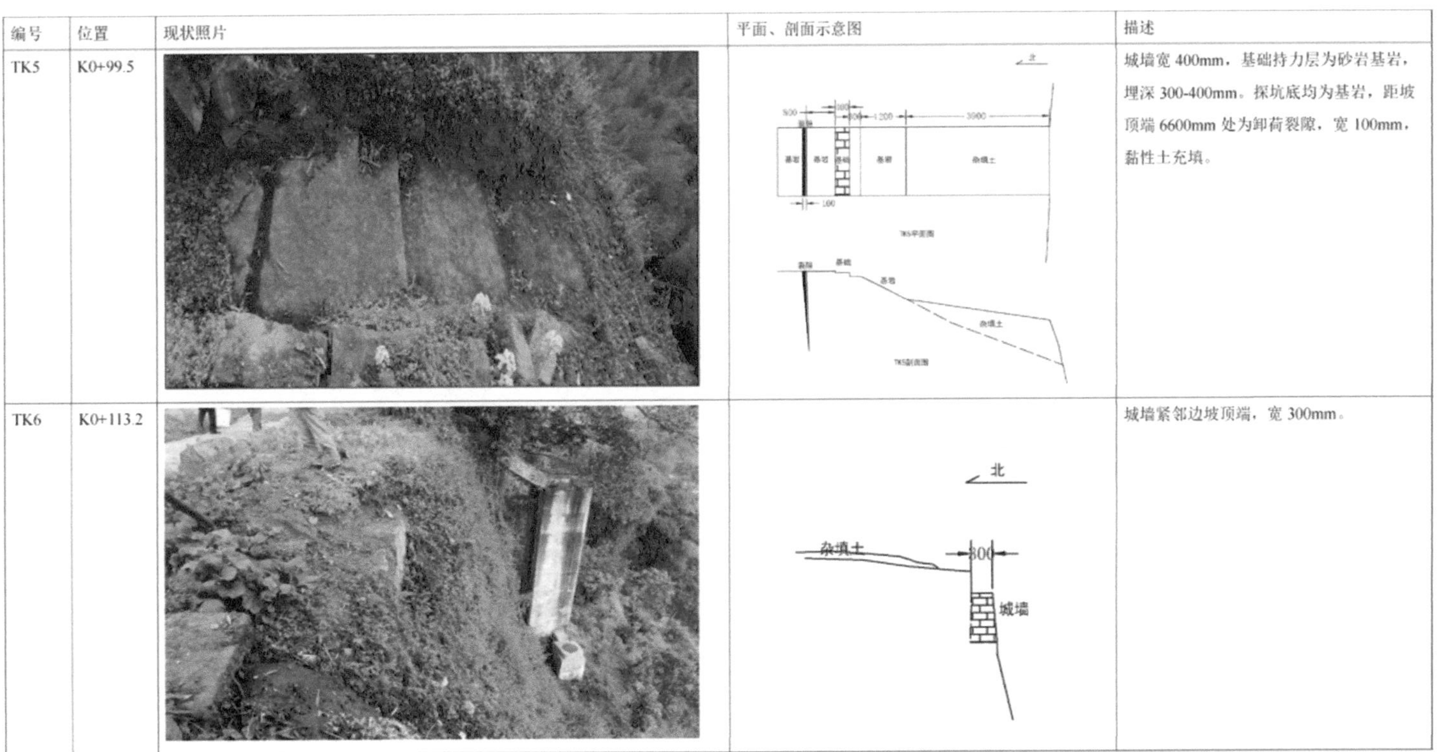		城墙宽 400mm，基础持力层为砂岩基岩，埋深 300-400mm。探坑底均为基岩，距坡顶端 6600mm 处为卸荷裂隙，宽 100mm，黏性土充填。
TK6	K0+113.2			城墙紧邻边坡顶端，宽 300mm。

3. 长岩洞段城墙危岩带勘察与稳定性评价

本节引自重庆地质矿产研究院《重庆市合川区涞滩古镇长岩洞危岩应急抢险治理工程勘查报告》节选。

3.1 岩土体物理力学特征分析

本次在探槽中取芯进行室内试验进行综合分析，采用刻槽采取泥岩样 3 组，取危岩体（砂岩）3 组。本次勘查中试验项目包括物性、单轴抗压、抗拉、三轴抗剪等，岩土体物理力学性质试验成果统计表如表 2-6 所示。根据岩石的试验结果，结合本地区经验值和地质环境条件，岩土体物理力学指标标准值一览表如表 2-8，试验项目包括物性、单轴抗压、抗拉、三轴抗剪等，试验结果统计见表 2-7。

表 2-6 砂岩岩体物理力学性质试验成果统计表

野外编号	危岩带编号	岩石名称	物理性质								强度指标					
			密度(g/cm³)			比重	天然含水率	吸水率	饱水率	孔隙率	抗拉强度	抗剪强度				
			天然	饱和	干密度							图解法			最小二乘法	
							(%)	(%)	(%)	(%)	(Mpa)	tgØ	C(Mpa)	C_1(Mpa)	tgØ	C(Mpa)
sy1-1	AB 段	砂岩	2.41	2.43	2.34	2.57	2.71	—	3.82	8.95	1.47	0.72	3.80	2.61	0.72	3.81
			2.42	2.44	2.36	2.56	2.38	—	3.29	7.81	1.45					
			2.41	2.43	2.36	2.55	2.45	—	3.29	7.45	1.49					
sy1-2	BC 段	砂岩	2.42	2.44	2.35	2.57	2.79	—	3.71	8.56	1.23	0.71	3.39	2.35	0.71	3.40
			2.42	2.44	2.36	2.56	2.55	—	3.30	7.81	1.36					
			2.41	2.43	2.35	2.56	2.24	—	3.41	8.20	1.43					
sy1-3	CD 段	砂岩	2.40	2.43	2.35	2.57	2.53	—	3.71	8.56	1.54	0.72	4.12	2.79	0.72	4.13
			2.41	2.45	2.35	2.59	2.39	—	3.90	9.27	1.50					
			2.41	2.43	2.35	2.56	2.32	—	3.41	8.20	1.63					
统计值	平均值 φm		2.412	2.436	2.352	2.566	2.484		3.538	8.312	1.456	0.717	3.770	2.583	0.717	3.780
	标准差 σf										0.11	0.01	0.37	0.22	0.01	0.37
	变异系数 δ										0.08	0.01	0.10	0.09	0.01	0.10
	标准值 fk										1.39	0.71	3.22	2.25	0.71	3.23

表 2-7 泥岩岩体物理力学性质试验成果统计表

野外编号	危岩及钻孔编号	岩石名称	物理性质								强度指标							
			密度(g/cm³)			比重	天然含水率	吸水率	饱水率	孔隙率	抗压强度			抗剪强度				
			天然	饱和	干密度						天然	饱和	软化系数	图解法			最小二乘法	
							(%)	(%)	(%)	(%)	(Mpa)	(Mpa)		tgØ	C(Mpa)	C_1(Mpa)	tgØ	C(Mpa)
ny2-1	AB 段	泥岩	2.52	2.55	2.44	2.76	3.22	—	4.71	11.59	6.1	3.7	0.60	0.99	8.13	4.80	0.99	8.11
			2.52	2.54	2.43	2.74	3.59	—	4.60	11.31	5.0	3.0						
			2.53	2.55	2.44	2.74	3.70	—	4.59	10.95	6.8	4.1						
ny2-2	AB 段	泥岩	2.52	2.55	2.44	2.74	3.37	—	4.49	10.95	5.8	3.5	0.60	1.07	8.81	5.46	1.07	8.79
			2.51	2.54	2.43	2.74	3.35	—	4.65	11.31	4.4	2.6						
			2.53	2.55	2.44	2.74	3.78	—	4.42	10.95	6.3	3.8						
ny2-3	BC 段	泥岩	2.52	2.54	2.44	2.72	3.15	—	4.20	10.29	7.7	4.6	0.60	1.11	10.43	6.52	1.12	10.40
			2.53	2.56	2.45	2.77	3.41	—	4.73	11.55	6.2	3.7						
			2.53	2.56	2.45	2.74	3.35	—	4.36	10.58	5.3	3.2						
统计值	平均值 φm		2.523	2.549	2.440	2.743	3.436		4.528	11.053	5.956	3.578	0.601	1.697	1.097	0.640	1.703	1.697
	标准差 σf		0.01	0.01	0.01	0.01	0.21		0.18	0.43	0.98	0.60		0.27	0.16	0.02	0.27	0.27
	变异系数 δ		0.00	0.00	0.00	0.01	0.06		0.04	0.04	0.17	0.17		0.16	0.15	0.03	0.16	0.16
	标准值 fk										5.96	3.58		0.61	1.30	0.86	0.61	1.30

表 2-8 岩土体物理力学指标标准值一览表

统计指标 \ 物理力学指标		密度 (g/cm³)		抗剪强度标准值				抗拉强度 (KPa)		单轴抗压强度(Mpa)	
				天然		饱和					
		天然	饱和	Φ(°)	C(KPa)	Φ(°)	C(KPa)	天然	饱和	天然	饱和
砂岩	岩石标准值	2.412	2.436	35.37	3.22	35.37	3.23	1390	1230*	-	-
	折减系数	1.0		0.9	0.30	0.90	0.30	0.40		-	
	岩体标准值	2.412	2.436	31.84	1440	30*	1152*	556	492*	-	-
泥岩	岩石标准值	2.523	2.549	31.38	1.30	31.38	1.30	-	-	5.96	3.58
	折减系数	1.0		0.9	0.30	0.90	0.30	-		0.5	
	岩体标准值	2.523	2.549	28.24	390	27*	390	-	-	2.98	1790

注：表中折减系数是基于岩体裂隙较发育情况采取,加*为经经验值。

3.2 危岩基本特征及稳定性评价

（1）危岩带基本特征

长岩洞危岩位于重庆市合川区涞滩场镇东南方，主要由侏罗系中统沙溪庙组（J2s）厚层状近水平岩层的砂岩组成，基座为泥岩（局部可见凹腔，如长岩洞），危岩带后缘可见卸荷裂隙发育，岩层呈单斜产出，产状变化不大，岩层产状 320°—325° ∠ 5°—8°。长岩洞危岩带包括 AB 段、BC 段和 CD 段，各段基本特征见表 2-9。

表 2-9 长岩洞危岩带各段基本特征表

危岩带编号	形态特征	高度(m)	厚度(m)	长度(m)	体积(m³)	破坏模式
AB 段危岩带	危岩带呈拱形凹腔状	11.8	12.824	70	10593	该段危岩带具有支撑拱效应，对其稳定性起到有利的作用，失稳模式以坠落式为主。
BC 段危岩带	危岩带呈帽檐状	8.05	12.412	47	4696	2015 年 12 月发生的危岩崩塌，其失稳模式为坠落式。
CD 段危岩带	危岩呈板状，立面呈长方形状	14.68	13.314	33	6450	该段危岩带受卸荷带、水压力及软弱基座控制，发生梁板式倾倒失稳。

图 2-7　长岩洞危岩带全貌图

根据现场调查及地质测绘，业主委托范围内危岩带沿山体呈带状东西向展布，总长约 150 米，总体呈东高西低。危岩带顶部高程 275.16—281.11 米，底部高程 246.40—260.40 米，相对高差 14.70—22.63 米。根据野外调查并结合槽探成果，业主委托勘查范围内危岩带总长约 150 米，卸荷带宽 5.5—13.8 米；西侧危岩带可见一规模较大的凹岩腔，凹腔长度约 70 米，深度约 2.0—15.2 米，凹腔高度 1.5—13.7 米，凹腔顶部可见与危岩带接近平行的裂隙发育，且有水从裂隙渗出。根据以上分析，长岩洞危岩带受构造裂隙的切割、差异风化、卸荷作用，雨水侵蚀及人类工程活动等影响，在空间形态上，危岩带表现为拱形凹岩腔、局部为帽檐状；长岩洞危岩总方量较大，约 21739 立方米，主崩方位 160°—191°，属中位特大型危岩带。其中，AB 段危岩带方量约 10593 立方米，BC 段危岩带方量约 4696 立方米，CD 段危岩带方量约 6450 立方米。

1）AB 段危岩带基本特征

根据现场调查及地质测绘，AB 段危岩带沿山体呈带状东西向展布，长 70 米，主要由侏罗系中统沙溪庙组（J2s）厚层状近水平岩层的砂岩组成，基座为泥岩，为软弱基座。岩层呈单斜产出，产状变化不大，岩层产状 320°—325°∠5°—8°。该段危岩带可见一规模较大凹岩腔，凹腔长度约 70 米，深度约 2.0—15.2 米，凹腔高度 1.5—13.7 米，凹腔顶部可见与危岩带接近平行的裂隙发育，且有水从裂隙渗出。该段危岩带顶部高程 275.16—277.43 米，底部高程 246.40—260.40 米，相对高差 17.25—20.98 米。根据以上分析，长岩洞 AB 段危岩带受构造裂隙的切割、差异风化、卸荷作用以及雨水侵蚀及人类工程活动等影响，在空间形态上，危岩带表现为拱形凹岩腔、局部为帽檐状（“探头石”）；长岩洞 AB 段危岩带方量约 10593 立方米，主崩方向 160°—180°。

图 2-8　长岩洞 AB 段危岩带全貌图

图 2-9　长岩洞 AB 段危岩带凹腔基本特征

2）BC 段危岩带基本特征

根据现场调查及地质测绘，BC 段危岩带沿山体呈带状东西向展布，BC 段危岩带长 47 米，主要由侏罗系中统沙溪庙组（J2s）厚层状近水平岩层的砂岩组成，基座为泥岩，为软弱基座（现已形成帽檐状凹腔）。岩层呈单斜产出，产状变化不大，岩层产状 320°—325°∠5°—8°。该段危岩带顶部高程 277.43—280.50

图 2-10　长岩洞 BC 段危岩带全貌图

图 2-11　2015 年 12 月发生崩塌后停积位置

米，底部高程 257.75—260.00 米，相对高差 15.25—20.58 米。BC 段危岩带崖顶可见卸荷裂隙，顶部卸荷带宽 12.41 米，延伸长度 15 米，张开度为 50—100 毫米不等，黏土及岩屑不完全充填。卸荷带延伸方向 107°，与危岩带的展布近乎一致，倾角近于直立。根据以上分析，长岩洞 BC 段危岩带受构造裂隙的切割、差异风化、卸荷作用以及雨水侵蚀及人类工程活动等影响，在空间形态上，危岩带表现为帽檐状（“探头石”）；长岩洞 BC 段危岩带方量约 4696 立方米，主崩方向 191°。

3）CD 段危岩带基本特征

根据现场调查及地质测绘，CD 段危岩带沿山体呈带状东西向展布，长 33 米，主要由侏罗系中统沙溪庙组（J2s）厚层状近水平岩层的砂岩组成，基座为泥岩，为软弱基座。岩层呈单斜产出，产状变化不大，岩层产状 320°—325°∠5°—8°。该段危岩带顶部高程变化不大，顶部高程 280.50 米，底部高程 265.98—267.86 米，相对高差 12.64—14.25 米。CD 段危岩带崖顶可见卸荷裂隙，顶部卸荷带宽 13.32 米，延伸长度 29 米，张开度为 50—100 毫米不等，黏土及岩屑不完全充填。卸荷带延伸方向 105°，与危岩带的展布近于一致，倾角近于直立。根据以上分析，长岩洞 CD 段危岩带受构造裂隙的切割、差异风化、卸荷作用以及雨水侵蚀及人类工程活动等影响，有失稳的可能性。根据以上分析，长岩洞 CD

图 2-12　长岩洞 CD 段危岩带全貌图

段危岩带失稳模式为梁板式倾倒失稳，方量约 6450 立方米，主崩方向 189°。

（4）危岩带稳定性计算与评价

将各危岩体在两种工况下的稳定系数 F 作为判别稳定性的基准，各危岩体的稳定性判别及判定标准详见表 2-10。对危岩带的稳定性计算结果见表 2-11。（具体计算过程详见《重庆市合川区涞滩古镇长岩洞危岩应急抢险治理工程勘查报告》）

图 2-13　顶部卸荷裂隙展布特征

表 2-10 危岩稳定性划分表

危岩类型	危岩体稳定状态				防治工程等级二级时 Ft 取值
	不稳定	欠稳定	基本稳定	稳定	
滑移式	$F<1.0$	$1.0\leqslant F<1.15$	$1.15\leqslant F<Ft$	$F\geqslant Ft$	1.30
倾倒式	$F<1.0$	$1.0\leqslant F<1.25$	$1.25\leqslant F<Ft$	$F\geqslant Ft$	1.40
坠落式	$F<1.0$	$1.0\leqslant F<1.35$	$1.35\leqslant F<Ft$	$F\geqslant Ft$	1.50

表 2-11 危岩带稳定性计算成果表

失稳模式	计算剖面	工况 1		工况 2	
		稳定性系数	稳定性状态	稳定性系数	稳定性状态
坠落式	AB 段危岩带(1-1′剖面)	1.524	稳定	1.332	欠稳定
坠落式	AB 段危岩带(2-2′剖面)	1.395	基本稳定	1.222	欠稳定
坠落式	AB 段危岩带(3-3′剖面)	1.379	基本稳定	1.208	欠稳定
坠落式	BC 段危岩带(4-4′剖面)	1.250	欠稳定	1.095	欠稳定
倾倒式	CD 段危岩带(1-1′剖面)	2.165	稳定	1.321	欠稳定

根据计算结果可知：

AB 段危岩带在天然工况下处于基本稳定状态；在暴雨工况下处于欠稳定状态。

BC 段危岩带在天然工况下处于欠稳定状态；在暴雨工况下处于欠稳定状态。

CD 段危岩带在天然工况下处于稳定状态，在暴雨工况下处于欠稳定状态。

根据上述结算结果可知，危岩带由于暴雨或持续降雨，处于欠稳定状态，有发生失稳的可能性。

4. 已有维修工程治理评估

4.1 2001 年—2005 年瓮城及城墙维修工程效果评估

2001 年—2005 年，采用补砌缺失、开裂、错位、局部缺损处的石砌体的更换等措施，对瓮城及城墙进行了维修。通过维修工程的实施，有效地延缓了墙体的变形和失稳，更加有利于城墙本体的长久保存和长期利用。

4.2 长岩洞危岩带治理工程效果评估

2015 年 12 月，重庆华地工程勘察设计院针对该段危岩进行了抢险加固治理

图 2-14　2001 年以前的瓮城

图 2-15　2015 年的瓮城

工程设计与施工，根据设计方案及其他相关资料显示，治理后的危岩带在暴雨工况下，设计安全系数为：$Ks=1.50$（坠落式），$Ks=1.40$（倾倒式）。

设计采取的措施主要有：

（1）AB 及 BC 段危岩带

对 AB 及 BC 段危岩带提出了“凹腔支撑为主，清危及地梁固定为辅”的治理思路；总体的治理方案为“支撑柱 + 局部清除危岩 + 地梁固定 + 裂隙封闭 + 挡墙修复 + 监测”。

（2）CD 段危岩带

对 CD 段危岩带的总体治理方案为“局部清除危岩 + 地梁固定 + 裂隙封闭 + 监测”。

该项目通过了相关部门验收。

根据现场调查，治理工程实施效果良好，达到了治理危岩、排除险情的目的，见下图。

4.3 设计荷载对危岩带影响评估

本次城墙维修设计上部增加的荷载量约 20kN/m，远小于危岩带荷载量（BC 段危岩带计算剖面重量最小，为 1654.04kN/m），可以认为本次设计中增加的荷载量对危岩带的安全系数影响极小，甚至可以忽略不计。

图 2-16　抢险加固治理工程实施后现状（2019 年 3 月）

第三章

方案设计

（一）修缮设计方案

1. 设计依据

1.1 国家法律、法规

（1）《中华人民共和国文物保护法》（2017 年修订）
（2）《中华人民共和国文物保护法实施条例》（2017 年修订）
（3）《文物保护工程管理办法》（2003 年）
（4）《国务院关于核定并公布第六批全国重点文物保护单位的通知》（2006 年）
（5）《文物保护工程审批管理暂行规定》（2008 年）

1.2 地方政府文件

（1）《重庆市实施 < 中华人民共和国文物保护法 > 办法》（1996 年）
（2）《重庆合川市涞滩古镇保护规划说明书》（2000 年）
（3）《涞滩二佛寺摩崖造像——瓮城及城墙维修工程立项报告》（2015 年）
（4）《关于涞滩二佛寺摩崖造像——瓮城及城墙维修工程立项的批复》（2016 年）

1.3 国内文件

（1）《中国文物古迹保护准则》（2002 年）
（2）《中国文物古迹保护准则案例阐释》（2005 年）
（3）《北京文件——关于东亚地区文物建筑保护与修复》（2007 年）

（4）《文物建筑修缮工程操作规程》（2014 年）
（5）《古建筑木结构维护与加固技术规范》（2013 年）
（6）《建筑边坡工程技术规范》（GB50330—2013）
（7）《砌体结构设计规范》（GB50003—2011）
（8）《砌体结构工程施工规范》（GB50924—2014）
（9）《建筑地基基础设计规范》（GB50007—2011）；
（10）《文物建筑维修基本材料石材》（WW/T 0052—2014）
（11）《重庆市合川区涞滩二佛寺摩崖造像文物保护规划》（2010 年）

1.4 书籍

（1）《涞滩考古调查纪要》
（2）《三江考古调查纪要》
（3）《合川文化艺术志》
（4）《合川县志》

1.5 地勘报告

（1）《涞滩城墙基础持力层勘察》（2016 年）
（2）《重庆市合川区涞滩古镇长岩洞危岩应急抢险治理工程勘查报告》（2015 年 12 月）

1.6 专家论证意见

关于《涞滩二佛寺摩崖造像——瓮城及城墙维修工程设计方案》的专家论证意见（2017）

1.7 其他

（1）《涞滩二佛寺摩崖造像——长岩洞段城墙维修工程设计》合同。
（2）《重庆市合川区涞滩古镇长岩洞危岩应急抢险治理工程施工图设计报告》（2015 年 12 月）。
（3）《涞滩二佛寺摩崖造像——瓮城及城墙维修工程》（2017 年 7 月）。
（4）现场调查成果。

（二）方案设计概况

2.1 瓮城及城墙工程

二佛寺摩崖造像——瓮城及城墙工程为现状整修工程。其工程范围是：

（1）瓮城范围内的地面、城墙、顶面地面、垛口墙、宇墙、木质城楼、城门。

（2）西侧城墙：城墙、顶面地面、垛口墙、宇墙、登城口、城门。

（3）小寨门：墙体、地面、顶面地面、周边环境、城门。

（4）东水门：墙体、地面、顶面地面、周边环境、城门。

（5）小寨门、东水门两侧残墙。

2.2 长岩洞段城墙现状整修工程

（1）长岩洞段城墙设计由来

2015 年 11 月，长岩洞段危岩发生险情，重庆市合川城市建设投资（集团）有限公司委托重庆华地工程勘察设计院对该段危岩进行了应急抢险治理加固，取得了良好效果，通过了相关部门的验收。由于本次加固工程属于应急抢险性质，仅仅对危岩体及坡顶卸荷裂隙进行了加固处理，并未对崖体上部倒塌缺失的城墙进行修缮。由于长岩洞段城墙是涞滩古镇自西城墙去往小寨门、文昌宫的必经之路，而失去城墙防护的长岩洞崖体边缘十分危险，严重影响到周边居民及游客的人身安全。

长岩洞段城墙作为涞滩二佛寺摩崖造像重要的附属文物，通过对该段城墙的修缮，可以实现涞滩古镇城墙体系的完整性。同时，为了最大限度地保证当地居民和游客的人身和财产安全，修缮该段城墙也是十分必要的。

受重庆市合川城市建设投资（集团）有限公司委托，辽宁有色勘察研究院有限责任公司承担了涞滩二佛寺摩崖造像——长岩洞段城墙维修工程的设计工作。

（2）长岩洞段城墙设计范围

本工程的工程性质属于修缮工程，工程内容主要以修缮长岩洞段城墙为主。工程范围主要为：长岩洞段城墙，包括城墙、顶面、地面、垛口墙、宇墙。

（3）长岩洞段城墙方案设计目的

恢复长岩洞段城墙的防护功能，消除城墙缺失给周边人民群众及游客带来的安全隐患，最大限度地保障当地居民和游客的人身和财产安全。同时，结合旅游展示，连通寨墙，使寨墙形成有机整体，完善必要的设施。

2. 文物建筑保护修复的指导思想与设计原则

（1）确保城墙本体安全、稳定、受扰动最小，最大限度保留历史信息。

（2）总的指导思想是，按照保护规划的总体要求，对长岩洞段城墙进行维修，消除由于本段城墙缺失而带来的安全问题，为涞滩二佛寺摩崖造像的长期保护和合理利用创造有利的环境条件。

（3）鉴于本工程勘察的精度不高以及工程的特殊性，本工程采用“动态化设计，信息化施工”的总体原则，并坚持最小干预性原则、可再处理原则、可辨识性原则。

（4）长岩洞段城墙修缮依据：

本次修缮以瓮城两侧城墙垛口墙及地面做法为参考依据，具体形制为：墙高约 1.3 米，垛口石厚 0.30 米，高 0.30 米，长 0.75 米，城墙顶地面灰土垫层上铺设砂岩石，砂岩石长 1.2 米，宽 0.39 米，厚 0.12 米。

（三）修缮处理措施

本次工程修缮目的是消除安全隐患，体现文物的时代特征、地域特征以及原有功能特征，结合旅游展示完善必要的设施。

1. 瓮城修缮处理措施

1.1 地面：

揭除现有瓮城范围内路面及海墁地面石材，恢复地面明排系统，局部增加暗排及预留设备沟槽，T 字形路面全部利用旧石料铺墁，海墁地面选用同材质、厚度、加工工艺的石材铺墁。瓮城内只走雨水和已有的各类管线（直埋），维持现有做法，如需更换或增设新管线需绕至北小门北侧门洞。

1.2 瓮城城墙：

补砌缺失、剔补后期封堵物，对开裂、错位、局部缺损处已出现较大空隙的石砌体进行横纵两方向的背面填充处理，减小石砌体间的活动空间。并通过锁口灌浆的方式填充砌体内部的空间，阻止因灰浆的进一步流失造成的石砌体错位、局部下沉以及减小草木的生存空间，有效地延缓了墙体的变形、失稳。整体墙面进行旧灰缝清除，重做勾缝。

1.3 顶面地面：

除大寨门城楼投影下的地面现状保留外，其余地面全部揭除至原城墙背里墙表面（在石拔檐位置），清除松散的碎石，灌浆，边墙自下至上逐层锁口，确保灌浆尽可能饱满，顶部锁口后重砌顶面地面基层，重新铺墁面层石材，按图示找泛水，并沿垛口墙下口铺设明排水槽、面层勾缝严实。

1.4 垛口墙、宇墙：

拆砌并与背里做好拉结，更换风化、碎裂严重的石砌块，适当清除造成墙面鼓闪隐患的树木根系。

1.5 墙体：

内、外侧边墙为砂岩方整石砌筑，石背面填充，白灰浆灌筑，内部背里墙为砂岩毛石白灰砌筑、灌浆，顶部马道石地面为坐浆铺墁地面，下垫层为三七灰土碎石垫层。

1.6 木质城楼：

挑顶修缮，更换朽木基层，重做瓦面，更换碎瓦，添配缺失，重做地仗、油饰，整修木窗、补配缺失，更换截面尺寸较小、劈裂、变形的檩。

1.7 城门：

恢复四座券门的城门门扇。

2. 瓮城两侧（西侧）城墙修缮措施

2.1 城墙：

清理杂草及适当铲除有隐患的树木根系，重做勾缝。

2.2 顶面地面：

地面全部揭除至原城墙背里墙表面，清除松散的碎石，灌浆，边墙自下至上逐层锁口，确保灌浆尽可能饱满，顶部锁口后重砌顶面地面基层，重新铺墁面层石材，按设计图找泛水，并沿垛口墙下口铺设明排水槽、面层勾缝严实，按设计图位置加设出水口。

2.3 垛口墙、宇墙：

局部拆砌，更换风化、碎裂严重的石砌块。

2.4 墙体：

内、外侧边墙为砂岩方整石砌筑，背面填充，白灰浆灌筑，内部背里墙为砂岩毛石白灰砌筑、灌浆，顶部马道石地面为坐浆铺墁地面，下垫层为三七灰土碎石垫层。

2.5 登城口：

拆除堆砌物，开放瓮城边登城口，恢复登城口外石质道路。

3. 小寨门修缮措施

3.1 地面：

揭墁券洞门内及城内外侧延伸的旧石材地面，做好向城外排水的泛水，加设暗排系统及设备沟槽，缓解因落差形成的城内街道雨水对券门的扰动。

3.2 城墙：

局部择砌，消除开裂、外闪对券体构成的安全隐患。适当清除树木根系，减小树木对砌体的破坏。

3.3 顶面地面：

剔除水泥砂浆面层，揭墁石质地面，做好泛水，避免雨水积存、下渗。

3.4 垛口墙、宇墙：

拆除后砌机砖花墙，恢复垛口墙、宇墙。

3.5 墙体：

内、外侧边墙为砂岩方整石砌筑，石背面填充，白灰浆灌筑，内部背里墙为砂岩毛石白灰砌筑、灌浆，顶部马道石地面为坐浆铺墁地面，下垫层为三七灰土碎石垫层。

3.5 城门：

恢复城门门扇。

4. 东水门修缮措施

4.1 地面：

揭除石质地面，加设暗排系统及设备沟槽，重新铺墁。

4.2 城墙：

券体归安。

4.3 顶面地面：

揭除现有石质地面，清理券脸处根系。

4.4 垛口墙、宇墙：

恢复宇墙、拆砌垛口墙、并适当加高。

4.5 墙体：

内、外侧边墙为砂岩方整石砌筑，石背面填充，白灰浆灌筑，内部背里墙为砂岩毛石白灰砌筑、灌浆，顶部马道石地面为坐浆铺墁地面，下垫层为三七灰土碎石垫层。

4.6 城门：

恢复城门门扇。

小寨门、东水门两侧延伸的城墙残部，门两侧各20余延米的城墙残部，将墙的底部渣土、植物清除后，参照瓮城老墙体的修缮办法，对于鼓闪严重、有坍塌隐患的进行择砌。

表 3-1 修缮工程量汇总表—瓮城及西侧城墙

名称	瓮城	西侧城墙
地面	路面 307.79 平方米全部揭墁，海墁地面 171.47 平方米全部揭除，换新。	——
墙面	补砌约 16.13 平方米，拆砌约 100 平方米，择砌约 150 平方米，所有墙面全部进行旧灰缝清理，重新勾缝。 藏兵洞补砌约 1.5 平方米，拆砌约 7.5 平方米，择砌约 15 平方米。	补砌约 150.34 平方米，拆砌约 400.73 平方米，择砌约 1393.45 平方米，清洗约 422.56 平方米，所有墙面全部进行旧灰缝清理，重新勾缝。 券洞补砌约 10.8 平方米，拆砌约 54 平方米，择砌约 150 平方米。所有墙面全部进行旧灰缝清理，重新勾缝。
顶面地面	揭墁约 188.75 平方米，约 10.5 平方米重新勾缝。	揭墁约 201.24 平方米；约 486.24 平方米重新勾缝。
垛口墙	择砌石砌块 30%，补砌石砌块 5%，拆砌石砌体 30%，所有墙面全部进行旧灰缝清理，重新勾缝。	择砌石砌块 70%，补砌石砌块 15%，拆砌石砌体 10%，所有墙面全部进行旧灰缝清理，重新勾缝。
宇墙	择砌石砌块 25%，补砌石砌块 3%，拆砌石砌体 20%，所有墙面全部进行旧灰缝清理，重新勾缝。	——
城门门扇	补配门扇 10.58 平方米及附件。	——
登城马道	——	2 级阶梯整修。
台阶	——	——

表 3-2 修缮工程量汇总表—小寨门和东水门

名称	小寨门	东水门
地面	全部揭墁 10 平方米，补配条石 10%。	拆除重墁地面约 7 平方米。
墙面	城门：局部择砌约 10 平方米，补配石材约 5%。 边墙（西侧）：拆砌约 10%，厚度约 2000 毫米，择砌约 15%，补配石材约 5%。 边墙（东侧）：择砌约 10%，厚度约 2000 毫米，所有墙面全部重新勾缝。	城门：拆砌墙体约 7.5 平方米，补配石材约 5%。 边墙（南侧）：拆砌约 10%，厚度约 2000 毫米，择砌约 10%，补配石材约 5%。 边墙（北侧）：择砌约 10%，补配石材约 5%，所有墙面全部重新勾缝。
顶面地面	剔除水泥砂浆面层，面积约 85 平方米，条石、地面抬高 300 毫米，抬高面积约 15 平方米，所有地面灌浆、勾缝。	揭墁条石地面约 5 平方米，抬高 180 毫米，抬高面积约 5 平方米，补配断裂、缺失石材约 5%，所有地面灌浆、勾缝。
垛口墙	拆除花墙 30 米，重砌垛口墙 30 米。	城门 10 米范围内，拆砌垛口墙约 30%，补配缺失、碎裂石材约 5%。
宇墙	拆除砖墙 7 米，重砌宇墙 7 米。	拆除现有墙体约 25 米，恢复石砌体宇墙约 25 米。
城门门扇	补配门扇 10 平方米及附件。	补配门扇 6 平方米及附件。
登城马道	——	——
台阶	拆安、归位台阶约 47 平方米，补配断裂踏跺石 10 块。	拆安、归位台阶约 35 平方米。

表 3-3 修缮工程量汇总表—大寨门和中寨门

名称	大寨门	中寨门
屋面	全部挑顶修缮。	全部挑顶修缮。
正脊	全部挑顶修缮。	全部挑顶修缮。
瓦件	补配碎裂瓦件约 10%、缺失瓦件约 5%，补配缺失、碎裂的勾滴共约 20%。	瓦件更换 15%，添配 15%；勾滴更换 20%，添配 15%。
望板	——	40% 更换。
席箔	——	100% 更换。
封檐板	70% 更换 。	100% 更换。
椽子	——	20% 更换。
檩条	——	3 根更换。
柱子	打牮拨正柱子并墩接，墩接高度 1.5 米。	1 根打牮拨正并墩接，3 根嵌补。
柱顶石	——	1 个更换。
格子窗	——	补安 20 扇 15 平方米。
门扇	——	拆除 6 扇 12 平方米。
花牙子	——	补安 3 个。
油饰地仗	全部重做。	全部重做。
木栈板墙	——	100% 恢复。

5. 长岩洞段城墙修缮措施

5.1 裂隙封堵

（1）全面清理施工区范围内的裂隙，清理深度要求至少400毫米。裂隙扩展超出施工区域范围的，也一并进行清理、灌浆封堵。

（2）对于前期已经采取充填封闭的裂隙，则保留原有措施，不属于本次封堵范围。

（3）裂隙封堵高度应略高于原地表，并向两侧自然延伸200毫米。

（4）采用防水砂浆进行封堵，水泥采用42.5级普通硅酸盐水泥，砂选用中、细砂，细度模数要求2.0—2.6毫米，含泥量要求小于3%，水灰比0.45∶1。

（5）封堵完成后，对于超出施工区域的部分，采用素土进行回填夯实至原地面。

（6）做好陡崖顶部卸荷带范围的地表雨水的排放工作，禁止生活污水乱排乱放，避免地表水长期对陡崖浸润、冲刷而对危岩稳定性造成不利影响。

5.2 墙体

根据现场调查访问，结合场地实际情况，最大限度减少附加荷载对场地危岩的影响，最终确定城墙方案如下：

（1）城墙地基：

由考古人员配合进行地基清理，清至基岩或原地基。设计基础宽800毫米，基础高度根据持力层情况现场确定，要求基础顶面低于马道上表面100毫米。基础持力层为砂岩，地基需进行凿毛找平。当地基为遗址时，不允许进行凿毛找平，应保持现状。基槽开挖超过500毫米，须采取有效支护。

（2）墙体：

墙宽300毫米，通高1300毫米，垛口长800毫米，高300毫米，空当600毫米。采用当地砂岩条石砌筑，全部勾灰浆缝处理。砌筑形制可参照瓮城西侧垛口墙。

（3）勾缝：

应确保缝隙清洁，无残留灰，无杂物，灰口湿润，勾缝灰应严实，且卧入灰缝内。

5.3 地面

（1）地面：

净宽2000毫米，清除松散土层，三七灰土碎石分层夯实，碎石含量20%—

30%。采用三七灰泥铺墁石地面。石材厚度为120毫米，要求勾缝严实，面层石材做防滑处理。三七灰土碎石垫层铺设时，确保严实、紧密。

（2）边石：

城墙对边设置边石，尺寸为100毫米 ×300毫米 ×1000毫米，可根据现场实际情况进行尺寸调整。边石须作浆砌筑，后背应填土夯实。边石勾缝、安砌后适当浇水养护。

（3）排水：

地面排水根据地形情况以地面漫排水为主，沿垛口墙下铺设明排水槽，每30米加设一个石排水嘴。水嘴下方设置混凝土防冲刷层。

（4）与西城墙连接处理方式：

拆除现有蹬墙口，与西城墙直接相连。

（5）与西城墙连接段：

初步设计长度为30米，双面城墙。内、外侧边墙为砂岩方整石砌筑，外城墙高1500毫米，留垛口，内墙高1300毫米（上下可调 ±100毫米），内部背里墙为砂岩毛石白灰砌筑、灌浆，顶部马道石地面采用坐浆铺墁，下垫层为三七灰土碎石垫层，要求面层石材做防滑处理。

6. 设计的主要工程量

长岩洞城墙段设计的主要工作量见下表：

表 3-4 长岩洞城墙段设计主要工作量

项目		单位	数量	备注
裂隙封堵	裂隙清理	立方米	5	裂隙长度按 100 米，张开 10 毫米估算，防水砂浆
	裂隙封堵	立方米	6	
城墙	基槽清理	立方米	570	杂填土，平均深度 500 毫米，人工清理
	残土运出场地	立方米	670	运距 1000 米
	地基找平、凿毛	立方米	5	中等风化砂岩
	基础砌筑	立方米	88	暂按基础埋深 500 毫米计
	城墙砌筑	立方米	140	
	毛石砌筑	立方米	78	连接部分
马道	素土夯实找平	立方米	96	素土夯实，暂按平近厚 300 毫米计
	3∶7 灰土夯实	立方米	114	3∶7 灰土夯实
	面层石材	平方米	380	80 毫米石板
	边石	块	160	100 毫米 ×300 毫米 ×1000 毫米
监测		项	1	

7. 设计对工程的要求及建议

（1）由于在设计阶段的条件限制，城墙上树根走向和分布以及局部的城墙底部与山体的结合处无法全面查看及探明，在项目实施时根据实际情况，据实调整设计方案。

（2）本工程是依照“动态化设计，信息化施工”的总体原则而进行的，要求施工队伍要有较强的勘察、设计及专业施工经验。

（3）项目中所涉及的石材，均应符合《文物建筑维修基本材料 石材》（WW/T0052—2014）相关要求。

（4）施工区域一侧为临空，其下部为公路，要求施工单位采取有效的防护措施，防止发生坠落事故。

（5）工程施工过程严禁使用机械设备进行施工，施工期间必须做到安全文明，保证游客及行人的安全。

（6）施工中如发现新的危岩体等病害问题，应暂停施工，与设计单位取得联系，共同确定危岩体加固方案后，方可进行城墙维修施工。

（7）鉴于工程的复杂性和特殊性，要求施工时要密切注意场地施工条件的变化，对设计中未能发现的危险情况，施工者应进行施工勘查，并及时向建设单位和设计单位通报，以便采取相应的处理措施。

（8）建议建设单位在长岩洞区域设置长期监测体系，并加强雨季的人工巡视工作。

（9）已完成的危岩抢险加固工程中采取的钢筋砼支撑柱表观未进行做旧处理，与周边景观极不协调，建议对原危岩体加固措施（钢筋砼支撑柱）外观进行做旧处理，以达到与环境协调统一的效果。

（四）修缮设计图

（详见附录部分）

第四章 施工准备

（一）复核和清标

施工方进场后，首先对现场情况对应图纸和清单进行复核，由于勘察设计和施工进场存在数年的时间间隔，因此复核工作特别重要。复核要点：

1. 图纸要求：

1）施工图标注的城墙各要素位置和现场一致性。

2）图纸所示尺寸和现场一致性。

3）图纸病害情况和现场的区别。

4）图纸工程量和现场的区别。

5）现场工程量和清单、图纸的区别。

（1）以上内容由施工方复核总结并提出书面意见，提交业主、设计、监理审核。

（2）复核内容做成差异性报告。

2. 施工前的问题汇总

2.1 整体问题

（1）因近年景区内部分区域已增设了相关设备管道，建议取消图纸中设备槽的制安。

（2）城墙上生长的树木及其根系对城墙破坏较大，是否清除。

（3）垛口墙、宇墙多经后期维修，所用石料规格、材质、工艺与原城墙不符，且存在风化、缺失、破损严重等问题，建议对垛口墙、宇墙全部拆除重砌，补配更换归安，并根据原有垛口墙、宇墙的石料规格尺寸，进行补配更换。

（4）城墙顶地面部分区域出现沉降、变形，渗水造成的空洞等现象，对城墙墙体造成一定影响。后期维修更换的石板由于强度偏低以至风化、破损严重。建议对顶地面整体拆除、调平找泛水、重做基层，瓮城及西城墙顶地面建议参照涞滩古街地面采用条石铺设，以达到整体风貌一致。

（5）清单中城墙顶地面垫层拆除厚度为300毫米，但新做基层为300毫米厚，三合土垫层及座浆层300毫米厚，合计600毫米，存在量差。为更好的解决雨水下渗问题，建议增设防渗层，降低垫层及座浆层厚度。

（6）设计施工图对西城墙顶地面有明排水槽制安，但清单中无工程量（小寨门、东水门设计清单无），建议取消明排水槽，整体调平找泛水后仅留排水口，并补充城墙顶部排水口大样图。

（7）建议取消墙面勾缝，较大缝隙封堵灌浆加固后采用三合土嵌缝使得整体一致。

（8）对具有历史价值但已出现风化、破损等情况的石料是否进行加固及防风化处理（如石牌匾、观察孔、枪眼等）。

（9）请设计方补充地面铺装平面图、地面基层大样图。

（10）清单中仅对檐檩、椽子、望板进行三防处理，剩余木构件刷防护材料，请设计方明确木构件防护材料的种类。

（11）清单中油饰为一布四灰，因当地湿度较大，建议木构件油饰采用油灰嵌缝后单皮灰刮腻子刷油漆。

（12）清单中缺少木城楼地伏石、地脚枋、抱柱枋、木枋、柱础石、木地板等石、木构件更换、维修、补配工程量。

（13）清单中场地清理工程量缺项（设计图纸有小寨门、东水门场地清理面积及工程量）。

（14）清单中小寨门、东水门有建筑垃圾清运工程量，缺失瓮城、西城墙建筑垃圾清运工程量。

（15）清单中缺失城门洞内顶部楞木更换工程量及尺寸（小寨门有更换尺寸，但瓮城南北小门缺更换尺寸）。

（16）设计方案批复回复中对城墙内部填芯材料初步勘察为三合土加碎石做法，还需明确内部填芯工艺。设计清单中需明确填写工程量及单价。

（17）清单中更换、补配、新增的砂岩石料规格、材质、颜色应与原城墙石料相近。

2.2 瓮城涉及问题

（1）瓮城内T型道路与周边存在高差，是否调平或制安阶沿石凸显高差。除T型道路外地面现状均为条石铺设，清单描述为重铺更换100毫米厚石板，建议采用条石铺设。

（2）根据图纸要求瓮城内地面恢复明排水系统，需设计方提供明排水位置及大样图（是否散排至新增排水暗沟内）。

（3）瓮城墙体出现倾斜、鼓闪、空洞、缺失等现象，建议除卷拱外整体拆除后再进行扶正、更换、补配、归安。

（4）瓮城石质牌匾断裂、风化，墙面拆除会对牌匾进行拆除，设计中无对牌匾的加固处理方案。

2.3 其他区域涉及问题

（1）西城墙

需要补充西城墙两处登城口道路恢复区域范围及工艺图纸。

（2）东水门

1）东水门处最近市政管道排水井位于城门外19.5米位置，只能沿道路外侧悬空位置进行石料砌筑铺设（设计、清单不含此段水沟、建议增加）。

2）东水门石质望柱大样图中缺少预埋深度及固定方式，建议增设300毫米×25毫米阶沿石，将石柱以钻孔开凿方式固定至阶沿石上提高稳定性。

3）东水门卷拱出现位移、开裂、断裂等问题，是否对卷拱进行加固维修。

4）清单中东水门虎皮护身墙、石砌坡地、挖土石方，缺项（设计有清单无）。

（3）小寨门

1）因部分地面踏步为天然基岩开凿，如同时安装排水及设备管道会对天然开凿地面造成损坏，建议取消设备槽，同时在小寨门内侧横向新增截水暗沟以缓解文昌宫屋面流下的雨水。

2）小寨门需增加文昌宫后期建筑物拆除施工图及工程量。

2.4 业主提出问题

（1）需提供已预埋的最新设备槽及排水系统的布置图。

（2）居民房屋紧挨城墙，部分房屋建筑物依附在城墙上，且城墙上有较多监控及电力设施，需业主方在施工前协调各方自行拆除、移出施工作业区。

（3）小寨门城墙顶部原混凝土地面经2017年底由当地住户改造为青石板铺

地，整个小寨门顶部目前为当地住户营业使用中，需由业主方协调。

（4）长岩洞新增城墙区域目前为当地居民种植使用中，需业主方进行协调。

（5）部分修建内容会占用当地居民土地进行施工，需业主方进行协调。

（6）需业主方提供各施工点水电接入口（三相动力电）。

（7）需业主方提供临时材料堆放点。

3. 施工现场与设计清单差异性调查

项目名称：涞滩二佛寺摩崖造像———瓮城及城墙维修工程

编制人：何坤

调查人：张建、苏金荣、卜保粮、杨世甫、何坤

表 4-1 施工现场与设计及清单差异性调查统计表（瓮城）

分部工程	分项名称	现状描述			工程量			施工工艺			备注		
		设计	清单	实勘	设计	清单	实勘	设计	清单	实勘建议	存在问题	图号	清单号
地面工程	1、无地面铺装平面图、大样图，瓮城内 T 型道路与周边存在高差，是否调平或制安阶沿石凸显高差。 2、根据图纸瓮城内地面恢复明排水系统，需设计方提供明排水位置及大样图（是否散排至新增排水暗沟内），且明排水系统无清单。 3、需提供已预埋的最新设备槽及排水系统的布置图，建议取消已有设备槽铺设。 4、建议根据基层情况确定拆除开挖厚度，根据拆除开挖后基层情况确定垫层厚度。 5、瓮城内原地面除 T 形道路外均为条石状铺设，建议采用条石铺设（更换石料）。												
	垫层拆除	√	√	√	√	92.34 立方米	√	√	人工拆除厚度：300 毫米	根据基层情况确定拆除开挖厚度	√	01—01	011602001014
	垫层新做	√	√	√	√	92.34 立方米	√	√	新做三合土厚度：300 毫米	根据拆除开挖后基层情况确定垫层厚度	√	01—01	010404001019
	拆除海墁地面砂岩石板	√	√	√	√	307.79 平方米	√	√	拆除面层砂岩石板	√	√	01—01	011605001021
	地面重新铺砂岩石板	√	√	√	√	171.4 平方米	√	√	地面砂岩石板铺设、暂按厚度 100 毫米	原地面除 T 形道路外均为条石状铺设，建议采用条石铺设（更换石料）	√	01—01	020702006030
	地面旧石料铺墁	√	√	√	√	89.17 平方米	√	编号记录原位归安	编号记录、原位归安	编号记录、原位归安	√	01—01	020702006031
	地面加设排水沟	√	√	√	√	23 米	√	预埋综合管沟与市政连接	预埋综合管沟与市政连接	部分区域已预埋设备槽，建议取消部分设备槽	市政管道距离，无法确定工程量	01—01	010403010004

续表

分部工程	分项名称	现状描述			工程量			施工工艺			备注		
		设计	清单	实勘	设计	清单	实勘	设计	清单	实勘建议	存在问题	图号	清单号
墙面工程	1、树木根系对城墙破坏较大，是否全部清除，清单无树木清除工程量及计价方式。 2、瓮城大寨门石质牌匾已断裂、风化，拆除墙体时会对牌匾进行拆除，设计中无对牌匾的处理方案。 3、部分城墙紧挨居民房屋，且部分房屋建筑物在城墙上，城墙上有较多监控及电力设施，施工前需移除，需业主方在施工前协调自行拆除、移出施工区域。 4、墙体内部填芯工程量无，计价方式无。 5、设计图纸及清单无注浆材料及配合比。 6、部分墙面勾缝为水泥砂浆、三合土、白灰等勾缝，建议清理后保存原状不做勾缝处理，较大缝隙采用三合土嵌缝使得整体一致。 7、清单中石料新增、补配、更换为暂列金，需共同进行询价。												
	砂岩石墙拆除	√	√	√	√	272.5 立方米	石料厚度为隐蔽无法估算	局部拆砌	√	瓮城墙体出现倾斜、鼓闪、空洞、缺失等现象，建议除卷拱外整体拆除后更换、补配、归安	石牌匾无处理方案	01—04	01040300055
	砂岩石墙补砌	√	√	√	√	67.13 立方米	√	新添石料砌筑	新添石料砌筑	√		01—04	010403003054
	砂岩石墙恢复	√	√	√	√	223 立方米	√	旧石料归安补配 30%	旧石料归安补配 30%	√	城墙内部无填芯工程量及计价方式		011601001029
	墙体灌浆	√	√	√	√	3633.33 米	√	表面封堵压力注浆	表面封堵压力注浆	√	√	01—04	040402017018
	墙面勾缝	√	√	√	√	266.13 平方米	540 平方米	重做勾缝	麻刀灰勾缝	取消整体勾缝，仅对较大缝隙采用三合土嵌缝	整体外观需协调	01—04	011201003043
	清除墙面水泥砂浆	√	√	√	√	23 平方米	√	清除水泥砂浆	清除水泥砂浆	√	√	01—04	011604002001
	清除墙面白灰抹灰	√	√	√	√	5.5 平方米	25 平方米	清除白灰抹面	清除白灰抹面	建议对抹白灰层进行整体清除，重做嵌缝	整体外观需协调	01—04	

续表

<table>
<tr><th rowspan="2">分部工程</th><th rowspan="2">分项名称</th><th colspan="3">现状描述</th><th colspan="3">工程量</th><th colspan="3">施工工艺</th><th colspan="3">备注</th></tr>
<tr><th>设计</th><th>清单</th><th>实勘</th><th>设计</th><th>清单</th><th>实勘</th><th>设计</th><th>清单</th><th>实勘建议</th><th>存在问题</th><th>图号</th><th>清单号</th></tr>
<tr><td rowspan="8">顶面地面工程</td><td colspan="13">1、按清单所示顶面、地面新做基层为 0.3 米三合土垫层及 0.3 米座浆层，合计 0.6 米，且标高固定，因此地面拆除厚度应为 0.6 米，工程量不够，建议整体增加防渗层，降低三合土及座浆层厚度。
2、无座浆材料及配合比。
3、顶地面旧石板归安清单中未对更换砂岩石板计价方式进行描述。
4、部分区域已出现沉降、变形、渗水造成的空洞等现象，对城墙墙体造成一定影响，建议对顶地面整体拆除，调平找泛水，整体重做基层，减少雨水下渗情况，建议参照景区内部分地面及下涞滩古街地面采用条石铺设。
5、建议顶地面采用三合土嵌缝。</td></tr>
<tr><td>拆除海墁地面砂岩石板</td><td>√</td><td>√</td><td>√</td><td>√</td><td>188 平方米</td><td>√</td><td>√</td><td>拆除砂岩石板</td><td>√</td><td>√</td><td>01—03</td><td>011605001002</td></tr>
<tr><td>地面垫层拆除</td><td>√</td><td>√</td><td>√</td><td>√</td><td>56.4 立方米</td><td>112.5 立方米</td><td>√</td><td>拆除三合土垫层厚度 300 毫米</td><td>√</td><td>新增基层厚度为 600 毫米，拆除量不够</td><td>01—03</td><td>011605001015</td></tr>
<tr><td>地面垫层新做</td><td>√</td><td>√</td><td>√</td><td>√</td><td>56.4 立方米</td><td>√</td><td>√</td><td>三合土垫层厚度 300 毫米</td><td>在保证施工质量情况下建议降低三合土厚度</td><td>√</td><td>01—03</td><td>010404001020</td></tr>
<tr><td>地面座浆</td><td>√</td><td>√</td><td>√</td><td>√</td><td>188 平方米</td><td>√</td><td>√</td><td>地面座浆厚度 300 毫米</td><td>在保证施工质量情况下建议降低座浆层厚度</td><td>√</td><td>01—03</td><td>040402017019</td></tr>
<tr><td>地面旧石料铺墁</td><td>√</td><td>√</td><td>√</td><td>√</td><td>188 平方米</td><td>√</td><td>√</td><td>原石板归安、破损约 30%</td><td>√</td><td>清单未描述补配石板计价方式</td><td>01—03</td><td>020702006032</td></tr>
<tr><td>顶面地面勾缝</td><td>√</td><td>√</td><td>√</td><td>√</td><td>10.5 平方米</td><td>188 平方米</td><td>√</td><td>砂浆勾缝</td><td>建议采用三合土嵌缝</td><td>仅计算门洞顶部地面勾缝</td><td>01—03</td><td>011201003044</td></tr>
<tr><td>宇墙条石排水槽</td><td>√</td><td>√</td><td>√</td><td>√</td><td>2.34 立方米</td><td>√</td><td>宇墙内侧增设明排水槽</td><td>砂岩石墙明沟</td><td>√</td><td>√</td><td>01—03</td><td>020201001005</td></tr>
</table>

续表

分部工程	分项名称	现状描述			工程量			施工工艺			备注		
		设计	清单	实勘	设计	清单	实勘	设计	清单	实勘建议	存在问题	图号	清单号
	1、瓮城垛口墙、宇墙风化、缺失、破损严重，部分后期新做宇墙用料规格、材质、工艺不符，建议整体拆除后补配重砌。 2、瓮城按设计图所示仅对南北小门外侧各增设5米垛口石，建议瓮城外侧整体增设垛口石。 3、瓮城设计清单中无建筑垃圾外运。 4、建议取消勾缝，较大缝隙建议采用三合土嵌缝。 5、清单中石料新增、补配、更换为暂列金，需共同进行询价。												
垛口墙工程	砂岩石墙补砌	√	√	√	√	3.27立方米	12.6立方米	新添砂岩砌筑	新添砂岩砌筑	√	工程量不够	01—04	010403003056
	砂岩石墙拆除	√	√	√	√	16.34立方米	31.5立方米	编号、登记、拆除	编号、登记、拆除	建议整体拆除重装	工程量不够	01—04	010403003057
	砂岩石墙恢复	√	√	√	√	13.88立方米	18.9立方米	原石料归安	原石料归安30%补料	√	工程量不够	01—04	011601001030
	墙面勾缝	√	√	√	√	54.47平方米	180平方米	墙面勾缝	麻刀灰勾缝	建议取消勾缝，较大缝隙建议采用三合土嵌缝	工程量不够	01—04	011201003045
宇墙工程	砂岩石墙拆除	√	√	√	√	1.82立方米	8.25立方米	编号、登记、拆除	编号、登记、拆除	建议整体拆除重装	工程量不够	01—04	010403003059
	砂岩石墙恢复	√	√	√	√	1.82立方米	8.25立方米	原石料归安	原石料归安30%补料	√	工程量不够	01—04	011601001031
	墙面勾缝	√	√	√	√	50.1平方米	60平方米	墙面勾缝	麻刀灰勾缝	建议取消勾缝，较大缝隙建议采用三合土嵌缝	工程量不够	01—04	011201003046
环境整治	建筑垃圾清运	无	无	√	√	无	211立方米	无	无	建渣外运	无	总坪	无

续表

分部工程	分项名称	现状描述			工程量			施工工艺			备注		
		设计	清单	实勘	设计	清单	实勘	设计	清单	实勘建议	存在问题	图号	清单号
城门门扇（南北小门）	1、当地湿度较大，建议采用当地做法单皮灰刷油漆。 2、门洞内顶部楞木更换无工程量及尺寸。 3、是否增设门钉、门环。												
	木连楹	√	√	√	√	4.6 米	√	√	√	√	门洞内顶部楞木更换无工程量及尺寸	01—14 01—16	010801005006
	门扇制安	√	√	√	√	2 扇	√	√	√	√	√	01—14 01—16	020509001006
	地仗油饰	√	√	√	√	22.26 平方米	√	√	√	因湿度较大，南方使用一布四灰的较少，建议采用油灰嵌缝后单皮灰刮腻子刷油漆	√	01—14 01—16	020905002011
	门栓	√	√	√	√	4.6 米	√	√	√	√	√	01—14 01—16	020509007006
	补配门槛石	√	√	√	√	1 块	√	√	√	√	√	01—14 01—16	020204011001

表 4-2 施工现场与设计及清单差异性调查统计表（西城墙）

分部工程	分项名称	现状描述			工程量			施工工艺			备注		
		设计	清单	实勘	设计	清单	实勘	设计	清单	实勘建议	存在问题	图号	清单号
地面工程	1、需补充西城墙两处登城口恢复石质道路区域范围及工艺图纸。												
	场地清理	无	无	√	无	无	160 平方米	√	√	清除城墙边 2.5 米内堆积的杂物、灌木等	清单缺项	02—01 02—02	无
	地面拆除	√	无	√	√	无	30 立方米	恢复两处登城口石质道路	无	补充施工区域图纸	清单缺项	02—01 02—02	无
	垫层新做	√	无	√	√	无	15 立方米	恢复两处登城口石质道路	无	补充地面基层图纸	清单缺项	02—01 02—02	无
	拆除海墁地面砂岩石板	√	无	√	√	无	150 平方米	恢复两处登城口石质道路	无	南段登城口道路为后期石料铺设且部分为混凝土，建议更换重铺	清单缺项	02—01 02—02	无
	地面重新铺砂岩石板	√	无	√	√	无	150 平方米（待定）	恢复两处登城口石质道路	√	确定铺设区域	清单缺项	02—01 02—02	无
	地面加设排水沟	无	无	无	无	无	无	无	无	无	是否加设排水系统	02—01 02—02	无

续表

分部工程	分项名称	现状描述			工程量			施工工艺			备注		
		设计	清单	实勘	设计	清单	实勘	设计	清单	实勘建议	存在问题	图号	清单号
墙面工程	1、树木根系对城墙破坏较大，建议全部清除。 2、部分城墙紧挨居民房屋，且部分房屋建筑物在城墙上，城墙上有较多监控及电力设施，施工前需移除，需业主方在施工前协调自行拆除、移出施工区域。 3、墙体内部填芯工程量无，计价方式无。 4、设计及清单无注浆材料及配合比。 5、墙面勾缝为水泥砂浆、三合土、白灰等勾缝，建议清理后保存原状不做勾缝处理，较大缝隙采用三合土嵌缝。 6、清单中石料新增、补配、更换为暂列金，需共同进行询价。												
	砂岩石墙拆除	√	√	√	√	1998.18 立方米	√	编号、拆除	编号、拆除	编号、拆除	√	02—03	010403003061
	砂岩石墙补砌	√	√	√	√	161.14 立方米	√	新添石料砌筑	新添石料砌筑	新添石料砌筑	√	02—03	010403003060
	砂岩石墙恢复	√	√	√	√	1998.18 立方米	√	旧石料归安补料 30%	旧石料归安补料 30%	旧石料归安补料 30%	√	02—03	011601001032
	墙体灌浆	√	√	√	√	3517.55 米	√	表面封堵压力注浆	表面封堵压力注浆	表面封堵压力注浆	√	02—03	040402017020
	墙面勾缝	√	√	√	√	672.56 平方米	√	重做勾缝	麻刀灰勾缝	建议清理后保存原状不做勾缝处理，较大缝隙采用三合土嵌缝	√	02—03	011201003047

续表

分部工程	分项名称	现状描述			工程量			施工工艺			备注		
		设计	清单	实勘	设计	清单	实勘	设计	清单	实勘建议	存在问题	图号	清单号
顶地面工程	1、按清单所示，地面新做基层为 0.3 米三合土垫层及 0.3 米座浆层，合计 0.6 米，且标高固定，因此地面拆除厚度应为 0.6 米，工程量不够，建议整体增设防渗层，降低三合土及座浆层厚度。 2、无座浆材料及配合比。 3、顶地面旧石板归安清单中未对更换砂岩石板计价方式进行描述。 4、建议顶地面采用三合土嵌缝。 5、部分区域已出现沉降、变形、渗水造成的空洞等现象，对城墙墙体造成一定影响，且后期维修更换石板强度偏低，破损严重，建议对顶地面整体拆除，调平找泛水，整体重做基层，减少雨水下渗情况，建议参照景区内部分地面及下涞滩古街地面采用条石铺设。 6、设计图纸有新增排水槽但清单无工程量，建议整体顶地面增设明排水槽或仅留排水口。 7、需补充排水口大样图。												
	拆除海墁地面砂岩石板	√	√	√	√	201.24 平方米	750 平方米	√	拆除砂岩石板	建议整体拆除，调平找泛水	只解决出现问题，未整体解决	02—01 02—02	011605001023
	地面垫层拆除	√	√	√	√	60.37 立方米	450 立方米（整体）	√	拆除三合土垫层厚度 300 毫米	√	清单量不够（拆做量差）	02—01 02—02	011602001016
	垫层新做	√	√	√	√	60.37 立方米	225 立方米	√	三合土垫层厚度 300 毫米	在保证施工质量的前提下降低三合土	√	02—01 02—02	010404001021
	地面座浆	√	√	√	√	201.24 平方米	750 平方米	√	地面座浆厚度 300 毫米	在保证施工质量的前提下降低座浆层	√	02—01 02—02	040402017023
	地面旧石料铺墁	√	√	√	√	201.24 平方米	750 平方米	√	原石板归安、破损约 30%	南段城墙地面石板风化破损建议整体重做更换石料	清单工程量不够	02—01 02—02	020702006033
	顶面地面勾缝	√	√	√	√	486.24 平方米	750 平方米	√	砂浆勾缝	建议采用三合土嵌缝	清单工程量不够	02—01 02—02	011201003048
	宇墙条石排水槽	√	无	√	√	无	13 立方米	增设明排水槽	无	建议整体增加明排水槽，让雨水统一流出	√	02—01 02—02	无

续表

分部工程	分项名称	现状描述			工程量			施工工艺			备注		
		设计	清单	实勘	设计	清单	实勘	设计	清单	实勘建议	存在问题	图号	清单号
垛口墙工程	1、南段垛口墙为后期更换，石料材质工艺不对，风化、破损严重造成城墙风貌不一致，且外侧面为机改面，建议整体更换石料，可参照南段垛口墙规格统一进行补配、重砌。 2、北段城墙为后期旧址修复，垛口墙做工粗糙且全为水泥座浆勾缝，清理后缝隙较大，建议整体拆除，并对现有石料进行修整，根据现有尺寸补配、更换、归安。 3、建议垛口墙重砌后不做勾缝处理。 4、垛口墙紧挨居民房屋，部分建筑修建在垛口墙上需业主方协调。 5、西城墙清单中无建筑垃圾清运项。 6、清单中石料新增、补配、更换为暂列金，需共同进行询价。												
	砂岩石墙补砌	无	无	无	无	无	57 立方米	新添砂岩砌筑	新添砂岩砌筑	建议对北段垛口墙拆除后，补砌缺失石料	无补砌项	02—01 02—02	无
	砂岩石墙拆除	√	√	√	√	72.83 立方米	188 立方米	编号、登记、拆除	编号、登记、拆除	垛口墙均为后期维修，所用石料规格，材质，工艺不符，且风化破损严重，建议全部拆除后补配更换归安	工程量不够	02—01 02—02	010403003063
	砂岩石墙恢复	无	无	无	无	无	60 立方米	原石料归安	原石料归安 30%补料	建议对北段垛口墙整体拆除修整石料后恢复、归安	无恢复项	02—01 02—02	无
	砂岩石墙砌筑	√	√	√	√	72.83 立方米	72.83 立方米	新添岩石砌筑	新添岩石砌筑	建议对南段垛口墙整体更换重砌	√	02—01 02—02	010403003062
	墙面勾缝	√	√	√	√	242.77 平方米	580 平方米	墙面勾缝	麻刀灰勾缝	建议垛口墙重砌后不做勾缝处理	工程量不够	02—01 02—02	011201003049
环境整治	建筑垃圾清运	无	无	无	√	无	660 立方米	建渣外运	建渣外运	√	工程量不够	总坪	无

续表

<table>
<tr><th rowspan="2">分部工程</th><th rowspan="2">分项名称</th><th colspan="3">现状描述</th><th colspan="3">工程量</th><th colspan="3">施工工艺</th><th colspan="3">备注</th></tr>
<tr><th>设计</th><th>清单</th><th>实勘</th><th>设计</th><th>清单</th><th>实勘</th><th>设计</th><th>清单</th><th>实勘建议</th><th>存在问题</th><th>图号</th><th>清单号</th></tr>
<tr><td rowspan="7">地面工程</td><td colspan="13">1、需提供已预埋的最新设备槽及排水系统的布置图。
2、场地清理设计图纸有工程量及区域但清单缺项。
3、小寨门处建议取消设备槽，因部分地面踏步为天然基岩开凿，如同时安装排水及设备管道会对天然开凿地面造成破坏；建议采用排水暗沟盖板预留排水口形式，并在小寨门内侧新增排水暗沟以缓解文昌宫屋面流下的雨水。
4、小寨门地面台阶与地面石板重复，部分台阶为天然基岩层，建议对天然基岩层台阶保留并稍加修整即可。</td></tr>
<tr><td>场地清理</td><td>√</td><td>无</td><td>√</td><td>100平方米</td><td>无</td><td>120 平方米</td><td>清除城门两侧及山体表面堆积的杂物、渣土、草木</td><td>无</td><td>√</td><td>清单缺项</td><td>03—01</td><td>无</td></tr>
<tr><td>垫层拆除</td><td>√</td><td>√</td><td>√</td><td>√</td><td>3 立方米</td><td>√</td><td>√</td><td>人工拆除拆除厚度：300 毫米</td><td>根据基层情况确定拆除厚度，基层为基岩</td><td>√</td><td>03—01</td><td>011602001017</td></tr>
<tr><td>垫层新做</td><td>√</td><td>√</td><td>√</td><td>√</td><td>3 立方米</td><td>√</td><td>√</td><td>三合土地面厚度：300 毫米</td><td>根据基层情况确定垫层厚度</td><td>√</td><td>03—01</td><td>010404001022</td></tr>
<tr><td>拆除海墁地面砂岩石板</td><td>√</td><td>√</td><td>√</td><td>√</td><td>69.8 平方米</td><td>√</td><td>√</td><td>拆除面层砂岩石板</td><td>小寨门地面除门洞处地面外均为台阶</td><td>台阶项重复</td><td>03—01</td><td>011605001024</td></tr>
<tr><td>补配地面砂岩石板</td><td>√</td><td>√</td><td>√</td><td>√</td><td>1 平方米</td><td>5 平方米</td><td>√</td><td>地面砂岩石板铺设、暂按厚度 100 毫米</td><td>√</td><td>工程量不够</td><td>03—01</td><td>020702006035</td></tr>
<tr><td>地面旧石料铺墁</td><td>√</td><td>√</td><td>√</td><td>√</td><td>68.8 平方米</td><td>10 平方米</td><td>编号记录、原位归安</td><td>编号记录、原位归安</td><td>小寨门地面除门洞处地面外均为台阶</td><td>台阶项重复</td><td>03—01</td><td>020702006034</td></tr>
</table>

续表

分部工程	分项名称	现状描述			工程量			施工工艺			备注		
		设计	清单	实勘	设计	清单	实勘	设计	清单	实勘建议	存在问题	图号	清单号
台阶工程	台阶拆除	√	√	√	√	7.05 立方米	√	编号记录、原位归安	编号记录、原位归安，台阶高度 150 毫米	部分地面为基岩层，建议不做拆除，保持原状	√	03—01	011601001036
	新砌台阶	√	√	√	√	9.05 立方米	√	利用原石砌筑	利用原石砌筑	利用原石砌筑，基岩台阶保留并进行修整	√	03—01	020201001007
排水沟	地面加设排水沟	√	√	√	√	23 米	√	预埋综合管沟与市政连接	沟截面 2.6 米 ×0.8 米，4 根 200 毫米钢套管、一根 400 毫米 UPVC 管	建议取消设备槽，安装门洞内侧增设截水沟，采用暗沟形式铺设	√	03—01	010403010005

表 4-3 施工现场与设计及清单差异性调查统计表（小寨门）

分部工程	分项名称	现状描述			工程量			施工工艺			备注		
		设计	清单	实勘	设计	清单	实勘	设计	清单	实勘建议	存在问题	图号	清单号
墙面工程	1、树木根系对城墙破坏较大，是否全部清除，清单无树木清除工程量及计价方式。 2、砂岩石墙拆除图纸描述厚度为 2000 毫米，是否仅为石料拆除或者含内部填充物。 3、部分城墙紧挨居民房屋，且部分房屋建筑物在城墙上，需业主方在施工前协调自行拆除。 4、墙体内部填芯工程量无，计价方式无。 5、设计及清单无注浆材料及配合比。 6、建议重砌清理后保存原状不做勾缝处理，较大缝隙采用三合土嵌缝使得整体一致。 7、清单中石料新增、补配、更换为暂列金，需共同进行询价。												
	砂岩石墙补砌	√	√	√	√	7.14 立方米	√	新添石料砌筑	新添石料砌筑	√	√	03—04	010403003064
	砂岩石墙恢复	√	√	√	√	142.8 立方米	√	旧石料归安补配 30%	旧石料归安补配 30%	√	城墙内部无填芯工程量及计价方式	03—04	011601001033
	砂岩石墙拆除	√	√	√	√	142.8 立方米	√	编号、拆除，部分施工点拆除厚度 2000 毫米	编号、拆除	√	√	03—04	010403003065
	墙体灌浆	√	√	√	√	602.84 米	√	表面封堵压力注浆	表面封堵压力注浆	√	√	03—04	040402017021
	墙面勾缝	√	无	√	√	无	280 平方米	重做勾缝	无	√	√	03—04	无

续表

分部工程	分项名称	现状描述			工程量			施工工艺			备注		
		设计	清单	实勘	设计	清单	实勘	设计	清单	实勘建议	存在问题	图号	清单号
地面工程	1、按清单所示，地面新做基层为 0.3 米三合土垫层及 0.3 米座浆层，合计 0.6 米，且标高固定，因此地面拆除厚度应为 0.6 米，工程量不够，建议整体增设防渗层，降低三合土及座浆层厚度。 2、无座浆材料及配合比。 3、顶地面旧石板归安清单中未对更换砂岩石板计价方式进行描述。 4、清单中无顶地面勾缝项，建议顶地面采用三合土嵌缝。 5、建议顶地面整体拆除，调平找泛水，整体重做基层，减少雨水下渗情况；补充排水口大样图。 6、整个小寨门顶部目前为当地住户营业使用中，需由业主方协调。												
	拆除水泥砂浆地面	√	√	青石	√	85 平方米	√	√	拆除城墙顶部水泥砂浆地面	已被当地居民改建为青石板地面	与设计图纸不符	03—02	011604001002
	拆除海墁地面砂岩石板	√	√	√	√	15 平方米	√	√	拆除砂岩石板	建议整体拆除，调平找泛水，整体重做基层，减少雨水下渗情况	√	03—01	011602001017
	地面垫层拆除	√	√	√	√	4.5 立方米仅卷拱顶	√	√	拆除三合土垫层厚度 300 毫米	√	清单量不够	03—02	011602001018
	地面垫层新做	√	√	√	√	4.5 立方米	√	√	三合土垫层厚度 300 毫米	在保证施工质量情况下建议降低三合土厚度	除卷拱顶部地面外，另外地面清单缺项	03—02	010404001023
	地面座浆	√	√	√	√	15 平方米	√	√	地面座浆厚度 300 毫米	在保证施工质量情况下建议降低座浆层厚度	除卷拱顶部地面外，另外地面清单缺项	03—02	040402017024
	地面旧石料铺墁	√	√	√	√	15 平方米	√	√	原石板归安、破损约 30%	小寨门顶部地面整体重新铺设		03—02	020702006036

续表

分部工程	分项名称	现状描述			工程量			施工工艺			备注		
		设计	清单	实勘	设计	清单	实勘	设计	清单	实勘建议	存在问题	图号	清单号
	地面抬高	√	√	√	√	4.5 立方米	√	√	抬高 300 毫米	√	√	03—02	010404001024
	顶面地面勾缝	√	无	√	√	无	130 平方米	√	无	建议采用三合土嵌缝	清单无	03—02	无
排水槽	宇墙条石排水槽	无	无	无	无	无	2.5 立方米	无	无	建议整体增加明排水槽，让雨水统一流出	清单设计均无	03—02	无
垛口墙	1、小寨门缺文昌宫后期建筑物拆除施工图及工程量。 2、清单中缺少马道铁艺仿木栅栏门工程量。 3、清单中石料新增、补配、更换为暂列金，需进行询价。												
	花墙拆除	√	√	√	√	9.9 立方米	√	√	√	√	√	03—04	011601001034
	砂岩石墙补砌	√	√	√	√	9.9 立方米	15.5 立方米	新添砂岩砌筑	新添砂岩砌筑	新添砂岩砌筑	新添砂岩砌筑	03—04	010403003066
	墙面勾缝	√	无	√	√	无	90 平方米	墙面勾缝	无	建议取消勾缝，较大缝隙采用三合土嵌缝	√	03—04	无
宇墙工程	宇墙拆除	√	√	√	√	2.31 立方米	√	编号、登记、拆除	编号、登记、拆除	√	√	03—04	011601001035
	砂岩石墙补砌	√	√	√	√	2.31 立方米	3.3 立方米	新添砂岩砌筑	新添砂岩砌筑	√	√	03—04	010403003067
环境整治	建筑垃圾清运	√	√	√	√	30 立方米	76 立方米	建渣外运	建渣外运，运输至城门外约 50 米	√	工程量不够	总坪	011707B07004

续表

分部工程	分项名称	现状描述			工程量			施工工艺			备注		
		设计	清单	实勘	设计	清单	实勘	设计	清单	实勘建议	存在问题	图号	清单号
城门门扇	1、当地湿度较大，建议采用当地做法单皮灰刷油漆。 2、门洞内顶部楞木更换无工程量及尺寸。 3、是否增设门钉、门环。												
	木连楹	√	√	√	√	2.8 米	√	√	√	√	门洞内顶部楞木更换无工程量及尺寸	03—03	010801005007
	门扇制安	√	√	√	√	2 扇	√	√	√	√	√	03—03	020509001007
	地仗油饰	√	√	√	√	13.5 平方米	√	√	√	因湿度较大，南方使用一布四灰的较少，建议采用油灰嵌缝后单皮灰刮腻子刷油漆	√	03—03	020905002012
	门栓	√	√	√	√	2.8 米	√	√	√	√	√	03—03	020509007007
	补配门槛石	√	√	√	√	1 块	√	√	√	√	√	03—03	020204011002

表 4-4 施工现场与设计及清单差异性调查统计表（东水门）

分部工程	分项名称	现状描述			工程量			施工工艺			备注		
		设计	清单	实勘	设计	清单	实勘	设计	清单	实勘建议	存在问题	图号	清单号
地面工程	1、设计图纸中有场地清理工程量及区域，但清单中场地清理缺项。 2、东水门地基大部分为岩石层，建议根据基层情况减少拆除厚度及垫层新做厚度。 3、东水门处最近市政管道排水井位于城门外 19.5 米位置，只能沿道路外侧悬空位置进行石料砌筑铺设（清单不含此段水沟）。 4、东水门上下均无市政设备槽接入点，建议取消设备槽制安。												
地面工程	场地清理	√	无	√	70 平方米	无	120 平方米	清除城门两侧及山体表面堆积的杂物、渣土、草木	无	√	清单缺项	04—01	无
地面工程	垫层拆除	√	√	√	√	2.1 立方米	√	√	人工拆除厚度：300 毫米	根据基层情况确定拆除厚度，部分基层为基岩	√	04—01	011602001019
地面工程	垫层新做	√	√	√	√	2.1 立方米	√	√	三合土地面厚度：300 毫米	√	√	04—01	010404001025
地面工程	拆除海墁地面砂岩石板	√	√	√	√	7 平方米	√	√	拆除面层砂岩石板	√	√	04—01	011605001026
地面工程	地面重新铺砂岩石板	√	√	√	√	7 平方米	√	√	地面砂岩石板铺设、暂按厚度 100 毫米	√	√	04—01	020702006037
台阶	台阶拆除	√	√	√	√	5.25 立方米	√	√	√	√	√	04—01	011601001039
台阶	条石台阶恢复	√	√	√	√	5.25 立方米	6 立方米	√	√		√	04—01	020201001008
排水沟	地面加设排水沟	√	√	√	√	23 米	√	预埋综合管沟与市政连接	预埋综合管沟与市政连接	东水门上下均无市政设备槽接入点，建议取消	最近排水口距离 19.5 米	04—01	010403010006

续表

分部工程	分项名称	现状描述			工程量			施工工艺			备注		
		设计	清单	实勘	设计	清单	实勘	设计	清单	实勘建议	存在问题	图号	清单号
观景平台工程	1、清单中观景平台地面挖土石方缺项。 2、清单中虎皮护身墙缺项。 3、清单中石砌条石坡地缺项。 4、石质望柱大样图中缺少预埋深度及固定方式，建议增设 300 毫米 ×250 毫米阶沿石将石柱以钻孔开凿方式固定至阶沿石上，提高稳定性。 5、观景平台地基大部分为岩石层，建议根据实际情况对基础进行调整。 6、清单中石料新增、补配、更换为暂列金，需共同进行询价。												
	地面挖土石方	√	无	√	√	无	15 立方米	找平泛水	无	√	无工程量	04—01 详—03	无
	护坡墙砌筑	√	√	√	√	2.64 立方米	9.3 立方米	√	√	√	工程量不够	04—01 详—03	010403004002
	红砂岩条石地面	√	√	√	√	45 平方米	√	√	√	基层为岩石层，建议卵石层厚度按实际情况调整	√	04—01 详—03	011102001002
	虎皮护身墙	√	无	√	√	无	1.6 立方米	√	√	√	清单缺项	04—01 详—03	无
	增设石柱	√	√	√	√	0.54 米	√	√	√	增设台阶阶沿石提高石质望柱稳定性	√	04—01 详—03	010403005001
	石砌坡地	√	无	√	√	无	3.5 立方米	条石铺墁坡地	无	√	√	04—01 详—03	无

续表

分部工程	分项名称	现状描述			工程量			施工工艺			备注		
		设计	清单	实勘	设计	清单	实勘	设计	清单	实勘建议	存在问题	图号	清单号
墙面工程	1、东水门卷拱出现位移、开裂、断裂等问题，是否对卷拱进行维修。 2、建议墙体重砌后保存原状不做勾缝处理，较大缝隙采用三合土嵌缝使得整体一致。 3、树木根系对城墙破坏较大，建议全部清除，清单无树木清除工程量及计价方式。 4、墙体内部填芯工程量无，计价方式无。 5、设计及清单无注浆材料及配合比。 6、清单中石料新增、补配、更换为暂列金，需共同进行询价。												
	砂岩石墙拆除	√	√	√	√	41.44 立方米	70 立方米	编号、拆除	编号、拆除	大部分墙体均为后期新做，石料规格各异、工艺粗糙，建议拆除重砌	工程量不够	04—04	010403003069
	砂岩石墙补砌	√	√	√	√	41.44 立方米	70 立方米	新添石料砌筑	新添石料砌筑	大部分墙体均为后期新做，石料规格各异、工艺粗糙，建议拆除重砌	工程量不够	04—04	010403003068
	墙体灌浆	√	√	√	√	687.96 米	√	表面封堵压力注浆	表面封堵压力注浆	√	√	04—04	040402017022
	墙面勾缝	√	√	√	√	51.8 平方米	280 平方米	重做勾缝	麻刀灰勾缝	建议重砌石墙后不做勾缝处理，仅对较大缝隙采用三合土嵌缝	√	04—04	011201003051

续表

分部工程	分项名称	现状描述			工程量			施工工艺			备注		
		设计	清单	实勘	设计	清单	实勘	设计	清单	实勘建议	存在问题	图号	清单号
地面工程	1、按清单所示，地面新做基层为 0.3 米三合土垫层及 0.3 米座浆层，合计 0.6 米，且标高固定，因此地面拆除厚度应为 0.6 米，工程量不够，建议整体增设防渗层，降低三合土及座浆层厚度。 2、两侧的地面已出现沉降、变形、泥土流水造成空洞等现象，对城墙墙体造成一定影响，建议将顶地面整体拆除，调平找泛水，整体重做基层，减少雨水下渗情况。 2、无座浆材料及配合比。 3、顶地面旧石板归安清单中未对更换砂岩石板计价方式进行描述。 4、清单中无顶地面勾缝项，建议顶地面采用三合土嵌缝。 5、补充排水口大样图。												
地面工程	拆除海墁地面砂岩石板	√	√	√	√	5 平方米	90 平方米	√	拆除砂岩石板	建议整体拆除，调平找泛水，整体重做基层减少雨水下渗情况	只解决出现问题，未整体解决	04—02	011605001027
地面工程	地面垫层拆除	√	√	√	√	3 立方米仅卷拱顶	52 立方米	√	拆除三合土垫层厚度 300 毫米	在保证施工质量降低三合土及座浆层厚度	新增基层厚度为 600 毫米，拆除量不够	04—02	011602001020
地面工程	地面垫层新做	√	√	√	√	3 立方米	27 立方米	√	三合土垫层厚度 300 毫米	在保证施工质量情况下建议降低三合土厚度	工程量不够	04—02	010404001026
地面工程	地面座浆	√	√	√	√	10 平方米	90 平方米	√	地面座浆厚度 300 毫米	在保证施工质量情况下建议降低座浆层厚度	工程量不够	04—02	040402017025
地面工程	地面旧石料铺墁	√	√	√	√	10 平方米	90 平方米	√	原石板归安、破损约 30%	建议整体拆除重铺，调平找泛水，整体重做基层减少雨水下渗情况	铺装工程量不够	04—02	020702006038
地面工程	顶面地面勾缝	√	无	√	√	无	90 平方米	√	无	建议采用三合土嵌缝	√	04—02	无
地面工程	地面抬高	√	√	√	√	0.9 立方米	√	√	抬高 180 毫米	√	√	04—02	010404001027
地面工程	宇墙条石排水槽	无	无	无	无	无	2.5 立方米	无	无	建议整体增加明排水槽，让雨水统一流出	√	04—02	无

续表

分部工程	分项名称	现状描述			工程量			施工工艺			备注		
		设计	清单	实勘	设计	清单	实勘	设计	清单	实勘建议	存在问题	图号	清单号
垛口墙工程	1、垛口墙为后期修建，石料规格各异、工艺粗糙，建议整体拆除、修整、补配、重砌。 2、建议重砌石墙后不做勾缝处理，仅对较大缝隙采用三合土嵌缝。 3、建议对全部青石护栏进行拆除，重做宇墙达到风貌一致。 4、清单中石料新增、补配、更换为暂列金，需进行询价。												
垛口墙工程	砂岩石墙补砌	√	√	√	√	1.11 立方米	12.4 立方米	新添砂岩砌筑	新添砂岩砌筑	垛口墙为后期修建，石料规格各异、工艺粗糙，建议整体拆除、修整、补配、重砌	工程量不够	04—04	010403003070
垛口墙工程	砂岩石墙拆除	√	√	√	√	1.11 立方米	12.4 立方米	编号、登记、拆除	编号、登记、拆除	垛口墙为后期修建，石料规格各异、工艺粗糙，建议整体拆除、修整、补配、重砌	工程量不够	04—04	011601001037
垛口墙工程	墙面勾缝	√	√	√	√	20.2 平方米	90 平方米	墙面勾缝	麻刀灰勾缝	建议重砌石墙后不做勾缝处理，仅对较大缝隙采用三合土嵌缝	工程量不够	04—04	011201003052
宇墙工程	宇墙拆除	√	√	√	√	8.48 立方米	√	拆除青石护栏	拆除青石护栏	建议对全部青石护栏进行拆除，重做宇墙达到风貌一致	√	04—04	011601001038
宇墙工程	砂岩石墙补砌	√	√	√	√	8.48 立方米	√	新添岩石砌筑	新添岩石砌筑	建议对全部青石护栏进行拆除，重做宇墙达到风貌一致	√	04—04	010403003071
环境整治	建筑垃圾清运	√	√	√	√	51 立方米	131 立方米	建渣外运	建渣外运，运输至城门外约50米	√	工程量不够	总坪	011707B07005

续表

分部工程	分项名称	现状描述			工程量			施工工艺			备注		
		设计	清单	实勘	设计	清单	实勘	设计	清单	实勘建议	存在问题	图号	清单号
城门门扇	1、当地湿度较大，建议采用当地做法单皮灰刷油漆。 2、门洞内顶部楞木更换无工程量及尺寸。 3、是否增设门钉、门环。												
	木连楹	√	√	√	√	2.16 米	√	√	√	√	√	04—03	010801005008
	门扇制安	√	√	√	√	2 扇	√	√	√	√	√	04—03	02050001008
	地仗油饰	√	√	√	√	10.28 平方米	√	√	√	因湿度较大，南方使用一布四灰的较少，建议采用油灰嵌缝后单皮灰刮腻子刷油漆	√	04—03	020905002013
	门栓	√	√	√	√	2.16 米	√	√	√	√	√	04—03	020509007008
	补配门槛石	√	√	√	√	1 块	√	√	√	√	√	04—03	020204011003

表 4-5 施工现场与设计及清单差异性调查统计表（大寨门）

分部工程	分项名称	现状描述			工程量			施工工艺			备注		
		设计	清单	实勘	设计	清单	实勘	设计	清单	实勘建议	存在问题	图号	清单号
城门门扇	1、当地湿度较大，建议采用当地做法单皮灰刷油漆。 2、门洞内顶部楞木更换无工程量及尺寸。 3、是否增设门钉、门环。												
	木连楹	√	√	√	√	2.46 米	√	√	√	√	√	01—07	010801005004
	门扇制安	√	√	√	√	2 扇	√	√	√	√	√	01—07	020509001004
	地仗油饰	√	√	√	√	14.16 平方米	√	√	√	因湿度较大，南方使用一布四灰的较少，建议采用油灰嵌缝后单皮灰刮腻子刷油漆	√	01—07	020905002007
	门栓	√	√	√	√	2.64 米	√	√	√	√	√	01—07	020509007004

续表

<table>
<tr><th rowspan="2">分部工程</th><th rowspan="2">分项名称</th><th colspan="3">现状描述</th><th colspan="3">工程量</th><th colspan="3">施工工艺</th><th colspan="3">备注</th></tr>
<tr><th>设计</th><th>清单</th><th>实勘</th><th>设计</th><th>清单</th><th>实勘</th><th>设计</th><th>清单</th><th>实勘建议</th><th>存在问题</th><th>图号</th><th>清单号</th></tr>
<tr><td rowspan="6">屋面及木基层工程</td><td colspan="13">1、原屋面小青瓦、勾头滴水挖铺设为水泥砂浆座灰铺设，拆除后破损度为 80%，与清单描述不符。
2、博风板清单中无，建议对槽朽、破损博风板进行更换。</td></tr>
<tr><td>小青瓦屋面拆除</td><td>√</td><td>√</td><td>√</td><td>√</td><td>57.83 平方米</td><td>√</td><td>√</td><td>√</td><td>原屋面为砂浆铺设，拆除破损度达 80%</td><td>√</td><td>01—09</td><td>011605001009</td></tr>
<tr><td>小青瓦屋面重做</td><td>√</td><td>√</td><td>√</td><td>√</td><td>57.83 平方米</td><td>√</td><td>√</td><td>旧瓦 85%、新瓦 15%，旧沟滴 80%、新沟滴 20%</td><td>原屋面为砂浆铺设，拆除破损度达 80%</td><td>新添瓦比例不够</td><td>01—09</td><td>020601003001</td></tr>
<tr><td>新砌正脊</td><td>√</td><td>√</td><td>√</td><td>√</td><td>6.15 米</td><td>6.15 米</td><td>√</td><td>小青瓦干搓瓦正脊</td><td>√</td><td>工程量不够</td><td>01—08</td><td>020603003001</td></tr>
<tr><td>封檐板拆除</td><td>√</td><td>√</td><td>√</td><td>√</td><td>22.23 米</td><td>38 米</td><td>√</td><td>√</td><td>建议对槽朽、破损博风板进行更换</td><td>工程量不够</td><td>01—08</td><td>011603001001</td></tr>
<tr><td>封檐板重做</td><td>√</td><td>√</td><td>√</td><td>√</td><td>22.23 米</td><td>38 米</td><td>√</td><td>√</td><td>建议对槽朽、破损博风板进行更换</td><td>工程量不够</td><td>01—08</td><td>020508019001</td></tr>
<tr><td rowspan="3">木构架</td><td colspan="13">1、下部鼓闪城墙拆除归安后，建议对整个屋架进行校正。</td></tr>
<tr><td>打牮拨正柱子</td><td>√</td><td>√</td><td>√</td><td>√</td><td>1 根</td><td>√</td><td>√</td><td>√</td><td>下部鼓闪城墙拆除归安后，建议对整个屋架进行校正</td><td>√</td><td>01—06</td><td>020501007007</td></tr>
<tr><td>墩接柱子</td><td>√</td><td>√</td><td>√</td><td>√</td><td>1 根</td><td>√</td><td>√</td><td>√</td><td>√</td><td>√</td><td>01—06</td><td>020501001001</td></tr>
</table>

续表

分部工程	分项名称	现状描述			工程量			施工工艺			备注		
		设计	清单	实勘	设计	清单	实勘	设计	清单	实勘建议	存在问题	图号	清单号
油饰工程	1、因湿度较大，南方使用一布四灰的较少，建议采用油灰嵌缝后单皮灰刮腻子刷油漆。 2、清单中仅对檐檩、椽子、望板进行三防处理，剩余木构件刷防护材料，请设计方明确木构件防护材料的种类。												
	格子窗（地仗油饰）	√	√	√	√	7.26 平方米	√	√	一布四灰、光油三道	因湿度较大，南方使用一布四灰的较少，建议采用油灰嵌缝后单皮灰刮腻子刷油漆	无基础处理，无三防处理	01—08	020905002001
	木构架（地仗、油饰）	√	√	√	√	51.91 平方米	√	√	基础处理、一布四灰、光油三道	因湿度较大，南方使用一布四灰的较少，建议采用油灰嵌缝后单皮灰刮腻子刷油漆	无三防处理	01—07	020905002002
	檐檩、椽子、望板（地仗、油饰）	√	√	√	√	207.74 平方米	√	√	基础处理、三防处理一布四灰、光油三道	因湿度较大，南方使用一布四灰的较少，建议采用油灰嵌缝后单皮灰刮腻子刷油漆	√	01—08	020902003001

表 4-6 施工现场与设计及清单差异性调查统计表（中寨门）

分部工程	分项名称	现状描述			工程量			施工工艺			备注		
		设计	清单	实勘	设计	清单	实勘	设计	清单	实勘建议	存在问题	图号	清单号
城门门扇	1、当地湿度较大，建议采用当地做法单皮灰刷油漆。 2、门洞内顶部楞木更换无工程量及尺寸。 3、是否增设门钉、门环。 4、补配门槛石清单缺项。												
	木连楹	√	√	√	√	2.72 米	√	√	√	√	√	01—12	010801005005
	门扇制安	√	√	√	√	2 扇	√	√	√	√	√	01—12	020509001005
	地仗油饰	√	√	√	√	17.2 平方米	√	√	√	因湿度较大，南方使用一布四灰的较少，建议采用油灰嵌缝后单皮灰刮腻子刷油漆	√	01—12	020905002008
	门栓	√	√	√	√	2.72 米	√	√	√	√	√	01—12	020509007005
	补配门槛石	√	无	√	√	无	√	√	无	√	清单缺项	01—12	无

续表

分部工程	分项名称	现状描述			工程量			施工工艺			备注		
		设计	清单	实勘	设计	清单	实勘	设计	清单	实勘建议	存在问题	图号	清单号
屋面及木基层	1、原屋面小青瓦、勾头滴水挖铺设为水泥砂浆座灰铺设，拆除后破损度为 80%，与清单描述不符。 2、博风板清单中无，建议对槽朽、破损博风板进行更换。												
	小青瓦屋面拆除	√	√	√	√	159.9 平方米	√	√	√	原屋面为砂浆铺设，拆除破损度达 80%	√	01—11	011605001010
	小青瓦屋面重做	√	√	√	√	159.9 平方米	√	√	旧瓦 70%、新瓦 30%，旧沟滴 65%、新沟滴 35%	原屋面为砂浆铺设，拆除破损度达 80%	新添瓦比例不够	01—11	020601003002
	望板	√	√	√	√	159.9 平方米	√	√	翻修更换	√	√	01—11	020506011001
	椽条拆除	√	√	√	√	106 根	√	√	√	√	√	01—11	011603001002
	椽条新做	√	√	√	√	106 根	√	√	截面 90 毫米 ×30 毫米	√	√	01—11	020505002001
	正脊新砌	√	√	√	√	29.7 米	√	√	小青瓦干搓瓦正脊	√	√	01—11	020603003002
	封檐板拆除	√	√	√	√	59.4 米	83 米	√	√	建议对槽朽、破损博风板进行更换	工程量不够	01—11	011603001003
	封檐板重做	√	√	√	√	59.4 米	83 米	√	√	建议对槽朽、破损博风板进行更换	工程量不够	01—11	020508019002

续表

分部工程	分项名称	现状描述			工程量			施工工艺			备注		
		设计	清单	实勘	设计	清单	实勘	设计	清单	实勘建议	存在问题	图号	清单号
木构架	1、下部鼓闪城墙拆除归安后，建议对整个屋架进行校正。 2、清单中缺少木楼板拆除、更换、补配工程量。 3、部分柱础石因人为破坏造成破损，建议更换破损柱础石，清单无。 4、部分穿枋槽朽、缺失，建议更换，清单无。												
	檩木拆除	√	√	√	√	3 根	√	√	√	√	√	01—12	011603001004
	檩木重做	√	√	√	√	3 根	√	更换尺寸较小、劈裂、变形金檩	截面尺寸 180 毫米	原木檩截面尺寸均小于 180 毫米	√	01—12	020505002002
	打牮拨正柱子	√	√	√	√	1 根	√	√	√	下部鼓闪城墙拆除归安后，建议对整个屋架进行校正	√	01—11	020501007007
	墩接柱子	√	√	√	√	3 根	√	√	√	√	√	01—11	020501001003

续表

分部工程	分项名称	现状描述			工程量			施工工艺			备注		
		设计	清单	实勘	设计	清单	实勘	设计	清单	实勘建议	存在问题	图号	清单号
木构架	1、民房与城楼紧挨部分区域无法制安木格窗、木板墙。 2、清单中无地脚枋、地伏石、抱柱枋，建议增加。												
	格子窗扇制安	√	√	√	√	15 平方米	√	√	拆换窗扇	√	部分因民房建筑物遮挡无法制安	01—11	010806001001
	窗扇拆除	√	√	√	√	20 扇	√	√	√	√	√	01—11	011610001001
	花牙子制安及拆换	√	√	√	√	3 块	√	√	√	√	√	01—10	020508011001
	木栈板墙	√	√	√	√	42 平方米	√	√	√	增设地脚枋、抱柱枋、地伏石	无地脚枋、抱柱枋、地伏石工程量	01—11	010702005001

续表

分部工程	分项名称	现状描述			工程量			施工工艺			备注		
		设计	清单	实勘	设计	清单	实勘	设计	清单	实勘建议	存在问题	图号	清单号
油饰工程	1、因湿度较大，南方使用一布四灰的较少，建议采用油灰嵌缝后单皮灰刮腻子刷油漆。 2、清单中仅对檐檩、椽子、望板进行三防处理，剩余木构件刷防护材料，需设计方明确木构件防护材料的种类。												
	格子窗（地仗、油饰）	√	√	√	√	15 平方米	√	√	一布四灰、光油三道	因湿度较大，南方使用一布四灰的较少，建议采用油灰嵌缝后单皮灰刮腻子刷油漆	无基础处理 无三防处理	01—11	020905002003
	木栈板（地仗、油饰）	√	√	√	√	84 平方米	√	√	一布四灰、光油三道	因湿度较大，南方使用一布四灰的较少，建议采用油灰嵌缝后单皮灰刮腻子刷油漆	√	01—11	020905002004
	木构架（地仗、油饰）	√	√	√	√	143.27 平方米	√	√	基础处理、一布四灰、光油三道	因湿度较大，南方使用一布四灰的较少，建议采用油灰嵌缝后单皮灰刮腻子刷油漆	无三防处理	01—11	020905002005
	檐檩、椽子、望板（地仗、油饰）	√	√	√	√	748.27 平方米	√	√	基础处理、三防处理一布四灰、光油三道	因湿度较大，南方使用一布四灰的较少，建议采用油灰嵌缝后单皮灰刮腻子刷油漆	√	01—11	020902003002

备注：现状、工程量、施工工艺如与设计和清单相同则在对应项划 √ ，如不同则根据实际情况填写，并标注图号及清单序列号。

日期：2018 年 3 月 31 日

（二）技术交底和图纸会审

1. 技术交底和图纸会审流程

所有现状问题由施工单位汇总提交给设计单位，根据文物保护工程管理办法，由监理单位召集各参加单位：建设单位（重庆市胜地钓鱼城文化旅游发展有限公司，监理单位（河北木石古代建筑设计有限公司）、设计单位（北京建工建筑设计研究院）、施工单位（北京市文物古建工程公司）召开技术交底和图纸会审会议，各参建单位共同踏勘现场，设计单位针对设计目的、主要存在问题、施工技术以及施工单位提交的施工差异性调查表进行了一一回复，最后形成会议纪要，作为施工中的重要补充说明，指导整个施工。

2. 与设计方交底内容

2.1 整体：

（1）图纸问题：因近年景区内部分区域已增设了相关设备管道，建议取消设备槽。

回复：增设设备管道的目的是借着修缮的机会改善、预留设备出入口。具体施工作业根据现场情况与使用单位使用需求而定。

（2）图纸问题：城墙上生长的树木及其根系对城墙的破坏较大，是否清除。

回复：树木与石砌体已经融为一体，难以实现全部清除，树木清除掌握适度原则，对城墙扰动较大的树木进行清除，5—6 厘米直径小树可以直接清理。

（3）图纸问题：垛口墙、宇墙多经后期维修，所用石料规格、材质、工艺与原城墙不符，且存在风化、缺失、破损严重等问题，建议对垛口墙、宇墙全部拆除重砌，补配更换归安，并根据原有垛口墙、宇墙的石料规格尺寸，进行补配更换。

回复：垛口墙除瓮城外均为新砌筑，依照设计图纸进行施工，不改变整体风貌下可以适当做小范围的稳固处理。

（4）图纸问题：城墙顶地面部分区域出现沉降、变形、渗水造成的空洞等现象，对城墙墙体造成一定影响。后期维修更换的石板由于强度偏低以至风化、破损严重。建议对顶地面整体拆除、调平找泛水、重做基层，瓮城及西城墙顶地面建议参照涞滩及下涞滩古街地面采用条石铺设，以达到整体风貌一致。

回复：参考历史原因，材料使用规格并不一致。考虑本次工程以抢险加固为主。根据现场情况以承台排水，以疏导、不积水、不长苔藓为主要目的，尽量多地留排水口分段排水。

（5）图纸问题：清单中城墙顶地面垫层拆除厚度为300毫米，但新做三合土垫层为300毫米厚，座浆层300毫米厚，合计600毫米，存在量差。为更好的解决雨水下渗情况，建议增设防渗层，降低垫层及座浆层厚度。

回复：以现场施工为准。

（6）图纸问题：设计施工图对西城墙顶地面有明排水槽制安，但清单中无工程量（小寨门、东水门设计清单无），建议取消明排水槽，整体调平找泛水后仅留排水口，并请设计方补充城墙顶部排水口大样图。

回复：保留明排水槽，地面根据现场情况做出泛水、排水口、水槽。

（7）图纸问题：建议取消墙面勾缝，较大缝隙封堵灌浆加固后采用三合土嵌缝，使得整体一致。

回复：勾锁口缝，防止灰浆流失，灰缝嵌入石缝内10—20毫米。

（8）图纸问题：对具有历史价值但已出现风化、破损等情况的石料是否进行加固及防风化处理（如石牌匾、观察孔、枪眼等）。

回复：不做防风化处理。

（9）图纸问题：请设计方补充瓮城地面铺装平面图、地面基层大样图。

回复：先确定卷洞内地面及T型甬道，根据现场坡度调整海墁地面。

（10）图纸问题：清单中仅对檐檩、椽子、望板进行三防处理，剩余木构件刷防护材料，请设计方明确木构件防护材料的种类。

回复：参考上架三防处理。

（11）图纸问题：清单中油饰为一布四灰，因当地湿度较大，建议木构件油饰嵌缝后采用单皮灰刷油漆。

回复：结合当地工艺及现场情况处理，应考虑现场存在的墩接、镶补用材尺寸与原构件存在的差异处理。

（12）图纸问题：设计方案批复回复中对城墙内部填芯材料初步勘察为三合土加碎石做法，请明确内部填芯工艺。设计清单中需明确填芯工程量及单价。

回复：待施工方对顶地面拆除后根据实际情况确定。

（13）图纸问题：清单中更换、补配、新增的砂岩石料规格、材质、颜色应与原城墙石料相近，且清单石材主料为暂列，需共同进行询价。

回复：使用当地产红砂岩。

（备注：详细内容可见《涞滩二佛寺摩崖造像——瓮城及城墙维修工程图纸会审及技术交底会议纪要》）

2.2 瓮城：

（1）图纸问题：瓮城内T型道路与周边存在高差，是否调平或制安阶沿石凸显高差。除T型道路外地面现状均为条石状铺设，清单描述为重铺更换100毫米厚石板，建议采用条石铺设。

回复：根据现场各卷洞地面控高度，先行揭墁甬路地面，应按现场遗存的完整旧料规格更换、添配石板。

（2）图纸问题：根据图纸要求瓮城内地面恢复明排水系统，请设计方提供明排水位置及大样图（是否散排至新增排水暗沟内），且明排水系统无清单。

回复：按实际情况考虑，地面明排水是根据甬路、原地面的泛水情况，将表面雨水迅速排至新砌暗沟内。

（3）图纸问题：瓮城墙体出现倾斜、鼓闪、空洞、缺失等现象，建议除卷拱外整体拆除后再进行扶正、更换、补配、归安。

回复：券洞内堵砌墙虽存在上述问题，但整体相对稳定，无坍塌隐患，按设计图纸要求结合现场实际情况进行修缮施工。以排危为主，最小干预。

（4）图纸问题：瓮城石质牌匾断裂、风化，墙面拆除会对牌匾进行拆除，设计中无对牌匾的加固处理方案。

回复：墙面拆除时应有可行的拆除保护施工措施，石质牌匾的加固处理待专家专项论证会后进行明确。

2.3 西城墙：

（1）图纸问题：需补充西城墙两处登城口道路恢复区域范围及工艺图纸。

回复：结合实际使用进行处理，对影响开放的堆积物进行清理，并根据登城口宽度按2倍范围采取石板铺装硬化地面。

2.4 东水门：

（1）图纸问题：东水门处最近市政管道排水井位于城门外19.5米位置，只能沿道路外侧悬空位置进行石料砌筑铺设（设计、清单不含此段水沟、建议增加）。

回复：根据现场实际情况进行施工，按实计量。

（2）图纸问题：东水门石质望柱大样图中缺少预埋深度及固定方式，建议增设300毫米 ×250毫米阶沿石，将石柱以钻孔开凿方式固定至阶沿石上提高稳定性。

回复：清理荒坡结合实际情况进行施工。

（3）图纸问题：东水门卷拱出现位移、开裂、断裂等问题，是否对卷拱进行加固维修。

回复：尽可能不对石卷体进行扰动，对于石块间开裂缝隙的处理，采用背山—填缝—灌浆的方式，防止石砌块移位，在施工时应做好支撑、支顶，严防券体失稳、变形，如需拆除归安，建议在保证安全的情况下先将城门及城墙断面露出，可增加防护措施，根据实际情况讨论具体实施方案。

2.5 小寨门：

（1）图纸问题：因部分地面踏步为天然基岩开凿，如同时安装排水及设备管道会对天然开凿地面造成损坏，建议取消设备槽，同时在小寨门内侧横向新增截水暗沟以缓解文昌宫屋面流下的雨水。

回复：同意此做法，结合实际情况进行施工。在小寨门地面施工时，如遇原有天然开凿的原始地面，则尽可能做到排水沟槽的疏通，明、暗排水相结合，设备管沟暂不考虑。

（2）图纸问题：小寨门需增加文昌宫后期建筑物拆除施工图及工程量。

回复：文昌宫后建房屋不在此次修缮范围内，如上述拆除工作与本次修缮同期展开，则可根据拆除的具体范围及程度对城墙本体的影响，据实调整，如拆除工作未如期开展，其范围内的城墙暂不进行修缮工作。

3. 与业主交底内容

（1）问题：需提供已预埋的最新设备槽及排水系统的布置图。

回复：可以提供布置图。

（2）居民房屋紧挨城墙，且部分房屋建筑物依附在城墙上，城墙上有较多监控及电力设施，需业主方在施工前协调各方自行拆除、移出施工作业区。

回复：监控、电力设备与违章建筑可以进行协调。

（3）问题：小寨门城墙顶部原混凝土地面经2017年底由当地住户改造为青石板铺地，整个小寨门顶部目前为当地住户营业使用中，需由业主方协调。

回复：与当地营业使用住户进行协调。

（4）问题：长岩洞新增城墙区域目前为当地居民种植使用中，需业主方进行协调。

回复：与当地居民进行协调。

（5）问题：部分修建内容会占用当地居民土地，或在其上进行施工，需业主方进行协调。

回复：与当地居民进行协调。

（6）问题：需业主方提供各施工点水电接入口（三相动力电）。

回复：由业主提供。

（7）问题：需业主方提供临时材料堆放点。

回复：由业主提供。

4. 与监理单位交底内容

4.1 监理单位问题汇总：

（1）瓮城鼓胀的问题如何处理，纵向裂缝如何处理。

（2）城墙墙体是否考虑收分。

（3）树木的拔除是否能细化，哪些需要保留以及根系的处理方法。

（4）墙芯的做法需细化，分层高度以及与老墙芯的连接。

（5）建议墙顶取消排水槽，增加防水层、保留排水孔。

（6）瓮城地面排水明确方向和沟底标高坡度、排入市政管网的标高。

（7）油饰地仗是否应考虑地方做法。

（8）墙体勾缝建议取消。

（9）小寨门排水建议在门洞内设一排水沟排入市政管网，调整洞内坡度向外排水。

（10）望板是否考虑地方做法。

4.3 监测单位监测建议

（1）结合含水率监测与雨量，监测站监测评估城墙顶部地面防渗效果。

（2）对城墙稳定性进行监测评估。

（3）利用监测数据评估分析产生病害的缘由。

（4）系统性整合涞滩文保监测平台，对文物保护工作做好数据支撑。

5. 业主单位意见

（1）高要求高投入，对文物保持敬畏之心。

（2）施工单位尽快制订工作计划，确保项目能有效推进。

（3）初步计划工程工序：东水门→瓮城→小寨门。

（4）监测单位应当对渗水、稳定性进行阶段性评估。

（5）对城墙上线路进行规整。

（6）树木清理从保护排危的角度出发。

（7）六道木门增加复原。

（8）西城墙北侧垛口石根据现场情况做表面处理或进行更换。

6. 文管所意见

（1）高度重视瓮城的文物保护工作。

（2）尽可能对文物做到最小干预，以排险排危为主，最大限度进行保护。

（3）施工单位尽快排出施工进度表，并提供给参建各方了解施工进度。

（4）把握古树清理限度，不影响安全结构的古树尽可能保留，并做好后期保养工作。

（5）材料的使用尽量与周边原有材料颜色相近或与原有风貌一致。

（6）城门上的匾额还需要进行处理。

7. 文化委意见

（1）确保工程质量，工期服从质量管理。施工中及时提出问题，参建各方共同商议；疑难问题请专家进行指导。

（2）保证安全。施工区域做好警示标语，确保文物、游客、工程安全。

（3）保障好周边生态环境卫生。建筑垃圾及时清理，确定材料堆放点，合理有序进行堆放。

（4）参建单位相关管理人员在工程实施过程中坚决杜绝吃拿卡要。

淶滩二佛寺摩崖造像--瓮城及城墙维修工程

图纸会审及技术交底会议纪要

会议时间：2018年4月20日

会议地点：涞滩古镇回龙客栈二楼会议室

参会单位：

主管部门：重庆市合川区文化委、文管所

建设单位：重庆市合川城市建设投资（集团）有限公司

设计单位：北京建工建筑设计研究院

监理单位：河北木石古代建筑设计有限公司

中控单位：中煤科工集团重庆设计研究院有限公司

施工单位：北京市文物古建工程公司

监测单位：北京原真在线监测有限公司

（参会人员详见签到表）

会议主持：李亚林

记录人：卜保粮

会议首先听取了施工方对于图纸疑问的简介，然后进行了现场勘察，与会人员就涞滩二佛寺摩崖造像--瓮城及城墙维修工程设计方案进行了会审和设计交底，纪要如下：

一、施工单位提出的问题及设计单位的回复

（见附件）

二、施工单位提出的问题及中控单位的回复

1、清单中更换、补配、新增的砂岩石料规格、材质、颜色应与原城墙石料相近，且清单石材主料为暂列金需共同进行询价。

回复：使用当地产红砂岩，共同询价。

2、清单中缺少木城楼地伏石、地脚枋、抱柱枋、木枋、柱础石、木地板等石、木构件更换、维修、补配工程量。

回复：做好变更洽商单，按程序上报。

3、清单中场地清理工程量缺项（设计图纸有小寨门、东水门场地清理面积及工程量）。

4、清单中小寨门、东水门有建筑垃圾清运工程量，缺失瓮城、西城墙建筑垃圾清运工程量。

5、清单中缺失城门洞内顶部楞木更换工程量及尺寸（小寨门有更换尺寸，但瓮城南北小门缺更换尺寸）。

6、清单中东水门虎皮护身墙、石砌坡地、挖土石方、缺项（设计有清单无）。

回复：先核量，按程序上报。

三、施工单位提出需业主协助解决的问题

1、需提供已预埋的最新设备槽及排水系统的布置图。

回复：可以提供布置图。

2、居民房屋紧挨城墙，且部分房屋建筑物依附在城墙上，且城墙上有较多监控及电力设施，需业主方在施工前协调各方自行拆除、移出施工作业区。

回复：监控、电力设备与违章建筑可以进行协调。

3、小寨门城墙顶部原混凝土地面经2017年底由当地住户改造为青石板铺地，整个小寨门顶部目前为当地住户营业使用中，需由业主方协调。

回复：可以进行协调。

4、长岩洞新增城墙区域目前为当地居民种植使用中，需业主方进行协调。

回复：可以进行协调。

5、部分修建内容会在当地居民土地上进行施工或占用，需业主方进行协调。

回复：可以进行协调。

6、需业主方提供各施工点水电接入口。（三相动力电）

回复：可以进行协调。

7、需业主方提供临时材料堆放点。

回复：可以进行协调。

四、监理单位问题汇总

1. 瓮城鼓胀的问题如何处理，纵向裂缝如何处理。

2. 城墙墙体是否考虑收分。

3. 树木的拔除是否能细化，哪些需要保留以及根系的处理方法。

4. 墙芯的做法需细化，分层高度以及与老墙芯的连接。

5. 建议墙顶取消排水槽，增加防水层、保留排水孔。

6. 瓮城地面排水明确方向和沟底标高坡度、排入市政管网的标高。

7. 油饰地仗是否应考虑地方做法。

8. 墙体勾缝建议取消。

9. 小寨门排水建议在门洞内设一排水沟排入市政管网，调整洞内坡度向外排水。

10. 望板是否考虑地方做法。

五、监测单位监测建议

1. 结合含水率监测与雨量监测站监测评估城墙顶部地面防渗效果。

2. 对城墙稳定性进行监测评估。

3. 利用监测数据评估分析产生病害的原由 。

4. 系统性整合涞滩文保监测平台对文物保护工作做好数据支撑。

六、文委、文管所、建设单位总结意见

1、施工区域做好警示标语，确保游客、施工人员、文物安全。

2、施工单位要本着高要求高投入，高度重视瓮城的文物保护工作，确保工程质量。

3、施工中及时提出问题，参建各方共同商议；疑难问题请专家进行指导。

4、施工单位应尽快制定工作计划，有效推进项目，开工前，施工方要编制施工组织设计方案及施工进度计划表（初步计划工程工序：东水门→西城墙→瓮城→小寨门），并提供给参见各方了解施工进度。

5、施工过程中要加强资料的管理，对于关键步骤的实施，要有影像记录；切实做好隐蔽工程项目的验收；

6、保障好周边生态环境卫生，建筑垃圾及时清理，确定材料堆放点，

图4-1 淶滩二佛寺摩崖造像——瓮城及城墙维修工程图纸会审及技术交底会议纪要（1）

合理有序进行堆放。

会议现场

会议现场

踏勘现场

踏勘现场

图纸会审记录

（表C2-1）

序号	图号	图纸问题	图纸问题交底
编号			
工程名称	涞滩二佛寺摩崖造像—瓮城及城墙维修工程	日期	2018-04-20
地点	涞滩古镇	专业名称	古建筑
1		因近年景区内部分区域已增设了相关设备管道，建议取消设备槽制安。	增设设备管道目的是借着修缮的机会改善、预留设备出入口，具体施工作业根据现场情况而定。
2		城墙上生长的树木及其根系对城墙破坏较大，是否清除。	对造成安全隐患的树木进行清除，5-6公分直径小树直接清除。
3		垛口墙、宇墙多为后期维修所用石料规格、材质、工艺与原城墙不符，且存在风化、缺失、破损严重等问题，建议对垛口墙、宇墙全部拆除重砌，补配更换归安，并根据原有垛口墙、宇墙的石料规格尺寸，进行补配更换。	垛口墙除瓮城外均为新砌筑，对材质、工艺等造成整体风貌不协调可根据原工艺及材料进行更换拆砌处理，在实施前应对新加工的石砌块进行认证，并在指定地点进行试验段施工。
4		城墙顶地面部分区域出现沉降、变形、渗水造成的空洞等现象，对城墙墙体造成一定影响。后期维修更换的石板由于强度偏低以至风化、破损严重，建议对顶地面整体拆除，调平找泛水、重做基层，瓮城及西城墙顶地面建议参照涞滩及下涞滩古街地面采用条石铺设，以达到整体风貌一致。	根据现场情况以承台排水疏导、不积水、不长苔藓为主要目的，尽量多的留排水口分段排水，并对与原材质不同、工艺不同、破损严重的石料进行更换。
5		清单中城墙顶地面垫层拆除厚度为300mm，但新做三合土垫层为300mm厚，座浆层300mm厚，合计600mm，存在量差，为更好的解决雨水下渗情况建议增设防渗层，降低垫层及座浆层厚度。	以现场现存做法为准。
6		设计施工图对西城墙顶地面有明排水槽制安，但清单中无工程量（小寨门、东水门设计清单无），建议取消明排水槽，整体调平找泛水后仅留排水口，并请设计方补充城墙顶部排水口大样图。	保留明排水槽，地面根据现场情况作出泛水和排水口。
7		建议取消墙面勾缝，较大缝隙封堵灌浆加固后采用三合土嵌缝使得整体一致。	勾锁口缝，防止灰浆流失，灰缝嵌入石缝内10-20mm。
8		对具有历史价值但已出现风化、破损等情况的石料是否进行加固及防风化处理。（如石牌匾、观察孔、枪眼等）	可以采用物理加固，如需化学加固需要专家论证。
9		请设计方补充瓮城地面铺装平面图、地面基层大样图。	先确定卷洞内地面及T型甬道，根据现场坡度调整海墁地面。
10		清单中仅对檩檀、椽子、望板进行三防处理，剩余木构件刷防护材料，请设计方明确木构件防护材料的种类。	参考上架三防处理。
11		清单中油饰为一布四灰，因当地湿度较大，建议木构件油饰嵌缝后采用单皮灰刷油漆。	结合当地工艺及现场情况处理，应考虑现场存在的墩接、镶补用材尺寸与原构件存在的差异处理。
12		设计方案批复回复中对城墙内部填芯材料初步勘察为三合土加碎石做法，请明确内部填芯工艺，设计清单中需明确填芯工程量及单价。	待施工方对顶地面拆除后根据实际情况确定。
13		瓮城内T型道路与周边存在高差，是否调平或制安阶沿石凸显高差，除T型道路外地面现状均为条石状铺设，清单描述为重铺更换100mm厚石板，建议采用条石铺设。	根据现场各券洞地面控高，先行揭墁甬路地面，应按现场遗存的完整旧料规格更换、添配石板。
14		根据图纸要求瓮城内地面恢复明排水系统，请设计方提供明排水位置及大样图（是否指散排至新增排水暗沟内），且清单无。	按实际情况考虑，地面明排水是根据甬路、原地面的泛水情况，将表面雨水迅速排至新砌暗排沟内。
15		瓮城墙体出现倾斜、鼓闪、空洞、缺失等现象，建议除卷拱外整体拆除后再进行扶正、更换、补配、归安。	券洞内墙砌墙虽存在上述问题，但整体相对稳定，无坍塌隐患，按设计图纸要求结合现场实际情况进行修缮施工。
16		瓮城石质牌匾断裂、风化，墙面拆除会对牌匾进行拆除，设计中无对牌匾的加固处理方案。	墙面拆除时应有可行的拆除保护施工措施，石质牌匾的加固处理待专家专项论证会后进行明确。
17		需补充西城墙两处登城口道路恢复区域及工艺图纸。	结合实际使用进行处理，对影响开放的堆积物进行清理，并根据登城口宽度按2倍范围采取石板铺装硬化地面。
18		东水门处最近市政管道排水井位于城门外19.8米位置，只能沿道路外侧悬空位置进行石料砌筑铺设（设计、清单不含此段水沟，建议增加）。	根据现场实际情况进行施工，按实计量。
19		东水门石质望柱大样图中缺少预埋深度及固定方式，建议增设300*250阶沿石将石柱，以钻孔开凿方式固定至阶沿石上提高稳定性。	结合实施时，根据实际情况进行施工，确保石柱安装牢固。
20		东水门卷拱出现位移、开裂、断裂等问题，是否对卷拱进行加固维修。	尽可能不对石券体进行扰动，对于石块间开裂缝的处理，采用背山-填缝-灌浆的方式，防止石砌块位移，在施工时应做好支撑、支顶，严防券体失稳、变形，如需拆除归安建议在保证安全的情况下先将城门及城墙断面露出，根据实际情况在讨论具体实施方案。
21		因部分地面踏步为天然基岩开凿，如同时安装排水及设备管道会对天然开凿地面造成损坏，建议取消设备槽，同时在小寨门内侧横向新增截水暗沟以缓解文昌宫屋面流下的雨水。	同意此做法，结合实际情况进行施工，在小寨门地面施工时，如遇原有天然开凿的原始地面，则尽可能做到排水沟槽的疏通，明、暗排水相结合，设备管沟暂不考虑。
22		小寨门需增加文昌宫后期建筑物拆除施工图及工程量。	文昌宫后建房屋不在此次修缮范围内，如上述拆除工作与本次修缮同期展开，则可根据拆除的具体范围及程度对城墙本体的影响，据实调整，如拆除工作未如期展开，其范围内的城墙暂不进行。

签字栏	建设单位	监理单位	施工单位
		2018.4.20	王林 2018.4.20

1. 本表由施工单位整理、汇总，建设单位、监理单位、施工单位各保存一份。
2. 项目负责人或相关专业负责人签字。

图4-2　涞滩二佛寺摩崖造像——瓮城及城墙维修工程图纸会审及技术交底会议纪要（2）

涞滩二佛寺摩崖造像---瓮城及城墙维修工程
图纸会审及技术交底会议签到表

会议地点：涞滩古镇回龙客栈二楼会议室　　会议时间：2018 年 4 月 20 日

姓名	单位	职务	电话
[illegible]	[illegible]		
[illegible]	兰州[illegible]设计		4272[illegible]969
刘[illegible]	兰州[illegible]		4272[illegible]159
[illegible]	" "		
[illegible]	北京建筑设计研究院	设计	13331020378
[illegible]	[illegible]		18160430735
[illegible]			
张[illegible]	河北木石古建公司		15338021539
陈[illegible]	—		15872045817
[illegible]	北京[illegible]公司		1350[illegible]
郑健	—		138[illegible]314058
[illegible]	北京市文物古建工程公司	[illegible]	[illegible]6871
何[illegible]	北京[illegible]古建工程公司		13183581476
[illegible]	北京古建		
[illegible]	北京古建		[illegible]77720
[illegible]	[illegible]		
[illegible]保根	北京古建		

涞滩二佛寺摩崖造像--瓮城及城墙维修工程
例会签到表

日期：2018 年 5 月 2 日

姓名	单位	联系电话
[illegible]	[illegible]	18160430735
[illegible]	〃 〃	[illegible]
陈[illegible]	中[illegible]设计研究院有限公司	1808079[illegible]
张[illegible]	河北木石古建[illegible]	15[illegible]1539
[illegible]	北京古建	
[illegible]	北京古建	
[illegible]保根	北京古建	

图 4-3　涞滩二佛寺摩崖造像——瓮城及城墙维修工程图纸会审及技术交底会议纪要（3）

（三）安全三级教育和施工技术交底

1.“三级”安全教育

1.1“三级”安全教育记录卡示例

表 4-7“三级”安全教育记录卡

<table>
<tr><td colspan="4">“三级”安全教育记录卡</td></tr>
<tr><td colspan="4">施工项目名称：涞滩二佛寺摩崖造像—瓮城及城墙维修工程
施工单位：北京市文物古建工程公司</td></tr>
<tr><td>姓　名：</td><td></td><td>编号：</td><td></td></tr>
<tr><td>出生年月：</td><td></td><td>身份证号码：</td><td></td></tr>
<tr><td>家庭住址：</td><td></td><td>单位名称：</td><td></td></tr>
<tr><td>班组及工种：</td><td></td><td>进场日期：</td><td>年 月 日</td></tr>
<tr><td colspan="4"></td></tr>
<tr><td colspan="2">三级安全教育内容</td><td>教育人</td><td>受教育人</td></tr>
<tr><td rowspan="3">一级教育</td><td rowspan="3">进行安全基本知识、法规、法治教育，主要内容是：
1、党和国家的安全生产方针、政策；
2、安全生产法规、标准和法治观念；
3、本单位施工过程及安全生产规章制度、安全纪律；
4、本单位安全生产形势、历史上发生的重大事故及应吸取的教训；
5、发生事故后如何抢救伤员、排险、保护现场和及时进行报告。</td><td>签名：</td><td>签名：</td></tr>
<tr><td></td><td></td></tr>
<tr><td colspan="2">年　月　日</td></tr>
<tr><td rowspan="3">二级教育</td><td rowspan="3">进行现场规章制度和遵章守纪教育，主要内容是：
1、本单位施工特点及施工安全基本知识；
2、本单位（包括施工、生产现场）安全生产制度、规定及安全注意事项；
3、本工种的安全技术操作规程；
4、高处作业、机械设备、电器安全基础知识；
5、防火、防毒、防尘、防爆知识及紧急情况安全处置和安全疏散知识；
6、防护用品发放标准及防护用品、用具使用的基本知识。</td><td>签名：</td><td>签名：</td></tr>
<tr><td></td><td></td></tr>
<tr><td colspan="2">年　月　日</td></tr>
</table>

续 表

<table>
<tr><td colspan="2">三级安全教育内容</td><td>教育人</td><td>受教育人</td></tr>
<tr><td rowspan="3">三
级
教
育</td><td rowspan="3">进行本工作岗位安全操作及班组安全制度、纪律教育，主要内容是：
1、本班组作业特点及安全操作规程；
2、班组安全活动制度及纪律；
3、爱护和正确使用安全防护装置（设施）及个人劳动保护用品；
4、本岗位易发生事故的不安全因素及其防范对策；
5、本岗位的作业环境及使用机械设备、工具的安全要求。</td><td>签名：</td><td>签名：</td></tr>
<tr><td></td><td></td></tr>
<tr><td colspan="2">年　月　日</td></tr>
</table>

2. 技术交底

2.1 东水门城墙施工脚手架搭设

表 4-8（东水门城墙施工脚手架搭设）分部分项施工技术交底记录表

<table>
<tr><td colspan="6">（东水门城墙施工脚手架搭设）分部分项施工技术交底记录</td></tr>
<tr><td colspan="6">渝建竣—28</td></tr>
<tr><td>工程名称</td><td>涞滩二佛寺摩崖造像——瓮城及城墙维修工程</td><td>施工单位</td><td colspan="3">北京市文物古建工程公司</td></tr>
<tr><td>分部分项名称</td><td colspan="3">东水门城墙施工脚手架搭设</td><td>施工班组</td><td>架工班组</td></tr>
<tr><td>交底部位</td><td>002—28（东水门城墙施工脚手架搭设）分部分项施工技术交底记录</td><td>计划完成日期</td><td>2018 年 5 月 8 日</td><td>交底日期</td><td>2018 年 5 月 3 日</td></tr>
<tr><td colspan="6">1. 质量标准及执行规程规范：</td></tr>
<tr><td colspan="6">本施工脚手架采用外径 48 毫米，壁厚 3.5 毫米的普通钢管、铸铁扣件搭建连接，严格按照横平竖直、连接牢固、底脚着实、层层拉接、支撑挺直的要求，施工通道铺设的架板达到通畅平坦，外架防护网设施齐全牢固的目的。</td></tr>
<tr><td colspan="6">2. 安全操作事项：</td></tr>
<tr><td colspan="6">1）施工人员上岗前必须进行安全教育考试，合格后方可上岗；
2）在作业人员必须穿防滑鞋，正确穿戴防护工作服，着装灵便；
3）进入施工现场必须佩戴合格的安全帽和个人防护用品，长发员工尽量把头发盘好后再进行施工操作；
4）作业人员应合理放置钢管及扣件，不要杂乱无章放置，尽量码放规整有序，以利于脚手架搭设作业；
5）在脚手架施工作业中，各组人员要各负其责，施工中应保护城墙及附属文物设施，避免碰撞造成损坏；
6）严禁在施工作业时嬉戏、打闹、躺卧，严禁酒后操作；
7）施工现场严禁吸烟，施工中加强文物安全和自身安全防范意识。</td></tr>
</table>

3. 操作要点及技术措施：	
1）本施工脚手架属于双排落地脚手架，钢管垫木块采用长 200 毫米，宽 100 毫米，厚 50 毫米的松木板，脚手架内排钢管靠城墙间距 300 毫米左右；立杆间距 1.5 米，横杆间距、纵向连接长度 1.5 米，钢管上下每层高度 2 米，搭建方向为顺城墙走势进行搭设，内外剪刀撑支撑，各层段接杆连接锁牢。搭设高度超过施工作业面 1.5 米，脚手架顶部 1 米处安装横杆防护栏，顶端城墙内外脚手架相互连接，搭设长度超过施工作业面 1.5 米，做到横平竖直，连接牢固。 2）钢管脚手架搭设完毕后，在每层施工通道满铺不低于 45 毫米厚的松木架板或竹跳板，并用铁丝固定绑好； 3）在施工脚手架外架安装合格且符合规范要求的防护绿网并固定牢固。	
4. 其他注意事项：	
1）施工作业区域应尽量封闭作业，禁止无关人员进入，现场安全员（或工长）应全天在场，确保施工安全； 2）施工中须佩戴好个人防护用品，保护城墙等文物设施，游客通过时主动避让或暂停施工至游客安全通过； 3）施工脚手架搭设完毕经现场监理验收合格后方可进行施工作业。	
主要参加人员：	
项目技术负责人：	
交底人：	
交底接收人：	
年　月　日	
注：记录内容可另附页。	

2.2（东水门城墙）分部分项施工技术交底

表 4-9（东水门城墙）分部分项施工技术交底记录表

<table>
<tr><td colspan="6">（东水门城墙）分部分项施工技术交底记录</td></tr>
<tr><td colspan="6">渝建竣—28</td></tr>
<tr><td>工程名称</td><td>涞滩二佛寺摩崖造像——瓮城及城墙维修工程</td><td>施工单位</td><td colspan="3">北京市文物古建工程公司</td></tr>
<tr><td>分部分项名称</td><td colspan="3">城墙砌体及顶部马道地面拆除及归安</td><td>施工班组</td><td>石匠班组</td></tr>
<tr><td>交底部位</td><td>002—28（东水门城墙维修）分部分项施工技术交底记录</td><td>计划完成日期</td><td>2018 年
6 月 20 日</td><td>交底日期</td><td>2018 年 5 月 9 日</td></tr>
<tr><td colspan="6">1. 质量标准及执行规程规范：</td></tr>
<tr><td colspan="6">1）根据设计图纸结合现场实际情况，先测量定点放线，对场地的乔木、树枝、杂草进行清理，对比图纸搭建施工脚手架，待验收合格后进入下一步工序，施工过程中应严格执行文物修缮标准及地方传统工艺进行施工。
2）揭除城墙施工区域现有马道石地面面层，城墙局部拆砌应对砌体进行编号，绘制编号图纸，确保原位使用，清除石板下方碎石渣土垫层，对城墙砌体表面进行清理，根据现场实际情况清除渣土及树根至所需部位；
3）归安城墙石砌体，砌筑时应做好城墙石料的背面填充，对接茬处进行清理，对城墙背里松散的石料进行三七灰坐浆回砌，对砌体结合处进行三七灰捣实灌浆，边墙石缝采用坐浆挤压，卧缝，使内部灰浆结合密实；
4）马道地面应分两步重做三七灰土、碎石垫层，确保紧密严实，再使用三七灰泥铺墁石地面，地面石材原位铺墁，缺失或破损按同颜色相近石材、实际尺寸进行补配；
城墙大面积灌浆应分层、分次、分段，先稀后稠，随灌随注，高低变化，逐层锁口，严禁外露浆液，无空鼓、断裂，达到浆液饱满，相互密粘。</td></tr>
<tr><td colspan="6">2. 安全操作事项：</td></tr>
<tr><td colspan="6">1）施工人员上岗前必须进行安全教育考试，合格后方可上岗；
2）在作业人员必须穿防滑鞋，正确穿戴防护工作服，着装灵便；
3）进入施工现场必须佩戴合格的安全帽，女同志（或长发员工）尽量把头发盘好后再进行施工操作；</td></tr>
</table>

<table>
<tr><td colspan="2">4）作业人员应合理放置拆除的石料，不要杂乱无章放置，尽量码放规整有序，以利于归安时挑选石料；
5）在施工作业中，各组人员要各负其责，城墙拆除过程中应保护石料，避免石料磕碰缺损，造成损坏；
6）严禁在施工作业时嬉戏、打闹、躺卧，严禁酒后操作。</td></tr>
<tr><td colspan="2">3. 操作要点及技术措施：</td></tr>
<tr><td colspan="2">1）城墙石料在拆装过程中应用软质吊装带进行吊装作业，拆除中不能对石料产生损伤（不产生新的划痕或裂隙损伤），对城墙砌体不产生不良影响，归安后不改变城墙砌体的基本构造等。
2）拆除券拱上方树木时应采用微型少先吊辅助配合进行拆除，清理券眉根系应小心操作，贴合石料处尽量慎用利器，以避免对石料造成损害。</td></tr>
<tr><td colspan="2">4. 其他注意事项：</td></tr>
<tr><td colspan="2">1）施工作业区域应尽量封闭作业，禁止无关人员进入，现场安全员（或工长）应全天在场，确保施工安全；
2）施工临时用电必须按规定进行布置，电机电器的金属外壳必须有效接地，配套零部件必须符合使用要求；
3）城墙拆除前应对拆除区域原始标高进行测量记录，以确保归安后和拆除前标高一致；
4）施工中每道工序施工完成后须经参建各方验收合格后方可进行下道工序施工。</td></tr>
<tr><td colspan="2">主要参加人员：</td></tr>
<tr><td>项目技术负责人：</td><td></td></tr>
<tr><td>交底人：</td><td></td></tr>
<tr><td>交底接收人：</td><td></td></tr>
<tr><td colspan="2" align="right">年　月　日</td></tr>
<tr><td colspan="2">注：记录内容可另附页。</td></tr>
</table>

2.3（西城墙维修）分部分项施工技术交底

表 4-10（西城墙维修）分部分项施工技术交底记录表

<table>
<tr><td colspan="6">（西城墙维修）分部分项施工技术交底记录</td></tr>
<tr><td colspan="6">渝建竣—28</td></tr>
<tr><td>工程名称</td><td>涞滩二佛寺摩崖造像北岩造像本体保护及抢险加固工程</td><td>施工单位</td><td colspan="3">北京市文物古建工程公司</td></tr>
<tr><td>分部分项名称</td><td colspan="3">西城墙维修</td><td>施工班组</td><td>石匠班组</td></tr>
<tr><td>交底部位</td><td>002—28（ ）分部分项施工技术交底记录</td><td>计划完成日期</td><td>年 月 日</td><td>交底日期</td><td>年 月 日</td></tr>
<tr><td colspan="6">1. 质量标准及执行规程规范：</td></tr>
<tr><td colspan="6">根据设计图纸结合现场实际情况，先测量定点放线，对场地的乔木、树枝、杂草进行清理，对比图纸搭建施工脚手架，待验收合格后进入下一步工序。</td></tr>
<tr><td colspan="6">2. 安全操作事项：</td></tr>
<tr><td colspan="6">必须严格遵守安全生产纪律，相互配合，互相监督。</td></tr>
<tr><td colspan="6">3. 操作要点及技术措施：</td></tr>
<tr><td colspan="6">西城墙北段：城墙内外侧立面墙体全部维持现状，整体面进行旧灰缝清除，重做勾缝，靠残留的原有城墙 10 米处恢复登城口；更换两侧垛口墙风化碎裂的石砌块，每 30 米处增设排水口；拆除马道地面石板，清除城墙背面填充松散碎石，进行灌浆，从下至上逐层锁口，顶部锁口后，重新铺设地面石板。
西城墙北段全长 203.7 米，由北向南分 50 米一段，共分 4 段，逐段进行施工。
城墙两侧砌体及马道地面缺失破损的石材，按实际尺寸，同材质、同颜色进行补配。
灌浆采用白灰，锁口缝采用马刀灰，石板垫层 300 毫米厚，采用三七灰土碎石垫层，石板铺设采用白灰坐浆。
对需拆除的墙体条石和马道地面石板进行编号记录，原位归安。
质量要求：1）勾缝为凹缝，严控水灰比例，确保上下左右密粘。2）注浆，先稀后浓，随灌随注，高低变化，逐层锁口，确保浆液饱满，严禁外露。3）垫层为三七灰土碎石，搅拌均匀，标号符合设计要求，夯实（使用机器震动夯实）。4）砌体和石板铺设严格按照文物修缮标准及地方传统工艺进行施工。</td></tr>
</table>

<table>
<tr><td colspan="2">4. 其他注意事项：</td></tr>
<tr><td colspan="2"></td></tr>
<tr><td colspan="2">主要参加人员：</td></tr>
<tr><td colspan="2"></td></tr>
<tr><td colspan="2"></td></tr>
<tr><td>项目技术负责人：</td><td></td></tr>
<tr><td>交底人：</td><td></td></tr>
<tr><td>交底接收人：</td><td></td></tr>
<tr><td colspan="2">年　月　日</td></tr>
<tr><td colspan="2">注：记录内容可另附页。</td></tr>
</table>

2.4（东水门城墙维修）分部分项施工技术交底

表 4-11（东水门城墙维修）分部分项施工技术交底记录表

<table>
<tr><th colspan="8">（东水门城墙维修）分部分项施工技术交底记录</th></tr>
<tr><td colspan="8">渝建竣—28</td></tr>
<tr><td>工程名称</td><td>涞滩二佛寺摩崖造像—瓮城及城墙维修工程</td><td>施工单位</td><td colspan="5">北京市文物古建工程公司</td></tr>
<tr><td>分部分项名称</td><td colspan="3">东水门城墙拆除、砌筑</td><td>施工班组</td><td colspan="3">石匠班组</td></tr>
<tr><td>交底部位</td><td>002—28（东水门城墙）分部分项施工技术交底记录</td><td>计划完成日期</td><td>年　月　日</td><td>交底日期</td><td colspan="3">年　月　日</td></tr>
<tr><td colspan="8">1. 质量标准及执行规程规范：</td></tr>
<tr><td colspan="8">根据设计图纸结合现场实际情况，先测量定点放线，对城墙砌体石材进行编号；对场地的乔木、树枝、杂草进行清理，对照图纸搭设施工脚手架，待验收合格后进入下一步工序。</td></tr>
</table>

<table>
<tr><td colspan="2">2. 安全操作事项：</td></tr>
<tr><td colspan="2"></td></tr>
<tr><td colspan="2"></td></tr>
<tr><td colspan="2">3. 操作要点及技术措施：</td></tr>
<tr><td colspan="2"></td></tr>
<tr><td colspan="2"></td></tr>
<tr><td colspan="2"></td></tr>
<tr><td colspan="2">4. 其他注意事项：</td></tr>
<tr><td colspan="2"></td></tr>
<tr><td colspan="2">主要参加人员：</td></tr>
<tr><td colspan="2"></td></tr>
<tr><td colspan="2"></td></tr>
<tr><td>项目技术负责人：</td><td></td></tr>
<tr><td>交底人：</td><td></td></tr>
<tr><td>交底接收人：</td><td></td></tr>
<tr><td colspan="2" align="right">年　月　日</td></tr>
<tr><td colspan="2">注：记录内容可另附页。</td></tr>
</table>

（四）施工组织设计

1. 梳理工程项目主要情况

1.1 工程名称

涞滩二佛寺摩崖造像——瓮城及城墙维修工程。

1.2 建设地点

重庆市合川区涞滩古镇。

1.3 工程性质

根据《文物保护工程管理办法》，本工程性质为现状整修工程。

1.4 工期要求

365 日历天。

1.5 招标范围

施工图设计所示的全部工作内容、工程量清单的全部工作内容以及涉及本项目的其他工作内容。

1.6 施工范围

涞滩二佛寺摩崖造像——瓮城及城墙维修工程涉及西门瓮城、瓮城两侧城墙（西城墙）、东水门（东门）及两侧边墙各 20 延米、小寨门（南门）及两侧边墙各 20 延米。

具体包括：

一、瓮城范围内的地面、城墙、顶地面、垛口墙、宇墙、木质城楼、城门。

二、西城墙：城墙、顶面地面、垛口墙、宇墙、登城口、城门。

三、小寨门：墙体、地面、顶面地面、周边环境、城门、两侧残墙。

四、东水门：墙体、地面、顶面地面、周边环境、城门、两侧残墙。

1.7 质量总体目标

达到国家现行有关文物保护工程施工质量验收标准及《全国重点文物保护单位文物保护竣工验收管理办法》的要求，并通过国家文物局专家组验收，达到合格标准。

1.8 建设单位

重庆市合川城市建设投资（集团）有限公司。

1.9 设计单位

北京建工建筑设计研究院。

2. 施工组织设计编制原则

2.1 总原则

（1）坚决遵照招标文件各项标准和条款要求。

（2）严格遵守设计要求、施工规范和验收标准。

（3）坚持先进性、科学性、经济性与实事求是相结合。

（4）坚持对施工过程严密监控、动静结合、科学管理的原则。

（5）实行项目法管理，对劳力、设备、材料、资金、技术、方案和信息进行优化处置。

（6）一切忠实业主，一切听从业主：言必行，行必成。

（7）结合招标文件、招标清单及相关图纸，制定施工模组。

2.2 编制原则

（1）确保文物建筑的结构性安全，同时要使文物建筑在修缮中保存更高的文物价值。

（2）做到《中华人民共和国文物保护法》第十四条规定，施工中严格遵守“不改变文物原状”的原则。即按照原形制、原结构、原工艺、原材料进行修缮施工。

2.3 编制依据

本项目类型的文物保护工程施工图纸设计编制没有相应的标准、规范性文件等，本施工组织设计根据本项目招标文件和施工图的要求，参考《关于进一步规范文物建筑保护工程施工组织设计相关工作的通知》（文物保函〔2016〕1962号）中的《文物建筑保护工程施工组织设计编制要求》进行编制。同时须遵守：

（1）国家有关法律、法规

1）《中华人民共和国文物保护法》（2015）

2）《中华人民共和国文物保护法实施条例》（2016）

3）《中华人民共和国建筑法》

4）《中华人民共和国劳动法》

5）《企业职工伤亡事故报告和处理规范》国务院第 75 号令

6）《中华人民共和国消防法》

7）《中华人民共和国安全生产法》

8）《中华人民共和国环境保护法》

9）《中华人民共和国大气污染防治法》

10）《中华人民共和国固体废物污染环境防治法》

（2）安全技术方面的国家标准

1）《文物保护工程管理办法》（2003 年 5 月）

2）《中国文物古迹保护准则》（2015）

3）《手持式电动工具的管理、使用、检查和维修安全技术规程》（GB/T 3783—2017）

4）《建筑机械使用安全技术规程》（JGJ 33—2012）

5）国家机关、行业标准及有关规定（部分）

6）《建筑施工安全检查标准》（JGJ 59—2011）

7）《施工现场临时用电安全技术规范》（JGJ 46—2005）

8）《建筑施工扣件式钢管脚手架安全技术规范》（JGJ 130—2011）

9）建设部第 13 号令《建筑安全监督管理规定》

10）建设部第 15 号令《建筑工程施工现场管理规定》

（3）本项目设计方案、施工图、项目批复、招标文件、工程量清单等

3. 设计文件内容梳理（略）

4. 工程施工条件分析

4.1 气象状况

涞滩二佛寺摩崖造像区属亚热带季风气候。其特点是：四季分明，气候温和，雨量充沛，无霜期长，日照少、云雾多、湿度大，年平均气温为 16℃—17℃，年降雨量为 900—1000 毫米左右。冬季最冷月的平均气温在 8℃以上，夏季最热月平均气温 30℃左右。

4.2 建筑布局与特点

西门瓮城：位于城区涞兴街，始建于同治元年（1862 年），由瓮城及城楼组成。瓮城用条石围成半圆状，底边长约 30 米，半径约 16 米，分内外两层，共建四道城门，十字相对。瓮城城墙宽约 3.5 米，高约 6.5 米。垛口墙高约 1.3 米。大寨门门高为 2.67 米，宽为 2.5 米，券高 3.42 米，宽为 4 米，总进深 3.37 米。中寨门门高为 3.12 米，宽为 2.54 米，中空高 4.81 米，总进深 3.95 米。北小门门高为 2.43 米，宽为 2.03 米，中空高 4.81 米，总进深 3.38 米。南小门门高为 2.51 米，宽为 2.03 米，中空高 4.81 米，总进深 3.38 米。城门边设有藏兵洞，从南至北藏兵洞高分别为 3.46 米、3.45 米、3.25 米、3.38 米，深为 2.6 米，宽为 4 米。中间构成约 400 平方米的小城堡。城台上外侧用砂岩条石砌筑垛口墙，内侧砌筑砂岩条石宇墙。西门城台上设有城楼，系后期修建，木结构，悬山顶，小青瓦屋面。瓮城两侧城墙：位于城区涞兴街东侧端头，始建于同治元年（1862 年），由瓮城向北约 203.77 米，向南约 104.13 米，全长 307.9 米，城墙宽约 3.5 米，高约 5 米。垛口墙高约 1.3 米。城墙顶外侧用砂岩石砌筑垛口墙，垛口石厚 0.30 米，高 0.30 米，长 0.75 米，内侧用砂岩石砌筑宇墙，石材厚 0.30 米，高 0.30 米，长 0.75 米，城墙顶地面灰土垫层上铺设砂岩石，砂岩石长 1.2 米，宽 0.39 米，厚 0.12 米。东水门（东门）：位于城区二佛寺上殿山门前方，始建于嘉庆四年（1799 年），城门门高 2.46 米，宽 2.05 米，券高 3.19 米、宽为 2.52 米，总进深 3.02 米。垛口墙高约 1.3 米。墙身从下至上均为砂岩条石砌筑，城门顶外侧用砂岩石砌筑垛口墙，垛口石厚 0.30 米，高 0.30 米，长 0.75 米，内侧用砂岩石砌筑宇墙，石材厚 0.30 米，高 0.30 米，长 0.75 米，城门顶地面灰土垫层上铺设砂岩石，砂岩石长 1.2 米，宽 0.39 米，厚 0.12 米。小寨门（南门）：位于城区顺城街文昌宫南侧，始建于嘉庆四年（1799 年），门卷拱上刻建城题记“嘉庆四年季冬月，中元之吉象建立”，城门高 3.43 米，宽 2.6 米，中空高 4.86 米，总进深 4.3 米。垛口墙高约 1.3 米。墙身从下至上均为砂岩条石砌筑，城门顶外侧用砂岩石砌筑垛口墙，垛口石厚 0.30 米，高 0.30 米，长 0.75 米，内侧用砂岩石砌筑宇墙，石材厚 0.30 米，高 0.30 米，长 0.75 米，城门顶地面灰土垫层上铺设砂岩石，砂岩石长 1.2 米，宽 0.39 米，厚 0.12 米。

4.3 实施地的主要材料、设备供应情况

本项目施工材料和设备尽量就近采购。

4.4 实施地道路运输条件

项目实施地的材料、设备运输车辆可抵达施工区域西门瓮城外。

4.5 施工水电供应

现涞滩古镇及摩崖造像区域有供电供水，故可通过建设方的协调实现在文物维修区取电、取水，满足施工需要。

5. 施工、管理意见

5.1 维修过程中必须始终贯彻“四保存”原则

（1）保持原建筑风格。

（2）保持原建筑材料。

（3）保持原建筑结构。

（4）保持原建筑工艺。

5.2 安全

为确保修缮工程万无一失，安全工作必须放在首要位置，它包括人的安全和文物本体的安全两个方面。

5.3 质量

修缮工程质量的优劣往往决定其寿命的长短，不应以降低工程质量为代价盲目追求施工进度。要使用传统材料，运用传统工艺进行施工，现代工程技术手段的介入应以保持传统施工技术为前提，并以保证工程质量为最终目的。

5.4 材料

要最大限度地收集和使用原有材料，所需石材尽量采购旧石料。所有材料都要充分满足施工条件，做到防微杜渐，严格要求。

5.5 遵守依据

施工单位按设计施工时，必须严格遵照设计方案以及其他有关保护、修缮古建文物的规定、规程和条例，施工质量符合现行国家有关工程施工验收规范和标准的要求。

5.6 档案管理

竣工后应提交完整的竣工档案资料，并归档保存。

6. 施工部署

6.1 质量管理目标

施工单位在本工程的施工过程中，建立质量责任制度和质量管理标准程序，实施全面质量管理，积极推行 ISO9002 质量管理和质量保证系列标准，确保工程质量目标实现。

质量管理方针：一次性达标。

质量管理目标：达到国家现行有关文物保护工程施工质量验收标准及《全国重点文物保护单位文物保护竣工验收管理办法》的要求，并通过国家文物局专家组的验收，达到合格标准。

6.2 工期管理目标

本工程招标工期为 365 日历天，施工单位应投入足够的劳动力、周转材料、机械设备、资金保障工程顺利进行，确保工程按时开工，按时竣工，确保在 365 日历天内完工。

6.3 安全管理目标

无重伤、死亡事故，工伤频率控制在重庆市建筑施工安全管理法规规定的范围内。

6.4 文明管理目标

文明施工管理是企业施工、生产、经营的综合反映，施工单位应把它贯穿于施工管理的全过程。

6.5 环境保护目标

环境保护贯穿于施工管理的全过程，施工单位应严格按照工程所在地的规定，做好环境保护工作，达到规定要求。

6.6 项目管理组织机构

施工管理机构的合理组织将对保证工期和工程质量、安全文明施工起到关键性的作用，也是一个工程能够顺利完成的重要保证，因此为确保本工程的工程质量、安全文明施工达到预定目标，将采取以下组织部署。

（1）项目管理组织机构图

本工程组建机构：

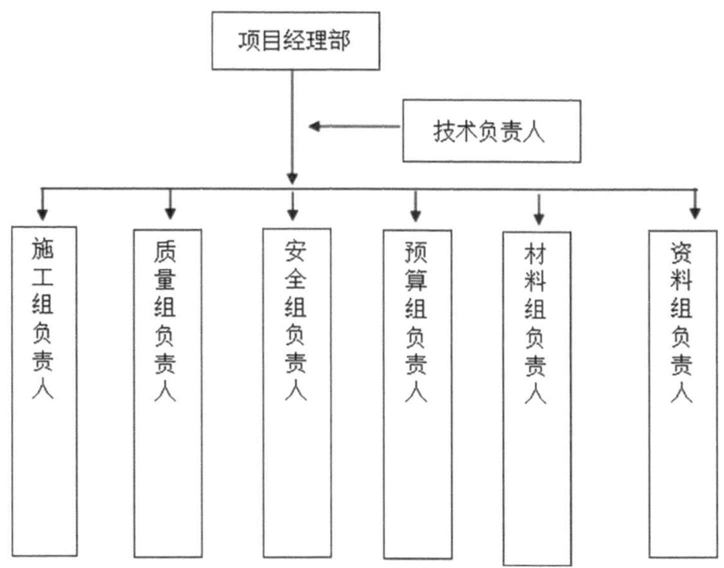

图 4-4 项目管理组织机构图

（2）各部门人员工作岗位及职责划分

根据投标文件的有关要求，施工单位结合多年建筑工程施工所积累的管理经验，认真贯彻执行该公司的质量方针和质量保证体系。拟制订下列管理目标和措施，定岗定责，在工程施工过程中，逐步完善、严格执行。

1）项目经理

① 对工程总体负责，负责与业主的谈判、签订文件、组织并执行一切与此相关的事务。

② 在本工程项目实施过程中，贯彻执行国家方针、政策、法规。

③ 作为工程项目的项目安全、质量保证的第一责任人，负责建立健全安全、质量保证体系，确保本项目安全、质量目标的实现，并建立和实施安全、质量生产责任制，以确保各项安全、质量活动的正常开展。

④ 负责施工现场全面的文明施工管理和环境保护，组建施工现场的文明施工小组，并结合本工程项目的特点，制定和实施文明施工管理和环境保护细则。

⑤ 负责工程的组织指挥，传达业主、监理的指令并组织实施，对工程项目进行资源配置，保证本项目管理体系的有效运行及所需人、材、物、机资源的需

要，根据工程需要对现场人员任免、聘用、奖罚。对工程项目成本负责。

2）技术负责人

① 对本工程施工技术、工程质量、安全生产、计量测试负直接技术责任，负责组织指导工程施工技术人员开展有效的技术管理工作。

② 负责组织编制本工程项目的《实施性施工组织设计》和保证工程质量、安全生产的技术措施。

③ 负责组织本项目的新技术、新工艺、新设备、新材料的推广。

④ 对本工程施工中可能存在的质量隐患及其预防和纠正措施进行考核，组织解决工程施工中技术难题的科研攻关。

⑤ 负责竣工资料编制和技术总结，组织竣工交验。

3）施工组负责人（责任工长）

① 负责《施工技术管理办法》和《质量管理办法》的实施，根据工程进展进行技术、质量施工实施过程监控，解决施工技术疑难问题，负责本工程项目的施工控制。

② 负责生产调度工作，定期进行工程进度统计并编写《工程进度分析报告》。

③ 负责本工程施工控制测量、施工测量和施工放样、复核工作。

④ 负责本工程项目的检验及不合格的检验控制，按检验评定标准控制，施工过程实施检查监督和评定。

⑤ 负责产品标识和可追溯性、最终检验和试验，以及原材料进场和砼的样品采集和送检，负责工程项目的计量测试工作。

⑥ 根据工程进度及时形成各项质量记录，并分类归档。

⑦ 负责编制与本项目有关的交通疏解、环境保护、建筑设施和管线保护的方案并监督实施。

⑧ 负责全面质量管理工作，保证工程进度。

4）质量、安全组负责人

① 根据公司安全质量目标和管理规定，制定本工程《文明施工质量管理工作规划》，负责安全质量综合管理。

② 编制和呈报《安全质量计划工作》《安全质量技术方案》《安全质量措施》，并在施工过程中监督、检查和落实。

③ 定期组织安全质量检查，及时发现事故隐患，下发安全质量整改通知书，并监督整改。

④ 负责收集各种安全质量活动记录，填报有关报表并进行统计，对有关安

全质量隐患的问题制定预防措施，并制定补充安全质量管理办法。

5）预算组负责人

① 负责本工程的计量结算工作。

② 负责本工程的财务管理及财务计划。

6）材料组负责人

① 负责本工程项目设备、物资的采购和管理，制定设备管理办法并落实。

② 负责本工程项目全部施工设备的管理工作，制定施工机械、设备管理制度并监督落实，负责设备的安装、检验、验证、标识、使用、保护和记录。

③ 负责对本工程机械设备的使用费用及材料消耗情况进行分析和管理。

7）资料员组负责人

负责工程施工档案资料的编制、填写、收集、整理、装订与保管和竣工资料的复印装订与移交工作。

（3）工程例会制度

1）自工程开工之日起至竣工之日止，坚持每天举行一次碰头会。

2）每日例会由相关项目经理召集，施工员、安全员、责任班长及施工班组负责人参加。工程资料员记录归档。项目经理可根据具体问题扩大参加例会人员范围。

3）施工中发现的问题必须提交例会讨论，报分管技术负责人批准。例会中做出的决定必须坚决执行。

4）各班组间协调问题，提交日例会解决。例会中及时传达有关作业要求及最新工程动态。

5）每周例会由分管技术负责人召集，由项目经理、项目技术负责人、责任工长、安全员、施工员、预算员、材料员参加，工程资料员记录归档。分管技术负责人可根据具体问题，扩大参加人员范围。

6）各工序间的协调问题、甲乙双方的协调问题、采购外联问题等提交周例会解决。例会传达公司最新工程动态、最新公司文件和精神。

7. 施工进度计划

7.1 工期控制目标

施工总工期为365日历天，施工单位根据自身实力，确保在365日历天内完成全部工程，并且要求在保证质量和安全的基础上，确保施工进度，以总进度横道图为依据，按不同施工阶段、不同专业工种将总目标分解为不同的进度分目标，以各项技术、管理措施为保证手段，进行施工全过程的动态控制。

7.2 施工进度计划

附表四：计划开、竣工日期和施工进度横道图

计划总工期：365日历天

序号	分部分项工程	持续时间（天）	施工进度（天）												
			10	20	60	90	120	150	180	210	240	270	300	330	365
1	施工准备	10													
2	修缮部位原始信息保存	10													
3	脚手架工程	10													
4	东水门施工	90													
5	西侧城墙施工	240													
6	瓮城施工	180													
7	小寨门施工	90													
8	大寨门施工	60													
9	中寨门施工	60													
10	清理退场	5													

注：计划总工期365日历天，具体开工时间以总监理工程师签发的开工令为准。

图4-5　计划开、竣工日期和施工进度横道图

8. 保证工期的技术措施

8.1 推行进度网络管理技术

采用计算机管理，要使本工程在预定工期内完工，就要抓住施工进度计划中的关键工序和关键线路，它是决定工期的关键。对本工程进行网络管理，一旦关键工序出现工期拖延，即在计算机网络计划中进行调整、压缩，采取有效的现场措施，确保本工程在预定工期内完成。

8.2 保证资源配置

在材料供应上，按照施工进度计划要求及时进货，做到既满足施工要求，又要使现场无太多的积压，以便有更多的场地安排施工。在人力配备上，以满足关键线路控制点要求为第一层次，以各进度分项目标为第二层次，达到主次分明，步调一致，紧张有序。实行工序、工程段落流水和循环跟进的施工程序；区分轻重缓急，以均衡流水为主，对关键工序、关键环节和必要工作面根据现场环境条件及时组织抢工期及双班作业。

8.3 机械配置

为保证本工程按期完工，将配备足够的中、小型施工机械，不仅保证正常使

用，还要采取有效技术措施保证有效备用。

9. 施工准备与资源配置计划

9.1 施工准备

（1）现场交接准备

施工单位中标本工程后，将在签订合同后 5 天内派有关人员进驻施工现场，进行现场交接的准备，其重点是对各控制点、控制线、标高等进行复核，对目前的施工现场进行调整准备，以使整个现场能符合公司的布置原则及要求，这些工作拟在进场前全部完成。

（2）技术准备

自进场之日立即着手技术准备，一方面安排有关人员仔细阅读施工图纸，了解设计意图及相关细节，同时和现场实际情况进行对照，另一方面开展图纸会审、技术交底等技术准备工作，同时根据施工需要编制更为详尽的施工作业指导书，以便工程从开始就受控于技术管理，从而确保工程质量。

（3）机具准备

进场后，中、小型机具将按进场计划分批进场，安排专人对其维修保养，并使所有进场设备均处于最佳的运转状态。

（4）材料准备

施工单位根据现场实际情况及设计清单落实其他有关材料供应商并报业主审批，同时进行由施工单位组织的采购工作，组织前期的周转材料进场，以确保顺利施工。

（5）人员准备

在签订合同后 5 天内，项目班子、项目管理部人员及相关人员立即进场，做好前期施工准备工作并承担起施工管理职责。开工之前 10 天，所有施工管理人员将全部就位，而施工人员将根据现场需要分批进场，并在公司内部备足各类专业的施工操作人员。

9.2 资源配置计划

（1）劳动力配备计划

1）劳动力是施工过程中的实际操作人员，是施工质量、进度、安全、文明施工的最直接的保证者。施工单位选择劳动力的原则为：具有良好的质量、安全意识；具有较高的技术等级；具有相类似工程施工经验。

2）劳动力可划分为三大类：第一类为专业性强的技术工种，包括架子工、机修工、电工等，这些人员均为曾经参与过相类似工程的施工人员，具有丰富的施工经验，是持有相应上岗操作证的施工单位自有职工；第二类为熟练技术工种，包括木工、石工、泥瓦工等，以施工过类似工程的施工人员为主进行组建；第三类为非技术工种，此类人员为长期与施工单位合作的成建制施工劳务队伍，具有一定的素质。

3）劳务层组织由项目经理部根据项目部每月的劳动力计划，在单位内进行平衡调配。

4）劳动力安排计划如表 4-8 所示。

表 4-12　劳动力计划表

附表三：劳动力计划表

单位：人

工种	按工程施工阶段投入劳动力情况							
	施工准备	瓮城	西侧城墙	小寨门	东水门	大寨门	中寨门	清场
架子工	5	10	10	5	5	5	5	10
普 工	3	7	12	5	4	3	3	5
技 工	2	2	5	2	2	2	2	2
电 工	2	2	3	2	2	2	2	1
石 工	3	5	10	5	5	5	3	2
木 工	2	1		1	1	5	5	2
机械工	2	2	5	2	2	2	2	1
泥瓦工	2	3	5	3	3	3	3	2
油漆工		1		1	1	3	2	

注：人员的具体配备可根据工程进度按需进行调整。

（2）主要材料需求计划

1）主要材料供应计划

主要材料按工程进度提前列好计划，保证在工程具体施工前三天运到现场。

2）周转材料投入计划

表 4-13　周转材料投入计划表

序号	材料名称	新旧程度承诺	来源（自有 / 租赁）
1	脚手管	80% 新	租赁
2	脚手板	80% 新	租赁
3	脚手扣件	80% 新	租赁

3）材料保障措施

各阶段施工开始的半月前，现场材料组，尤其是采购人员须与甲方一起落实好厂家货源，采用“货比三家”——比质、比价、比服务的原则进行选购，确保工程质量。一旦出现短缺，应立即另找第二家或第三家，如还有困难时可与施工单位物资供应分公司联系，启动多年来形成的多渠道物资供应网络。

根据市场供需变化规律并客观地评估国家级、市区级重点工程分布情况，地材需要时间与数量，项目应在地材丰产期内尽可能储备多一些，以便顺利度过地材低产期。

现场材料、半成品的贮备量应比实际用量多一些。

（3）机械设备、大型工具、器具需求计划

1）机械设备投入计划

详见表 4-10。

表 4-14　拟投入本标段的主要施工设备表

附表一：拟投入本工程的主要施工设备表

序号	设备名称	型号规格	数量	国别产地	制造年份	额定功率（KW）	生产能力	用于施工部位	备注
1	压刨机	UNL-100	2	重庆	2016	75	满足施工	木作	/
2	搅拌机	JZM500	1	江苏	2016	16	满足施工	石作	/
3	小推车		5	四川	2016	/	满足施工	运输	/
4	电钻	HT10020	5	四川	2016	0.6	满足施工	石作	/
5	插入式振动器	HZ6-50	2	上海	2015	1.5	满足施工	石作	/
6	木工平刨机	HZG-50	2	重庆	2017	4	满足施工	木作	/
7	木工圆盘机	HB50-6B	2	重庆	2017	3.2	满足施工	木作	/
8	电锤	BOSS-D4	8	上海	2017	0.5	满足施工	石作	
9	蛙式打夯机	HW-60	5	成都	2017	2.5	满足施工	石作	

2）机械设备保证措施

①　组织管理

A. 制定机械施工计划，充分考虑机械设备的维修时间，合理组织实施、调配。

B. 凡进入施工现场施工的机械设备，必须测定其技术性能、工作性能和安全性能，确认合格后才能验收、投产使用。

C. 现场设置一名专职机械设备管理员具体负责项目机械设备的调度，并且拟在施工现场布置一个机械设备维修车间，机修人员均为经培训持证上岗，具有丰富的维修经验。

D. 机械操作人员必须经过培训考核，合格后持证上岗。

②　机械设备的使用和维护

A. 项目部建立机械使用保养责任制，实行人机固定，提高机械施工质量，降低消耗。

B. 各种机械要定机定人维修保养，做到自检、自修、自维，并做好记录。操作人员每日工作前、工作中和工作后进行日常保养，主要内容有：保持机械清洁，检查运转，紧固易松脱的螺栓，按规定进行润滑，采取措施防止机械腐蚀。

C. 机械设备按机械预检修计划进行中修或大修。

D. 施工现场各种机械设备旁要有岗位责任制、安全技术操作规程和责任人标牌；

E. 机械设备的各种限位开关、安全保护装置应齐全、灵敏、可靠，做到“一机、一闸、一漏、一箱”。

F. 所有机械都不许带病作业。

G. 木工机械、移动式机械，除机械本身护罩完好、电机无病外，还要求机械有接零和重复接地装置，接地电阻不大于4Ω。

10. 进度管理、质量管理、安全管理、文明施工与环境管理

10.1 进度管理

（1）保证工期的管理与组织措施

1）建立强有力的项目经理部，配置高效项目管理层，通过层层签订责任书，形成可靠的项目组织指挥工作层；本工程施工的项目经理、工程技术人员和质检员均由有丰富的施工管理经验的人员担任。

2）实行经济承包责任制。为了保质、保量、保工期、保安全地完成这一任务，本工程实行经济承包责任制，做到多劳多得，优质优价，充分调动全体员工的积极性。

3）定期召开每周一次由工程施工总负责人主持、各专业工程施工负责人参加的工程施工协调会，听取关于工程施工进度问题的汇报，协调工程施工内部矛盾，并提出明确的计划调整方案。

4）对影响施工进度的关键工序，项目经理亲自组织力量，加班加点进行突击作业，有关人员要跟班作业，确保关键工序按时完成。

（2）保证工期具体措施

1）项目经理部根据项目施工的要求，对本工程行使计划、组织、指挥、协调、监督等项职能，并在单位系统内选择成建制的、能打硬仗的、施工过高层建筑、业绩好的施工人员组成作业队，承担本工程的施工任务。

2）建立生产例会制度，每星期召开1次工程例会，检查上次例会以来的计划执行情况，布置下次例会前的计划安排，对于拖延进度要求的工作内容，找出原因，并及时采取有效措施保证计划完成。

3）采用施工总进度计划与月、周、日计划相结合的四级网络进行施工进度计划的控制与管理，并利用计算机技术进行动态管理。在施工生产中抓主导工序，找关键矛盾，组织交叉作业，安排合理的施工程序，做好劳动力的组织和协调工作，通过施工网络节点控制目标的实现来保障各控制点工期目标的实现，从而进一步通过各控制点工期目标的实现来确保总工期控制进度计划的实现。

4）根据业主的要求及各工序施工周期，科学合理地组织施工，形成各分部分项工程在时间、空间上充分利用与紧凑搭接，打好交叉作业仗，从而缩短工程的施工工期。

5）根据工作需要，主要工序采取每日两班或三班制度（即24小时连续作业），实行合理的工期目标奖罚制度以确保工期的实现。

6）做好施工配合及前期准备工作，拟定施工准备工作计划，专人逐项落实，保证后勤的高质、高效。

7）采用成熟的科技成果，向科学技术要速度、要质量，通过新技术的推广应用来缩短各工序的施工周期，从而缩短工程的施工工期。

8）合理安排好总体网络施工进度计划，以总进度计划为龙头，抓好“关键节点”工期控制，项目部应根据总进度计划制订月、旬、周、日作业计划，并认真贯彻落实，以确保总工期目标的实现。

9）项目部应根据进度计划编制出相应的人力、资金、材料、机具等各种资源需用量计划，并及时进行落实。对项目部落实不了的应报公司协助解决，以便为工期进度计划的执行提供可靠的物资保证。

10）实行分项工程定工期经济承包制，实行提前工期奖励，拖延工期罚款的制度。

11）采取新的施工工艺缩短工期，积极推广科技进步，提高工程建设工效，加快工程施工步伐。

（3）农忙、节假日保证连续施工的措施

施工单位有着善打硬仗的优良传统，保证农忙、节假日不放假，不放假、不停工的具体措施如下：

1）做好职工的思想政治工作，个人利益服从企业，信守“献身、实干、进取、守信”的企业精神。

2）全体动员，进行重点工程教育，使全体职工在两收（夏收和秋收）期间集中精力，想工程所想，干工程所干。

3）树立全员质量、工期意识，从思想上确保工程按期交付业主使用。

4）与职工订立两收期间劳动合同，制定详细的劳动力稳定措施，以保证切实可行。首先解决好工人的后顾之忧，从组织上解决一线家在农村的施工人员的家庭收入问题，使前方工人能安心工作。

5）实行经济责任制，制定两收期间保证劳动力、保证工期进度的奖罚措施。

6）两收期间，从资金上予以保证。一是保证一线工人正常开支，保证工人吃好；二是对不回原籍坚守岗位上班的工人家庭，适当邮寄部分资金，保证农村亲属收到雇工开支，同时满足购买化肥 、种子等用款需要，真正从根本上解决一线和后方思想上、经济上的后顾之忧。

7）对于居住地比较集中的民工，在两收期间我单位将派专人携带资金到民工家中进行慰问，并给民工家属发放一定数额的资金，真正起到解决问题、稳定军心的作用。

8）合理安排工序调配劳动力，保证工程总工期的需要。对在两收期间确因难以克服困难无法参加一线施工所造成的劳动力减员，要提前做好摸底排队工作，具体落实到人，以便心中有数，尽早计划安排，协调好劳动力，千方百计保证工程用工计划，达到不减员、不减速。

10.2 质量管理

（1）质量管理体系

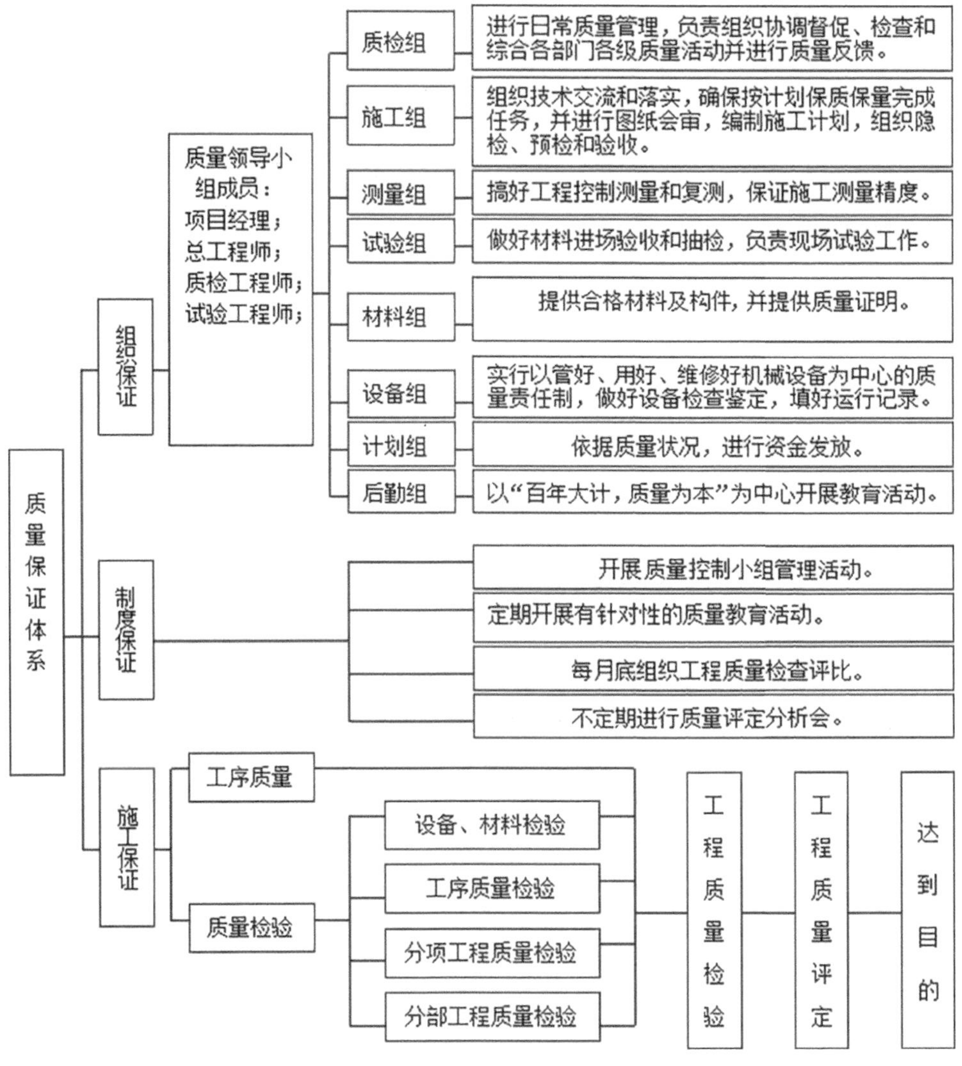

图 4-6　质量保证体系图

（2）质量保证要素

1）材料设备质量保证

① 国产材料设备，要符合国家质量标准并有产品合格证。

② 执行严格的材料管理制度，不用错料、次料，全部使用合格品，确保安

装工程质量。

③ 对于劣质材料或不合格产品，现场有权拒绝收货，入仓后才发现的，要分开堆放，做好标签和记录，并发文知会供货单位。

2）人员技术素质保证

① 进入现场施工的班组人员，包括电工、管工、泥瓦工等工种，要熟悉施工规范和技术要求，新工人要经过上岗培训和技术考核，特殊工种如电工、架管工等必须持证上岗。

② 项目经理部的施工管理人员均接受过高等教育或专业培训，具有较高的专业知识和丰富的实践经验，都取得了专业技术职称，不论是技术水平、管理能力还是身体素质，都完全能够胜任本工程的现场施工管理工作。

3）施工工具、机具使用保证

① 施工班组使用的机具是统一回工具仓库领用的。在施工过程中损坏的机具要及时维修，决不允许带“病”使用。为方便施工，维修人员将会经常到现场检修机具。

② 检测用的仪表、仪器须定期送检，检验后贴上合格证，确保能进行准确的检测工作。

（3）保证质量的技术管理措施

1）技术管理措施

① 建立健全的质量保证措施，组建项目经理部、各专业技术组，各配备 1 名专业工程师，全面负责现场施工技术指导和监督管理。

② 现场组建施工技术管理理论班子，由项目工程师、施工员、质检员及班组长组成。工程质量技术管理人员在项目工程师的领导下，负责日常施工技术指导与监督管理。

③ 对工程轴线及标高进行复测，并报监理工程师复核签证。

④ 组织学习国家现行技术标准及施工验收规范，掌握规范要求，确保在施工过程中正确贯彻执行。

⑤ 熟悉施工图纸，掌握重点难点，及时提出图纸上的问题，尽量避免以后在施工中因设计原因而造成返工现象，确保工程施工顺利进行。

⑥ 在了解现场实际情况，掌握施工图纸、规范要求的基础上，认真及时组织编写施工组织设计，特殊分项工程的施工应及时编写专项施工方案，确保正确履行合同任务。

⑦ 根据规范施工图纸组织设计、专项施工方案以及公司内部作业指导书等，由施工员精心编写好分项工程施工技术质量交底卡，并在施工操作前组织技术工

人学习，作详细交底。

⑧ 各分部分项工程质量管理：各分项工程施工严格执行“三检”制度，上道工序不合格不能进行下道工序施工，隐蔽工程在公司自查合格的基础上，报请监理工程师、质检站等单位共同参加复检验收，合格后办理隐蔽工程签证方可组织下道工序施工。

⑨ 积极推广应用新材料、新技术、新工艺、新设备“四新”成果，以科学技术保证工程质量。

⑩ 原材料、成品或半成品的采购与使用，坚持质量检验制度，采购前应选择合格供应商签订合同，明确材料质量标准、规格、数量；采购时应有出厂证明或质保书；进场时应由质检、材料、技术、监理联合进行观感验收，进场后经专职人员与监理工程师共同按规定抽样复查，结果符合合同标准规定，经确认合格后方可使用到工程上。

⑪ 定期检查、校正和维护各种施工用的测量仪器、质检用具。

⑫ 防停电措施：现场配备多台柴油发电机。

2）技术保障措施

鉴于本工程的设计工作需要在施工中进一步完善，为了配合设计单位，我项目部决定，成立现场技术设计部，这样技术设计部能在现场进行设计与施工的技术衔接。设计部工程师同时作为施工部管理人员。

① 为设计与施工的技术交接建立桥梁

A. 设计部将每个分项的设计思想、具体做法、要求以及要达到的效果，用技术交底卡交代给施工组，由施工组实施。

B. 施工部向设计部就图纸缺陷，设计图的做法不明之处等问题向设计者咨询，并完善原设计，经设计者确认后实施。

C. 确定设计工作与施工管理工作的衔接方式。

D. 设计部根据施工段展开的前后顺序提前完成各段的图纸说明及施工做法。

E. 设计的施工做法在施工工序之前必须确定，如需做出实物模型，则须事先通知施工组安排。

F. 施工班组遇到需要解决的设计问题，须统一由技术总负责人与设计部成员商讨解决，不能自作主张。

G. 施工管理人员必须将现场实测尺寸在相应的图纸上标注清楚，由设计部统一调整做法。

② 为设计的完善，由现场技术设计部深入施工大样设计

A. 由现场技术设计部向原设计工程师请教，一起商讨各部分施工做法，做出

施工大样图，然后向施工班组作技术交底。

B. 现场修改必须与原设计者一起进行或征求原设计师意见，达到一致认可，方可修改。

C. 需要先做模型的施工部位，必须请原设计师认可模型。

③　对设计变更以及为使本工程达到完美的几点做法

A. 对业主提出的修改意见，原则上同意，并征求设计师的意见。同时本着对业主高度负责的精神，反复研究设计修改意见的合理性，提出多种方案优选，力争做到经济合理。

B. 主要材料如木材等，以及购入的成品，先拿样品，力求花色、规格、品种与设计意图完全一致，并征得业主的认可后购入。

C. 需先做模型的部位，先送业主验收，并在施工中保证取得与模型一致的效果。

D. 对复杂部位，先做节点实物打样，经确认后再实施。

E. 与监理公司同心协力，全力监控。

F. 对于监理公司对设计的合理修改意见，在业主同意的基础上采纳。

G. 对监理公司提出的更先进、更合理的施工工艺，积极接受。

H. 对监理公司提出的合理整改意见，虚心接受。

I. 实施“终检制度”。每道工序完工，施工单位项目部将邀请监理公司成员以及业主代表一起对完成的工序进行检查和验收，作为施工班组质量评定标准，同时也作为施工班组奖罚制度依据。

（1）执行质量管理办法

1）认真贯彻执行公司制定的“把好‘六关’，做到‘五不准’”。

“六关、五不准”：

施工方案关、无施工方案不准施工。

材料进场关、不合格材料不准使用。

技术交底关、技术不交底不准施工。

检测计量关、对检查计量数据有怀疑不准施工。

工序交接关、上道工序不合格，下道工序不准施工。

质量验收关、配合质检部门工作，及时改正不足。

2）严格把好原材料及半成品质量关，凡进入施工现场的各种原材料及半成品必须持有产品合格证并按规定及时做好各种原材料、半成品抽样送检工作，确保工程质量。

3）严格按图纸及规范施工，认真贯彻技术及质量交底制度，技术复核制度和原材料检验制度。

4）认真执行质量自检、互检、交接检的“三检制度”，对施工全过程实施全方位质量控制，推行各种质量联检制度，及时办好各项隐蔽工程检查验收及各工序的质量检验评定工作，确保各道工序的施工质量。

5）对标高控制、平面控制，项目部设立专门的测量放线小组，编制测量放线专项方案，建立高程控制网和平面控制网，并做好详细的测量放线记录。

6）加强技术管理工作，认真贯彻和执行国家施工规范、验证标准及各项管理制度，明确岗位责任制，认真熟悉施工图纸和施工组织设计，建立健全技术交底制度。

7）在职工中开展全面质量管理基础知识教育，努力提高职工的质量意识。

8）做好特殊工种如电工、机械工及有关管理人员（项目经理、施工员、质检员、安全员、材料员、核算员等）持证上岗，有计划、有目的地对他们进行专业培训指导，提高工人的技术水平。

9）主动虚心接受监理、业主、质检站及设计院等各方面的指导意见，从严自我要求，实施超前预控，坚持及时整改。

（4）工程计量管理措施

1）项目计量管理职责

① 计量网络组织机构

计量管理是企业管理的基础工作，项目要想提高管理水平，提高施工质量，降低物耗、能耗就必须加强计量管理工作。首先要建立计量确认体系，根据本项目的实际情况，规范各部门有关人员职责，计量管理机构网络图如下：

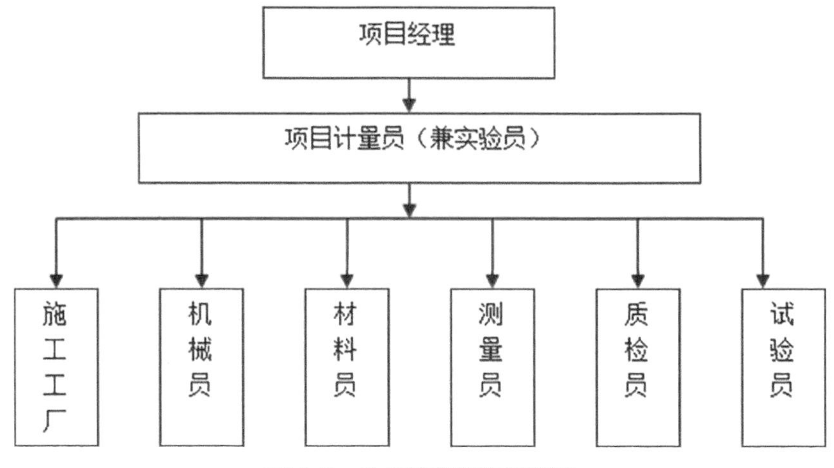

图 4-7 计量管理机构网络图

② 项目计量管理职责

A. 项目经理的计量职责

a. 认真学习国家的计量法令、法规及计量管理制度，积极推行国际标准。

b. 负责组织本项目计量工作的开展。

c. 负责审批本项目的计量器具购置计划及计量器具报废的鉴定工作。

d. 积极推广和采用新技术、新设备。

B. 项目计量员职责

a. 认真执行国家有关计量工作的法律、法规及上级有关计量规定，认真执行本企业计量管理制度及计量程序文件。

b. 积极宣传 ISO10012 国际标准，负责建立本项目计量器具台账及技术档案，随时掌握本项目器具状态。

c. 负责本项目计量器具的送检工作，及时作计量季报表上报工作并保存好。

d. 根据本项目实际施工情况编制计量网络图，并根据网络图及施工生产的实际需要提出需配计量器具配备计划。

e. 监督、检查过程及质量检验，不使用超周期及不合格的计量器具。

f. 做好本项目在用计量器具抽检工作，及时收集各项目计量检测数据，核对后按规定时间报质安科。

C. 机械员职责

a. 根据本项目施工情况，提出项目所需能源水、电表规格及配备数量。

b. 每月按时采集水、电消耗计量检测数，认真填写原始记录。每次抄表数必须以实际抄表数为准，不得估算。

c. 定期对能源计量设备进行检校。

D. 材料员职责

a. 根据材料组材料采购计划，提供经营计量网络草图及所需计量器具配备计划。

b. 认真做好各种物料进出场的原始记录及计量检测项目。

c. 砂、石材进场计量检测以每车实际检测的量为有效检测数。

d. 木材进场板材以张点数，方材点根，圆木检尺的实际检测量为有效数。

e. 各种材料进场一定要有材质证书，严把质量关。

E. 测量员职责

a. 施工测量是确保建筑工程按图施工和工程进度的基本工作之一。测量员应遵守先整体后局部，高精度控制低精度工作程序。

b. 根据项目实际情况，提出测量计量器具配备计划。正确使用仪器，使用仪器前要了解仪器的型号、构造及性能。高精度仪器要做到专人使用，专人保管。

c. 原始记录是对实际测量值的记载，因此测量记录要以原始记录为准。观测时及时填写原始记录。

d. 计量要及时，记录过程中简单的计算（加、减、取平均值等）应在现场及时做好，并要做好校核记录。

F. 质量检测员职责

a. 严格执行中华人民共和国国家标准《建筑安装工程质量检验评定标准》，并按其中要求提出计量器具配备计划。

b. 施工工艺检测中严格按国家标准要求检验，及时填写检测原始记录。

G. 试验员职责

a. 及时做好原材料、半成品的取样、送样工作，认真填写委托单。

b. 妥善保存原材料、构配件的试验报告。

2）项目计量管理措施

①　计量器具管理

A. 凡属专业性强的计量器具（如：测量、质检计量器具）需添购的应根据不同的测量要求填写申购报告单，提前一个月交质安科。

B. 能源、物料、安全防护及工艺过程控制等方面的计量器具由项目各使用部门提申购计划，报项目计量员审核，由项目经理审批。

C. 项目购买计量器具的申购报告需提交一份到质安科备案，购买计量器具时一定要买标有中华人民国共国制造计量器具许可证标志及出厂合格证的。

D. 新购回的计量器具说明书及出厂合格证由部门项目计量员保存。

E. 在用的计量器具应严格按计量法中所要求的检定时间送检、周检合格率为100%。

F. 在用计量器具应每季按 10% 抽检一次，抽检工作由项目计量员及操作者进行。

G. 周检、抽检不合格的计量器具要隔离存放，不能流散在施工现场。

H. 各类计量器具的配备率不应低于 90%。

②　计量保证与监督管理

A. 计量保证

计量工作的主要目的在于保证施工质量，项目在用计量器具的检定一定要按计量法及我司制定的检定周期送检。

a. 在用计量器具的受检合格率均在 100%。

b. 对于关键工艺的计量检测员（测量、试验）都要经过上级相关部门考核取证上岗。

B. 计量监督

计量员监督各环节操作计量器具的人员是否按操作规程使用计量器具。

a. 对于经营管理、施工过程及质量，检验计量检测数据，监督其是否正确，检测率不低于 90%。

b. 施工过程中的工艺和质量检测一定要按计量网络图要求进行检测，以确保工程质量和计量数据的准确可靠。

c. 检查了解在用各种计量器具的周检情况，检查是否有漏检现象，检查计量器具的三率：即配备率、检测率、合格率是否满足规范及工艺要求。

d. 计量数据是企业科学管理的依据，项目各项计量数据必须准确一致，认真做好计量数据的采集、处理、统计、上报四步工作。

3）计量管理网络

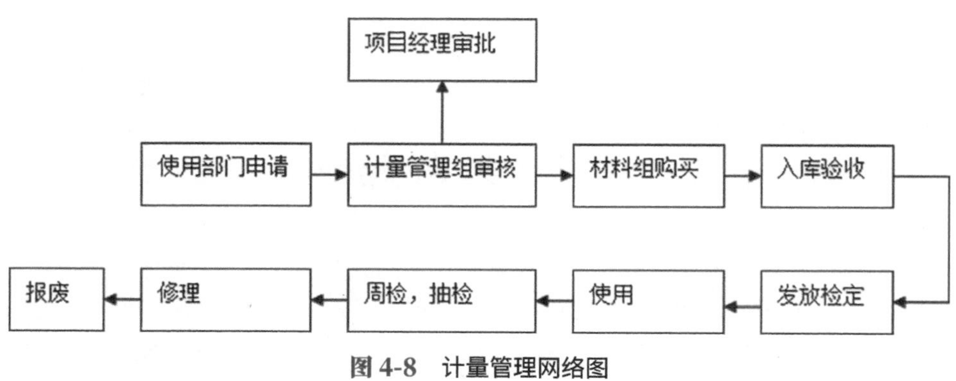

图 4-8　计量管理网络图

（5）材料检验制度

1）建设方提供产品的控制

① 为保证建设方提供的产品符合工程的使用要求，根据质量手册《客户提供产品的控制程序》，对建设方提供的产品进行控制。

② 建设方提供产品或指定的分供方在工程承包合同中作出明确规定。

③ 产品的验证按公司《进货检验控制程序》进行，合格后应合理贮存。

④ 产品如发现有质量问题，将按本公司《采购物资不合格品的控制程序》执行，并及时向客户报告，保存所有记录文件。

⑤ 不合格品的退货、索赔由提供产品的建设方负责。

2）材料进场的检测

① 所有进场材料必须有产品合格证，并查明是否符合所需的品种、规格、

数量、质量要求。现场材料验收由项目材料员负责。

② 水泥、石材、瓦、木材、油漆、灌浆材料进场必须把好数量、质量、品种、规格关，木材含水率按技术规格和工程设计要求进行验收。

（6）工程质量的保修计划

1）质量保修期限

保修期按照《建设工程质量管理条例》规定执行，保修期自竣工验收合格之日起计，在保修期内因施工质量而造成返修，由公司负责实施，其费用由公司负责。

2）质量回访制度

工程交付后，在保修期内对业主进行工程质量回访，征询业主的意见，保修期内拟派本工程的项目经理至少回访三次。

① 第一次回访在工程交付 1 个月内；

② 第二次回访在工程交付 3 个月内；

③ 第三次回访在工程交付 6 个月内；

④ 以后进行不定期回访，每年不少于一次，征询用户意见。

⑤ 施工单位经营部是回访客户的责任部门，负责回访用户来访、来电、来函的招待与记录工作。

3）保修服务措施

① 保修期内服务措施

A. 在保修期之内，收到业主的维修电话后一小时到达现场，确定维修方案，维修时间由双方协商，所发生的费用由公司认可并支付。

B. 工程维修时，力求不影响正常使用，公司与业主积极协调，制订维修计划；在保证质量前提下，以最快速度交付使用。

C. 维修完毕后，进行全面质量检查，并经业主确认；

D. 提供特殊维修材料。对进口及特殊设计加工的施工材料，公司在订货时增加一定的数量，施工后留给业主，以待维修更换时使用。

E. 在保修期内如发生非质量问题引起的损坏，公司提供维修服务，按实际工作内容，根据国家有关定额收取工本费用。

② 保修期后服务措施

保修期满后，公司对所承接的工程项目提供终身维修服务，因甲方使用不当和不可抗拒的外力原因引起的问题，也将及时处理。

A. 维修内容：公司所施工的所有项目。

B. 服务方式：采用上门保修服务。

C. 维修服务措施。公司对所服务的工程项目，保修期满后仍实行跟踪服务，无偿对业主提供必要的技术支持，同样做到接到报障电话一小时内到达现场。

10.3 安全管理

（1）本工程安全管理的重点部位

1）防火安全

2）机械施工中的安全防护

3）施工用电防护

4）临边防护及环境保护

5）机械、人员的防护

6）施工范围内的管线保护

（2）安全管理目标

无重伤、死亡事故，工伤频率控制在合川区建筑施工安全管理法规规定的指标要求范围内。

（3）安全生产管理体系

如图 4-7 所示。

（4）安全保护技术管理措施

1）安全防护技术措施

安全防护工作的重点分析：高空施工防坠落；预留孔洞口处防坠落；各种电动工具、施工用电的安全防护等；立体交叉施工作业防物体打击措施。

① 脚手架防护

A. 墙脚手架所搭设所用材质、标准、方法均应符合国家标准。

B. 脚手架每层满铺脚手板，使脚手架与结构之间不留空隙，外侧用密目安全网全封闭。

C. 在每层的停靠平台都搭设平整牢固的，两侧设立不低于 1.8 米的栏杆，并用密目安全网封闭。停靠平台出入口设置用钢管焊接的统一规格的活动闸门，以确保人员上下安全。

D. 每次暴风雨来临前，及时对脚手架进行加固；暴风雨过后，对脚手架进行检查、观测，若有异常及时进行矫正或加固。

E. 安全网在国家定点生产厂购买，并索取合格证。进场后，由项目部安全员验收合格后方可投入使用。

② 安全防护

应在安全人员和技术人员的监督下由熟练工人负责搭设；脚手架的检查分验收检查、定期检查和特别检查。使用中要严格控制架子上的荷载，尽量使之均匀

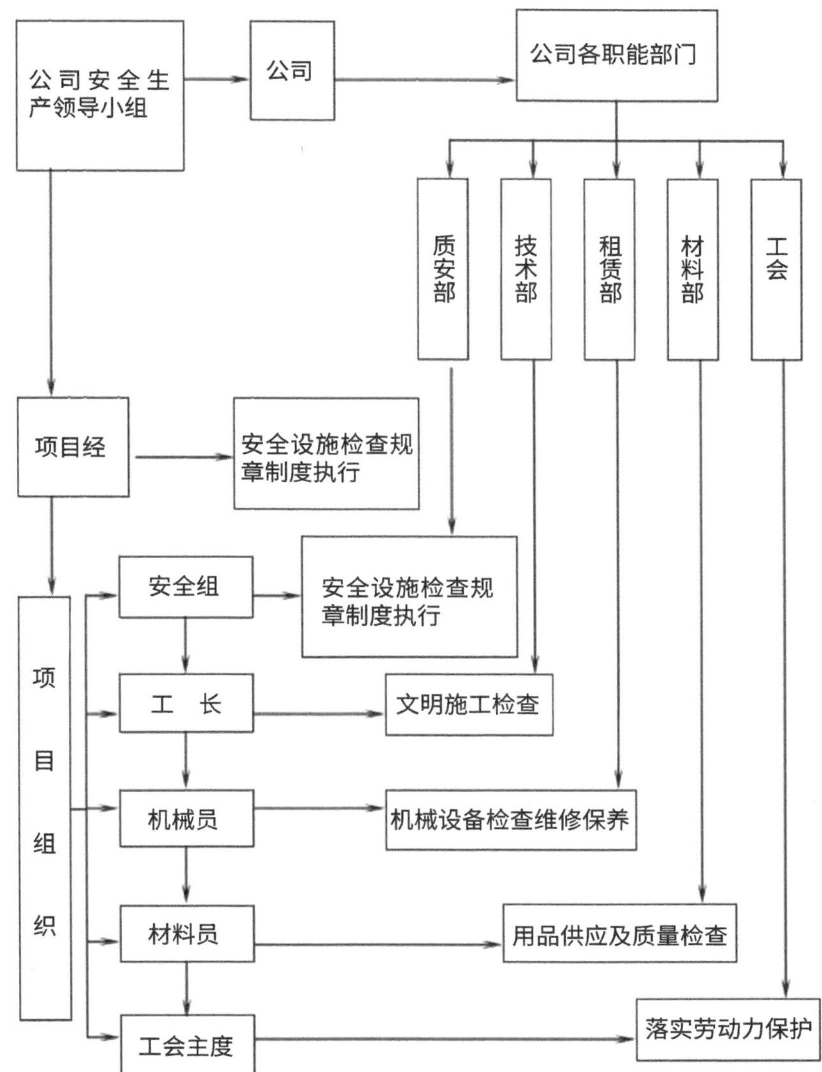

图 4-9 安全生产管理体系图

分布，以免局部超载或整体超载；使用时还应特别注意保持架子原有的结构和状态，严禁乱挖基脚、任意拆卸结构杆件和连墙的拉结及防护设施。项目部安全负责人组织分段验收，并报请公司安全部门进行核验。

③　交叉作业的防护

凡在同一立面上、同时进行上下作业时，属于交叉作业，应遵守下列要求：

A. 禁止在同一垂直面的上下位置作业，作业时中间应有隔离防护措施。

B. 在进行架子搭设、拆除，砌筑等作业时，其下方不得有人操作。架子拆除必须遵守安全操作规程，并应设立警戒标志，专人监护。

C. 堆物（如瓦件、扣件、钢管等）应整齐、牢固，且距离城墙外沿的距离不得小于 0.3 米。

D. 高空作业人员应携带工具袋，严禁从高处向下抛掷物料。

E. 严格执行“三宝一器”使用制度。凡进入施工现场的人员必须按规定戴好安全帽，按规定要求使用安全带和安全网。用电设备必须安装质量好的漏电保护器。

2）机械使用安全措施

①　中小型机械应在操作场所悬挂安全操作规程牌，操作人员应熟悉其内容，并按要求操作。应持证上岗，操作时专心致志，不得将自己的机械交他人操作。机械要做到上有盖、下有垫，电箱要有安全装置，要有漏电保护装置。

②　对电锯等机械，其传动部分应有防护罩，电锯应有安全装置，要有漏电保护装置。

3）施工用电安全措施

①　施工现场用电须编制专项施工组织设计，并经主管部门批准后实施。

②　施工现场临时用电按有关要求建立安全技术档案。

③　用电由具备相应专业资质的持证专业人员管理。

④　用电设施的运行及维护人员必须具备下列条件：

A. 经医生检查无妨碍从事电气工作的病症。

B. 掌握必要的电气知识，考试合格并取得合格证书。

C. 掌握触电解救法和人工呼吸法。

D. 新参加工作的维护电工、临时工、实习人员，上岗前必须经过安全教育，考试合格后在正式电工带领下，方可参加指定的工作。

E. 恶劣天气易发生断线、电气设备损坏、绝缘降低等故障，应加强巡视和检查。为了巡视人员的安全，在观察时要做好防护。

F. 架空线路的巡视和检查，每季不应少于 1 次。

G. 配电盘应每班巡视检查 1 次。

H. 各种电气设施应定期进行巡视检查，每次巡视检查的情况和发现的问题应记入运行日志内。

I. 接地装置应定期检查。

J. 配电所内必须配备足够的绝缘手套、绝缘杆、绝缘垫、绝缘台等安全工具及防护设施。

⑤　用电设施的运行及维护，必须配备足够的常用电气绝缘工具并按有关规定，定期进行电气性能试验。电气绝缘工具严禁挪作他用。

⑥　新设备和检修后的设备，应进行 72 小时的试运行，合格后方可投入正式运行。

⑦　用电管理应符合下列要求：

A. 现场需要用电时，必须提前提出申请，经用电管理部门批准，通知维护班组进行接引。

B. 接引电源工作，必须由维护电工进行，并应设专人进行监护。

C. 施工用电完毕后，由施工现场用电负责人通知维护班组进行拆除。

D. 严禁非电工拆装电气设备，严禁乱拉乱接电源。

E. 配电室和现场的开关箱、开关柜应加锁。

F. 电气设备明显部位应设“严禁靠近，以防缺电”的标志。

G. 施工现场大型用电设备等，设专人进行维护和管理。

4）工地消防安全措施

①　贯彻“预防为主，防消结合”的消防工作方针，确保消防安全工作全面、深入、彻底地开展。

②　消防工作成立以项目经理为组长，专职安全员具体负责的消防安全体系。

③　消防工作贯穿于生产之中，各工种、各部门负责人在专职安全员的分配组织下对本单位的消防工作进行监督落实，切实做到群防群治。

5）治安保卫安全措施

①　针对本项目成立保卫工作领导小组，以项目经理为组长，项目安全负责人为副组长，各施工段工长、作业队队长、安全员、现场保安为组员。

②　工地设门卫值班室，由保安员昼夜轮流值班，白天对外来人员及所有物资进行登记，夜间值班巡逻护场。重点是做好仓库、加工区、办公室、成品、半成品的保卫工作。

③　加强对劳务分包人员的管理，掌握人员底数，掌握每个人的思想动态，及时进行教育，把事故消灭在萌芽状态。非施工人员不得住在现场，特殊情况必须经项目保卫负责人批准。

④　每月对职工进行一次治安教育，每季度召开一次治保会，定期组织保卫检查，并将会议检查整改记录存入公司资料内备查。

⑤ 对易燃、易爆、有毒物品设立专库、专管，非经项目负责人批准，任何人不得擅自动用。不按此执行，造成后果追究当事人刑事责任。

⑥ 施工现场必须按照“谁主管，谁负责”的原则，由党政主要领导干部负责保卫工作。

⑦ 施工现场设立门卫和巡逻护场制度，护场守卫人员要佩戴值勤标志。

⑧ 财会室及职工宿舍等易发案部位要指定专人管理，重点巡查，防止发生盗窃案件。严禁赌博、酗酒、传播淫秽物品和打架斗殴。

⑨ 变电室、大型机械设备及工程的关键部位和关键工序，是现场的要害部位，需加强保卫，确保安全。

⑩ 加强成品保卫工作，严格执行成品保卫措施，严防被盗、破坏和治安灾害事故的发生。

⑪ 施工现场如发生各类案件和灾害事故，立即报告有关部门并保护好现场，配合公安机关侦破案件。

（5）安全生产制度

1）安全生产责任制

① 项目经理：全面负责施工现场的安全措施、安全生产等，保证施工现场的安全。

② 项目副经理：直接对安全生产负责，督促、安排各项安全工作，并按规定组织检查、做好记录。督促施工全过程的安全生产，纠正违章行为，配合有关部门排除施工不安全因素，安排项目部安全活动及安全教育的开展，监督劳保用品的发放和使用。

③ 技术负责人：制定项目安全技术措施和分部工程安全方案，督促安全措施落实，解决施工过程中不安全的技术问题。

④ 机械负责人：保证所使用的各类机械的安全使用，监督机械操作人员保证遵章操作，并对用电机械进行安全检查。

⑤ 施工工长（专业工程师）：负责上级安排的安全工作的实施，制定分项工程的安全方案，进行施工前的安全交底工作，监督并参与班组的安全学习。

2）安全管理制度

① 编制安全生产技术措施制度。除施工组织设计对安全生产有原则要求外，凡重大分项工程的施工，分别由施工队、项目经理部编制安全生产技术措施，措施要有针对性。施工队编制的措施由技术负责人审批，项目部编制的措施由公司总工程师审批。

② 安全技术交底制。施工员向班组、土建负责人向施工员、技术负责人向

土建负责人及施工队层层交底。交底要有文字资料，内容要求全面、具体、针对性强。交底人、接收人均应在交底资料上签字，并注明收到日期。

③ 特殊工种职工实行持证上岗制度。对电工、机械操作工、架子工等特殊工种实行持证上岗，无证者不得从事上述工种的作业。

④ 安全检查制度。项目部每半月、施工队每十天定期进行安全检查，平时进行不定期检查，每次检查都要有记录，对查出的事故隐患要限期整改。对未按要求整改的要给单位或当事人以经济处罚，直至停工整顿。

⑤ 安全验收制度。凡大中型机械安装、脚手架搭设、电气线路架设等项目完成后，都必须经过有关部门检查验收合格后，方可试车或投入使用。

⑥ 安全生产合同制度。项目经理与公司签定“安全生产责任书”、劳务队与分公司签定“安全生产合同”、操作工人与劳务队签定“安全生产合同”并订立“安全生产誓约”；用“合同”和“誓约”来强化各级领导和全体员工的安全责任，加强安全保护意识。

⑦ 事故处理“四不放过制度”。发生安全事故，必须严格查处。做到事故原因不明、责任不清、责任者未受到教育、没有预防措施或措施不力的情况不得放过。

3）安全教育制度

安全教育既是施工公司安全管理工作的重要组成部分，也是施工现场安全生产工作的一个重要方面。

① 安全教育的内容

表 4-15 安全教育内容表

类别	主要内容	具体内容
安全思想教育	安全生产的思想基础	尊重人、关心人、爱护人的思想教育，党和国家安全生产劳动保护方针，政策与安全生产辩证关系教育，三热爱教育、职业道德教育
安全知识教育	安全生产的重点内容	施工生产一般流程；环境、区域概括介绍，安全生产一般注意事项；公司内外典型事故案例简介与分析；工种岗位安全生产知识。
安全技术教育		安全生产技术、安全技术操作规程。
安全法治教育	安全生产的必备知识	安全生产法规和责任制度，法律上有关条文；安全生产规章制度；摘要介绍受处分的先例
安全纪律教育		职工守则、劳动纪律、安全生产奖惩制度

② 施工现场安全教育程序

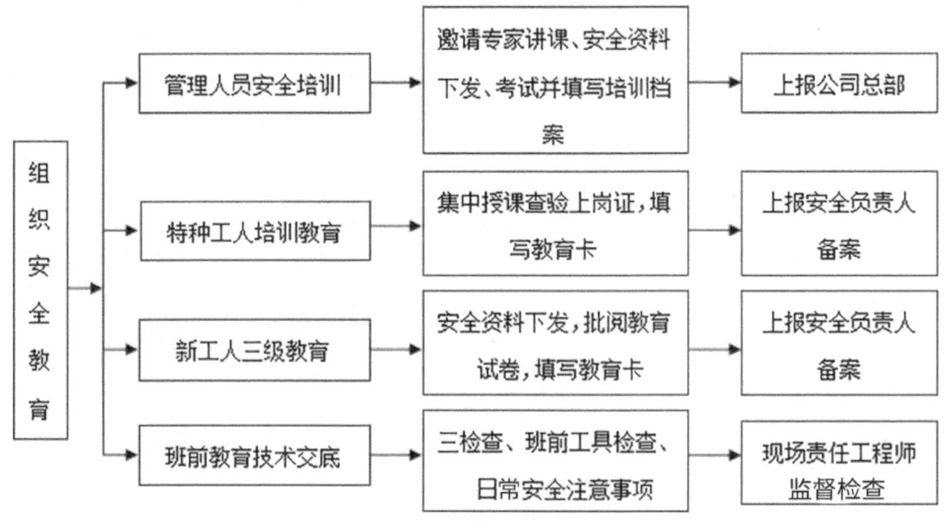

图 4-10 施工现场安全教育程序图

（五）安全事故应急预案

1. 事故紧急救护小组人员配置

依据“安全第一，预防为主”的方针编制本预案。

1.1 成立事故紧急救护小组

组长：苏金荣

负责全组的协调、指挥和领导事务。

副组长：何坤

配合组长的协调、指挥，安排各种救援工作。

成员：卜保粮、杨世甫、陈传学、郁林

听从组长指挥并从事相关的具体工作。

1.2 救护

指定医院，率先收集急救电话，熟悉行车路线。发生事故后立即通知医院，做好急救准备。

2. 事故应急处理原则

为做好安全生产事故应急处理工作，最大限度地减少险情及事故造成的生命财产损失，事故应急处理的原则如下：

（1）救人高于一切；

（2）施救与报告同时进行，逐级报告，就近施救；

（3）局部服从全局，下级服从上级；

（4）分级负责，密切配合；

（5）最大限度地减少损失，防止和减轻次生损失。

3. 事故应急处理流程

（1）项目部各部门可以根据险情事故处理工作的需要，紧急征用项目部和各施工作业组的车辆、设备和人员，项目部和各成员必须无条件地服从调度和征用。参与应急处理工作的人员可依照有关规定，向项目部请求给予适当补偿。

（2）险情事故发生后，作业班组负责人和项目部安全生产责任人应立即赶到事故地点，及时向项目部主要领导汇报，项目部接到险情后应立即成立险情事故处理工作领导小组，并立即奔赴现场。

（3）安全事故处理流程如图 4-11：

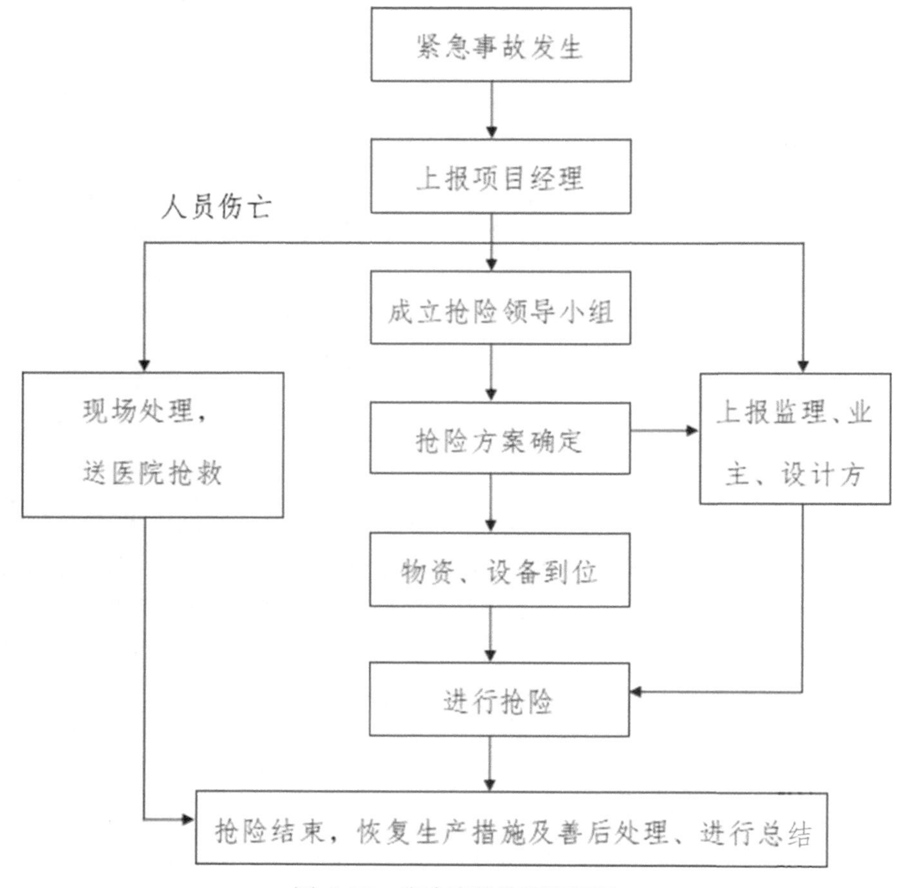

图 4-11　安全事故处理流程图

4. 卸料平台翻倒事故应急预案

卸料平台翻倒事故发生后通信组立即通知项目部、公司、建管处、医院等相关领导和急救部门，医疗组对现场的伤者进行紧急抢救；技术组负责查看事故现场、制定救援方案和查找事故原因，并输送人员撤离事故现场；消防组负责事故现场的保护及人群疏散；指挥中心负责统一协调、安排，调查事故性质及事故责任人。

5. 高处跌落事故应急预案

高处跌落事故发生后，通信组立即通知项目部、公司、建管处、医院等相关领导和急救部门，医疗组对现场的伤者进行紧急抢救；技术组负责查看事故现场，制定救援方案和查找事故原因，并输送人员撤离事故现场；消防组负责事故现场的保护及人群疏散；指挥中心负责统一协调、安排，调查事故性质及事故责任人。

6. 触电事故应急预案

发生触电事故后，紧急断掉电源，通信组立即通知项目部、公司、建管处、医院等相关领导和急救部门，医疗组对现场的伤者进行紧急抢救；技术组负责查看事故现场，制定救援方案和查找事故原因，并输送人员撤离事故现场；消防组负责事故现场的保护及人群疏散；指挥中心统一协调、安排，调查事故性质并追究事故责任人责任。

7. 物体打击事故应急预案

事故发生后通信组立即通知项目部、公司、建管处、医院等相关领导和急救部门，医疗组对现场的伤者进行紧急抢救；技术组负责查看事故现场，制定救援方案和查找事故原因，并输送人员撤离事故现场；消防组负责事故现场的保护及人群疏散；指挥中心统一协调、安排，调查事故性质及事故责任人。

8. 机械伤害事故应急预案

事故发生后立即通知项目部、公司、医院等相关领导和急救部门；技术组负责查看现场，制定救援方案和查找事故原因，并输送人员撤离事故现场；消防组负责事故现场的保护及人群疏散；指挥中心负责统一协调，调查事故性质及事故责任人。

（六）危险性较大的工程安全技术方案编制

1. 施工现场临时用电

1.1 配电箱的布置

根据各种用电设备在施工现场的布置情况，电源引自业主总配电室，每个分路开关均配漏电保护器。架空线杆采用钢筋砼杆；高度大于 6 米，确保安全距离；临时配电线路均按规范采用绝缘导线架空敷设。

1.2 安全用电措施

（1）接地保护

机械设备的金属外壳采取可靠的接地保护；

电器设备的工作零线与保护接地线严格分开，保护零线上严禁设开关或熔断器；

用电设备接地线采用并联接地方式，严禁串联接地或接入零线；

接地线采用焊接、压接、螺栓连接或其他可靠方法连接，严禁缠绕或勾挂连接。

（2）防雷保护

施工现场所有的脚手架等，均与防雷接地线可靠连接。

（3）配电箱和开关箱

配电箱和开关箱安装牢固；

地面上所设的配电箱和开关箱，附近不堆杂物，保持道路畅通和必要的操作空间。

（4）移动式电动工具和手持式电动工具

长期停用或新领用的移动式电动工具和手持式电动工具在使用以前，检查是否有漏电情况发生；

使用的移动式电动工具采用插座连接时，插座插头应无损伤、无裂纹且绝缘良好。

使用的移动式电动工具，其电缆线应按电器规格和使用环境要求选用，电缆避开热源，不在地上拖拉，并配置漏电保护器。

（5）电焊机

电焊机按区域或标高层集中布置；

室外电焊机安置在干燥场所，并设遮棚；

电焊机外壳可靠接地；

电焊机的裸露导电部分和转动部分安装安全护罩；

确保电焊把钳绝缘良好；

电焊机二次引出线长度不大于 30 米。

（6）照明

照明线路位置相对固定；

室内安装的固定式照明灯具高度不低于 2.5 米，室外安装的照明灯具的高度不低于 3 米。安装在露天工作场所的照明灯具全部选用防水型灯头；

照明灯具与易燃物之间按规定保持一定的安全距离，并采取有效的隔离措施。

2. 施工现场防火措施

（1）在施工过程中，加强现场防火制度及防火宣传。

（2）焊接、气割工作人员持证上岗，施工动火时严格申请动火作业审批手续。动火作业施工区域必须配备足够的灭火器具，清理现场易燃物，严格执行“十不烧”规定。

（3）现场木工间、机修间挂设禁烟牌，各种作业棚做好文明施工工作。

（4）工地成立防火领导小组和义务消防队，定期做好防火巡逻工作，发现险情苗子及时抢险。

（5）职工宿舍不得私拉电线，使用电炉等不合格电器。

（6）现场电器照明、电线拉设按规范进行，熔丝尽可能不用铜丝代替，导线的大小应根据机电用量选择。现场不得使用破损老化电缆，防止发生触电事故。

（7）电气操作人员必须掌握电气知识、火灾急救知识及消防知识。

（8）机械设备必须保持清洁无油渍。

（9）加强灭火器材的检查和保养工作，传授防火知识及消防方法，提高职工消防意识。

第五章

施工过程及现场管理

（一）文明施工与环境管理

1. 环境保护管理体系

在本工程施工过程中，我公司将充分借鉴在其他工程成功的文明施工管理及环保措施经验，严格执行重庆市《建设工程文明施工管理条例》及合川区有关规定，精心布置施工现场和精心组织施工，尽可能减少和消除对周围环境的影响，争创合川区文明施工样板工地。

环境保护管理体系如下：

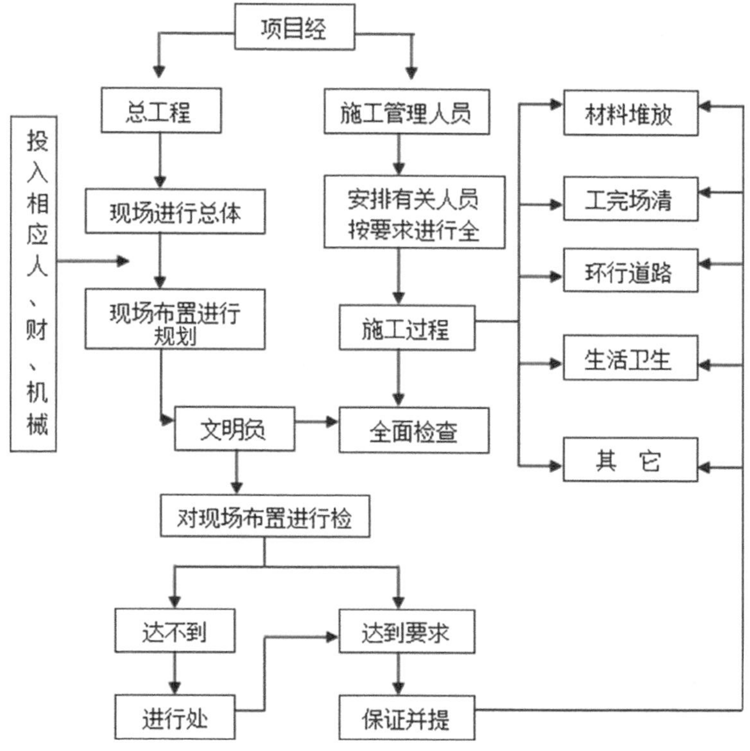

图 5-1　环境保护管理体系图

2. 文明施工及环境保护措施

（1）文明施工标准

遵守国家的法律、法规和有关政策，明确施工用地范围，维持良好的区域环境。

文明施工管理章程：

平面有图，按图施工，图物相符；

大宗材料，码方成垛，分类堆放；

临设料房，规格整齐，防雨防潮；

科学管理，机构健全，制度完善；

责任到人，挂牌施工，奖罚分明；

限额领料，随干随清，工完料净；

按图施工，精心操作，保护成品；

施工脚手，搭设标准，规格整齐；

施工工具，用完洗净，整齐保管；
机械设备，运转正常，保养清洁；
包装用品，保存完整，回收交库；
按期交工，质量合格，清洁卫生；
竣工档案，内容真实，资料齐全。

（2）文明施工保障措施

1）施工现场标志，标牌齐全，出入口通道畅通，场地平整，安全与消防设施齐全，标识规范。

① 危险地段应设安全标志，施工现场切割机四周地面污水排放系统要完善畅通，石料堆场要保持整洁。

② 为减少噪声，不影响他人工作，切割工作宜集中管理，设备宜安置在室外，有条件时可放在有门窗掩盖的房间内。

③ 进入施工现场的管理人员和施工人员，一律要戴安全帽、持工作卡。

④ 严禁以任何理由往下抛落物体，对现场绿化要严格保护，必要时采用围栏保护。

⑤ 施工场地的材料，每天都要整理归类，妥善保管。

⑥ 项目经理部定期召开文明施工会议，组织有关人员进行全面检查。

⑦ 散体材料在搅拌或运输、使用过程中，要做到不洒、不漏、不剩，在使用地点盛放时必须有容器或垫板，如有洒、漏要及时清理。

⑧ 卫生间洁具及高级五金件安装后，应立即用保护纸包裹好。

⑨ 涂料施工作业前，须在涂料分界处贴上分色纸条，以免污染相邻部位。

⑩ 禁止闲杂人员进入现场，施工人员非工作需要也不得进入施工作业区。

2）严格执行《建筑施工安全检查标准》及合川区文明施工规定，做好各项管理工作。

① 严格控制噪音污染，通过增加劳动力的方法确保施工工期满足要求。

② 控制灰尘对周边环境的污染。安排专人每天三次对工地进行喷水，减少灰尘对周边环境的影响。

③ 进入施工现场的人员佩戴胸卡，建立施工人员施工时间段，对施工人员进行文明施工交底，超出施工时间段，禁止人员进出施工场地。

④ 根据施工总平面图，按规划堆放建筑材料、构件、料具并给予标识。

⑤ 易燃易爆物品分类堆放并给予标识。

⑥ 制定消防制度，配置消防设施，按照要求办理动火手续。

⑦ 施工大门口处挂五牌一图。

⑧　施工场地张贴安全标语。

⑨　建立文明施工责任人制度，加强对工人宣传教育工作，在工地内张贴宣传标语，现场人员一律佩戴工作胸卡，施工、生活污水要经过滤池及砂井才能排放入市政管道。

⑩　制定保健急救措施，落实现场配置措施。

⑪　落实防尘、防噪声措施。

⑫　根据合川区要求的时间施工，夜间加班要办理夜间施工许可证，方能施工。

⑬　建立施工不扰民措施。

⑭　开展创建文明工地，树立企业良好形象活动，力争本工地成为合川区文明施工样板工地。

（3）环境保护措施

1）噪声管理

①　尽量采用低噪声的施工工艺和方法。

②　当施工作业噪声可能超过施工现场的噪声限值时，应在开工前向建设行政主管部门和环保部门申请，经核准后才能开工。

③　禁止在夜间 10 点至早上 7 点、中午 12 点至下午 2 点进行产生噪声的建筑施工作业。若由于施工不能中断的技术原因和其他特殊情况，确需在该时段连续施工作业的，应向建设行政主管部门和环保部门申请，经核准后才能开工。

2）排水、排污

泥浆、废水必须经过硬底硬壁沉淀池沉淀以及其他必要的处理，未经处理的化学灌浆材料严禁排入下水道。废浆和化学材料必须使用封闭的专用车辆外运。

3）扬尘治理措施

①　场内施工道路出口处和施工场地用混凝土硬化。现场制定洒水降尘制度，配备专用洒水设备，并设专人负责每天淋水，防止扬尘。

②　运输车辆进出场时必须用苫盖，并经门口警卫检查获得许可后方可放行。

③　采用防尘措施，阻止污染古镇。

4）光污染治理措施

现场探照灯要选用既满足照明要求又不刺眼的新型灯具，使夜间照明只照射施工区域，而不影响周围居民的休息。

5）施工垃圾治理措施

①　制定材料节超奖惩办法，减少材料浪费现象，减少施工垃圾的生成。

②　现场建造垃圾收集站，对垃圾分类堆放，及时进行分拣利用。

③ 所有施工落地灰等施工碴土一律过筛后利用，灰碴经粉碎后使用。

④ 施工垃圾使用塑料编织袋，分类处理，严禁随意凌空抛撒造成扬尘。

⑤ 施工垃圾集中堆放并及时清运出场，清运前要洒水湿润，减少扬尘。

6）施工节能措施

制定节能奖惩措施，加强节能管理。租赁办公室、宿舍内全部使用节能灯照明，并做到人走灯灭；施工用照明由专人负责开闭，严防白天亮灯。所有水龙头均使用磁芯水龙头，严防常流水。施工用水安装自控设备，做到节约用水。

（4）地下管线及其他地上地下设施的保护加固措施

施工过程中能够完整保护好地上、地下设施，是一个企业重视安全、文明施工的最好体现，也是整个工程顺利进展所必须做到的环节。施工前，首先要做好地上、地下设施情况的落实和调查了解，其方法是：

①按照设计图对地下设施进行对照标注，逐一落实，并在施工现场作出明显的标记。

②加强对班组的宣传教育和安全交底，确保万无一失。

③具体问题具体分析，严禁野蛮施工。

1）地上设施的保护和加固

地上设施的保护主要以动力照明电杆为主。采用剪刀撑和 Y 型拉线加固法拉设钢缆加固，剪刀撑的设置方法是用两根木质较好的直顺杉杆或其他圆木绑扎成剪刀形，夹撑在电杆的上方，水泥杆的上支点应绑扎一块小方木，防止撑点滑动，木杆可直接用扒钉把死。剪刀撑、撑杆与电杆的夹角为 30°—45°，单杆撑夹角为 30°。圆木的长度应根据沟宽和支点角度要求选择，对于其直径，剪刀撑不得小于 120 毫米，单杆撑不得小于 150 毫米。下支点可采用打锚桩或挖出与圆木尺寸略同的斜坑，并在坑底垫一块小木板固定。

普通拉线加固法，方法是用两根 3 股数—5 股数的 8 号铁丝或钢丝绳（“Y”型拉线的上端为两根铁丝或钢丝绳，形同“Y”型，多用于并列杆的加固）连接在电杆的抱箍上，木质电杆可直接绑扎在电杆上，钢丝绳应用钢丝绳扎头扎牢，并用小扒钉将铁丝或钢丝绳把紧以防脱落。下支点应设置牢固的地锚，地锚可采用条石、倒牙等，然后用拉线上的花篮螺丝将拉线调节至合适的紧度，拉线与电杆的夹角一般应为 30°—45°。

拉线一般不设拉紧绝缘子，若拉线穿越导线时，还需装设拉紧绝缘子，其安装位置应距地面 2.5 米以上。遇高压线杆的加固，需同供电部门取得联系，在供电部门的指导下进行加固。

2）地下设施的保护和加固

施工时若遇到原电讯电力电缆、给水与给排水管线，为了能有效地保证地下设施不被损坏和不偏移、沉陷等，必须采取有关的加固措施。对于并行管线采用钢板桩加固，钢板桩距原有管线应留出一定宽度，且采取密打加固。遇交错支管时采用托板绑吊，其方法是在沟槽上横放一根直径不小于 200 毫米、直顺、木质较好的圆木。横梁担在沟边的长度不应小于 500 毫米，并加垫木板分散对沟壁的压力。然后在电缆（管）或管道底部垫上一块宽度不小于 300 毫米，厚度不小于 50 毫米，长度与外露加固物相近的木板，若属电缆管，木板的宽度应与电缆管的宽度一致，管身应用小方木垫平，以免绑吊受力时将管接口折裂。绑吊一般采用 8 号铁丝缠绕 4 圈—6 圈，并调至适合的紧度。在加固时，应特别注意管底挖土，应采取分段挖通并用方木垫好，其厚度以略大于能放垫板的厚度为宜，严禁超挖，以免造成管口折裂。斜穿沟槽的管道应采取分段绑吊的方法，但托板必须托住管接口部位，并用小方木垫平其他部位，绑吊时各点必须受力均匀，以免造成管口折裂。管道加固后，在挖土施工中还应经常观察管道的变化情况。以便采取相应的措施，保证施工的安全。各种管道或电缆（管）的加固，需在回填土高于管道或电缆（管）底部后，方可拆除。拆除时应注意观察管道、电缆管有无沉陷，必要时应采取局部加固的办法，回填时不再拆除，以保证施工的安全和设施的完好。在施工中如遇到地下设施破坏，应首先采取截流、关闭阀门等措施，并及时通知有关部门，然后在有关部门的指导下，采取加固措施。

（二）脚手架工程

1. 脚手架搭拆工程

1.1 脚手架搭设布置

立杆纵距 1.5 米，横距 1.2 米；内立杆距离文物建筑外 0.15 米；步距 1.5 米，脚手架钢管不得直接与古建筑接触。

1.2 施工准备

（1）技术负责人对有关脚手架的要求，向架设和使用人员进行技术交底。

（2）按规范规定要求对钢管、扣件、脚手板等进行检查验收，不合格产品不得使用。

（3）经检验合格的构配件按品种、规格分类，堆放整齐、平稳，堆放场地不得有积水。

（4）清除搭设场地杂物，平整搭设场地，并使排水畅通。

1.3 搭设流程

摆放扫地杆→逐根竖立立杆并与扫地杆扣紧→装扫地小横杆并与立杆和扫地杆扣紧→装第一步大横杆并与各立杆扣紧→安第一步小横杆→安第二步大横杆→安第二步小横杆→加设临时斜撑杆，上端与第二步大横杆扣紧（在装设连墙杆后拆除）→安第三、四步大横杆和小横杆→安连墙杆→接立杆→加设剪刀撑→铺设脚手板→绑扎防护栏杆及挡脚板，并挂立网防护。

放置纵向扫地杆，自角部起依次向两边竖立底立杆，底端与纵向扫地杆扣接固定后，装设横向扫地杆并且与立杆固定（固定立杆底端前，应吊线确保立杆垂直），每边竖起 3 根—4 根立杆后，随即装设第一步纵向水平杆（与立杆扣接固定）和横向水平杆（小横杆，靠近立杆并与纵向水平杆扣接固定），横竖方向每隔 4 米设一根锚杆固定。按上述要求依次向前延伸搭设，直至第一步架交圈完成。

交圈后，再全面检查一遍脚手架质量和地基情况，严格确保设计要求和脚手架质量，设置连墙件（或加抛撑），按第一步架的作业程序和要求搭设第二步、第三步……，随搭设高程及时装设连墙件和剪刀撑，装设作业层间横杆（在脚手架横向杆之间架设的、用于缩小铺板支撑跨度的横杆）、铺设脚手板和装设作业层栏杆、挡脚板以及密目网全封闭。

1.4 构造要求及做法

（1）纵向水平杆、横向水平杆、脚手板

1）纵向水平杆的构造应符合下列规定：

① 纵向水平杆设置在立杆内侧，其长度不小于 3 跨。

② 纵向水平杆接长采用对接扣件连接，对接应符合下列规定：

纵向水平杆的对接扣件应交错布置；两根相邻纵向水平杆的接头不要设置在同步或同跨内；不同步或不同跨两个相邻接头在水平方向错开的距离不应小于 500 毫米；各接头中心至最近主节点的距离不大于纵距的 1/3 ，使用木脚手板，纵向水平杆作为横向水平杆的支座，用直角扣件固定在立杆上。

2）横向水平杆的构造应符合下列规定：

① 主节点处必须设置一根横向水平杆，用直角扣件扣接且严禁拆除。主节

点处两个直角扣件的中心距离不应大于 150 毫米。在双排脚手架中，靠墙一端至装饰面的距离不应大于 100 毫米；

② 作业层上非主节点处的横向水平杆，宜根据支承脚手板的需要等间距设置，最大间距不应大于纵距的 1/2；

③ 当使用木脚手板时，双排脚手架的横向水平杆两端均应采用直角扣件固定在纵向水平杆上。

3）脚手板的设置应符合下列规定：

① 作业层脚手板应铺满、铺稳，离开墙面 120 毫米。

② 木脚手板应设置在三根横向水平杆上。当脚手板长度小于 2 米时，可采用两根横向水平杆支承，但应将脚手板两端与其可靠固定，严防倾翻。脚手板的铺设可以采用对接平铺，也可采用搭接铺设。脚手板对接平铺时，接头处必须设两根横向水平杆，脚手板外伸长度应取 130 毫米，两块脚手板外伸长度的和不大于 300 毫米；脚手板搭接铺设时，接头必须支在横向水平杆上，搭接长度大于 200 毫米，其伸出横向水平杆的长度不小于 100 毫米。

③ 作业层端部脚手板探头长度应取 150 毫米，其板长两端均应与支承杆可靠地固定。

（2）立杆

1）每根立杆底部应设置底座和垫板。

2）脚手架必须设置纵、横向扫地杆。纵向扫地杆应采用直角扣件固定在距底座上皮不大于 200 毫米处的立杆上。横向扫地杆亦应采用直角扣件固定在紧靠纵向扫地杆下方的立杆上。

3）脚手架底层步距不大于 2 米。

4）立杆必须用连墙杆与建筑物可靠连接（接触）。

5）立杆接头除顶层顶部分可采用搭接外，其余各层接头必须采用扣件连接。对接、搭接应符合下列规定：

① 立杆上的对接扣件应交错布置，两根相邻立杆的接头不应设置在同步内，同步内隔一根立杆的两个相邻接头在高度方向错开的距离不宜小于 500 毫米；各接头中心主节点的距离不宜大于步距的 1/3。

② 搭接长度不应小于 1 米，应采用不少于 2 个旋转扣件固定，端部扣件盖板的边缘至杆端距离不应小于 100 毫米。

6）立杆顶端宜高出檐（墙）1.5 米（2 米）。

（3）连墙体（连墙杆、斜撑、剪刀架）

1）连墙件（连墙杆、斜撑、剪刀架）的布置应符合下列规定：

① 宜靠近主节点设置，偏离主节点的距离不应大于 300 毫米。

② 应从底层第一步纵向水平杆处开始设置，当该处设置有困难时，应采用其他可靠措施固定。

③ 连墙杆采用菱形布置。

④ 采用刚性连墙件与建筑物可靠连接（管头包橡胶制品与墙体进行接触）。

⑤ 局部满足条件的位置增设斜撑杆，布置于脚手架中上部。

⑥ 脚手架必须设置内外纵向、横向剪刀架，角度 45 度至 60 度。

⑦ 在可搭设内外架的施工点，脚手架高出墙体 2 米，并采用钢管将内外架相连。

2）连墙件的构造应符合下列规定：

① 连墙件中的连墙杆呈水平设置，当不能水平设置时，与脚手架连接的一端应下斜连接，不应采用上斜连接。

② 当脚手架下部暂不能设连墙件时可搭设抛撑。抛撑采用通长杆与脚手架可靠连接，与地面的倾角 60° ；连接点中心至主节点的距离不大于 300 毫米。抛撑在连墙件搭设后拆除。

（4）搭设要求

1）脚手架必须配合施工进行搭设，一次搭设高度不应超过相邻连墙件以上二步。

2）每搭完一步脚手架后，应按规定校正步距、纵距、横距及立杆的垂直度。

3）底座安放应符合下列规定：

底座、垫板均应准确地放在定位线上。

垫板宜采用长度不少于 2 米、厚度不小于 50 毫米的木垫板。

4）立杆搭设应符合下列规定：

严禁将外径 48 毫米与 51 毫米的钢管混合使用。

开始搭设立杆时，应每隔 6 跨设置一根抛撑，直到连墙件安装稳定后，方可根据情况拆除。

当搭到有连墙件的构造点时，在搭设完该处的立杆、纵向水平杆、横向水平杆后，立即设置连墙件。

5）纵向水平杆搭设应符合下列规定：

纵向水平杆的搭设符合规范构造规定。

在封闭型脚手架的同一步中，纵向水平杆应四周交圈，用直角扣件与内外角部立杆固定。

6）作业层、斜道的栏杆和挡脚板的搭设应符合下列规定：

栏杆和挡脚板均应搭设在外立杆的内侧。

上栏杆的高度应为 1.2 米。

挡脚板的高度不应小于 180 毫米。

中栏杆应居中设置。

7）脚手板的铺设应符合下列规定：

在拐角、斜道平台口处的脚手板，应与横向水平杆可靠连接，防止滑动。

（5）脚手架的拆除

1）拆除方法

制定拆除方案，方案应包括拆除的步骤和方法、安全措施等。拆除顺序应遵守由上到下，先搭后拆、后搭先拆的原则。即先拆栏杆、脚手架、剪刀撑、斜撑，而后拆小横杆、大横杆、立杆等，并按一步一清原则依次进行，要严禁上下同时进行拆除工作。拆架子的高空作业人员应戴安全帽，系安全带，穿软底鞋上架作业，同时，周围设置栏杆或竖立警戒标志并有专人指挥，以免发生伤亡事故。

2）拆除脚手架时，应符合下列规定：

拆除作业必须由上而下逐层进行，严禁上下同时作业。

连墙件必须随脚手架逐层拆除，严禁先将连墙件整层或数层拆除后再拆脚手架；分段拆除高差不应大于 2 步，如高差大于 2 步，应增设连墙件加固。

当脚手架拆至下部最后一根长立杆的高度（约 6.5 米）时，应先在适当位置搭设临时抛撑加固后，再拆除连墙件。

当脚手架采取分段、分立面拆除时，对不拆除的脚手架两端，按规定设置连墙件和横向斜撑加固。

3）卸料时应符合下列规定：

各构配件严禁抛掷至地面。

运至地面的构配件应按规定及时检查、整修与保养，并按品种、规格随时码堆存放。

（6）脚手架体与文物本体之间封闭办法

1）密目网垂直封闭

①　密目网的质量要求：密目网要四证齐全，要有阻燃性能，其续燃、阻燃时间均不得大于 4 秒。每 100 平方厘米的面积上，有 2000 个以上网目。

②　密目网贯穿试验：做耐贯穿实验时，将网与地面成 30° 夹角拉平，在其中心上方 3 米处，用 5kg 重的钢管（管径 48—51 毫米）垂直自由落下，不穿透即为合格产品。

③　密目网的绑扎方法：用铅丝将密目网绑扎至立杆或大横杆上，使网与架

体牢固地连接在一起。

2）兜网封闭

用大眼安全网（平网）将脚手架与建筑物之间封闭起来，首层设一道，以后每隔一段距离封闭一道。

2.5 脚手架交底与验收

脚手架必须严格按照施工方案搭设，要有严格的技术交底，要有节点构造详图，操作人员必须严格按照施工方案执行，所有偏差数值必须控制在允许范围内。

要由专门人员对已经搭设好的脚手架按照搭设方案进行验收，验收时要有量化内容，如：横、立杆之间距数值，立杆的垂直度，横杆的平整度等都应详细记载在验收记录中，不能简单地用“符合要求”来代替。

（三）城墙施工主要工艺

1. 修缮部位原始信息保存及文物施工统计

施工前：对修缮部位进行拍照、登记、编号、建档保存原始信息，入场后进行差异性调查并形成报告。

施工中：根据施工进度，按市城建档案馆要求采用图、文、表及照片形式详细记录施工部位、施工材料、施工工艺等。

施工后：建档汇编形成一套完整的施工档案资料。

2. 瓮城及城墙保护工程

2.1 砌筑

局部拆砌、择砌时对石砌体进行编号、登记、绘制图纸，确保原位使用，砌筑时应做好石料的背面填充。

（1）墙体石料拆除、吊装、更换、补配、归安：

1）按设计图纸先测量，对拆除部位进行编号、记录、拍照、绘制图纸。

2）从上至下分层分段进行拆除，拆除过程中使用撬棍人工对墙体黏结部位进行分离。

3）分离后移至安全位置进行吊运，吊运过程中使用防滑吊带对石料进行固定绑扎。

4）吊运使用能满足所载重量的吊机设备，每吊出一块石料，使用人工搬运至指定位置进行堆放，堆放点需采用垫木对石料进行隔离分层保护堆放。

5）拆除完成后进行验石，对出现严重裂缝、破损等无法继续使用的旧石料，按原规格，同材质进行补配，对后期维修所用石料规格、材质、工艺不符的石料进行更换。

6）归安前对连接处进行清理，清除杂物和树木根系，对背墙内松散的石料进行座浆回砌，灌浆确保浆液饱满，原位回砌边墙方整石，归位时背面填充严实，座浆饱满密实。

（2）吊机安全操作规程：

1）操作前：

① 检查主要螺栓的紧固情况，各节点的焊接情况。

② 检查各个传动系统是否符合标准。

③ 检查制动轮、滑轮、吊钩、卡环是否灵敏可靠。

④ 检查操作系统、电器系统是否良好，整体无漏电现象方可开机。

⑤ 吊装运行 2 米范围内不得有障碍物。

⑥ 吊机作业前先空载运行试机，确认无误，方可操作使用。

2）操作中：

严格做到斜吊不吊，超载不吊，捆扎不牢不吊，吊物周边无防护设施不吊，石料间粘结层未分离不吊，安全装置失灵不吊，情况不明不吊。

2.2 灌浆

墙体灌浆分层、分次灌注，基层清理干浆后，先稀浆，后稠浆，随灌注高度的变化，逐层锁口，确保灌浆饱满。

2.3 勾缝

重新勾缝时确保缝隙清洁，无残留灰，无杂物，灰口湿润，勾缝灰应严实，且卧入灰缝内。

2.4 顶部马道地面揭墁做法

（1）现有石地面打号记录。

（2）揭除现有石地面表层。

（3）清除三七灰土碎石垫层，厚约200—300毫米。

（4）对背里毛石砌体表面清理，清除渣土及树根并进行锁口、灌浆，灰浆表面与背里墙上口齐平。

（5）分两步重做三七灰土、碎石垫层，确保严实、紧密。

（6）采用三七灰泥铺墁石地面。

（7）地面石材原位铺墁，缺失或破损按实际尺寸添配。

2.5 边墙局部择砌做法

（1）对需拆砌的墙体表层石砌块进行打号、记录。

（2）从上向下逐层拆卸。

（3）对接茬处进行清理，清除杂物及树根。

（4）对背里墙的松散石块坐浆回砌，灌浆，确保灰浆饱满。

（5）原位回砌边墙方整石砌块，背面填充严实，灌浆饱满。

（6）边墙石缝采用桐油麻刀灰进行勾缝（卧缝），勾缝灰与内部灰浆结合紧密，无空鼓、断裂。

（7）参照文物修缮标准并按地方及原有传统做法（红砂岩）施工。

2.6 大寨门、中寨门城楼地仗、油饰做法（一布四灰，光油三道）

（1）清除：清除后做的油饰及地仗，确保清理干净。

（2）撕缝、下竹钉：撕缝应将缝隙内的松动木条与旧油灰清除干净；上下架大木构件上，3毫米以上宽度的裂缝均下竹钉，旧竹钉松动及丢失的，也应重下，确保竹钉长短与宽度适当。

（3）支浆：基层处理、清扫干净后，由上至下、从左至右支浆，确保涂刷均匀，不遗漏，支浆前对周边做好保护，防止污染其他成品。

（4）捉缝灰：保证捉缝灰饱满、顺平顺直、棱角处不走样。

（5）通灰：打磨捉缝灰、清理干净表面浮尘后，做通灰，确保覆灰均匀、薄厚一致；通隔扇时棱角顺直、整齐，不可变形。

（6）糊布：将木构件通灰表面的浮尘清扫干净后，按先上架后下架的顺序糊苎麻布，保证平整，顺木纹及棱角、线口处不得有对接缝合搭茬。

（7）压布灰：将麻面的浮尘清理干净，确保灰与麻绒结合紧密，覆灰均匀，薄厚一致；做隔扇压布灰时保证棱角顺直、整齐，不可变形。

（8）细灰：打磨压布灰后，将表面清扫干净，做细灰，保证与压布灰结合牢固，不易出现明显的蜂窝麻面、砂眼等情况，确保表面平整、棱角顺直，每一层均不得出现空鼓、脱层、裂纹等缺陷；做隔扇细灰时保证棱角顺直、整齐，不可变形。

（9）磨细灰：确保接头处磨平、棱角整齐、方正，狭角处穿磨直顺，木雕处不磨走样、变形，表面平、直、圆、光滑，大面及明显处不能有裂纹接头、漏磨等缺陷。

（10）钻生桐油：将磨落的细灰粉面清扫干净后，钻生，保证钻透细灰层，搓刷均匀，颜色一致，不能有遗漏、龟裂纹等缺陷。生桐油内不能掺兑稀释剂与其他材料，不得用喷涂法操作；实施前做好周边构件的保护。

（11）罩光油：先磨生油、刮浆灰、磨浆灰、擦生油、磨砂纸、攒、刮、扫血料腻子、磨腻子、潮布掸净、垫光油、呛粉、磨光垫、搓 2—3 道油、呛粉、磨油皮、扣油，每道工序保证不遗漏，将上一道工序的底层清理干净，最后罩深棕色光油三道，确保油皮无顶生、裂缝、透地、漏刷、抄亮、起皱、变色和翘皮脱落现象，保证油皮饱满、光亮，基本无痱子，无栓路，分色直顺，观感洁净，五金玻璃及相邻部位无污染。

2.7 暗带实榻大门尺寸及做法

（1）选用优质红松，含水率≤12%，木材无腐朽，无结瘤，无虫眼，无纵向通裂缝、斜裂。

（2）门扇制作、组装应符合要求：边框用材尺寸应准确；门芯板采用暗穿带做法，企口缝拼接，拼接应严密；组装成品满外尺寸应准确，水平方正应符合要求；榫头饱满，肩膀严实；无“皮楞”“串角”表面光洁，无“刨痕”“戗槎”，无疵病；门扇开启转动灵活，无“崩扇”，无“蹭扇”，无“皮楞”。

（3）具体要求及做法：

1）门扇：

①构件应为对扇组合。

②门扇的高、宽为门口净高、宽尺寸加上下左右“掩缝”尺寸减门扇缝路尺寸。

2）门边：

①上下门轴刻头以上应安铁套筒，直径同门边的厚度，下门轴安装带踩钉铁套筒。

②门轴上下留出刻头，上刻头的上皮与门栊下皮之间的距离不大于踩钉入海窝的深度，下刻头留置长度以不影响门开启为准。

③门边上下应留出碰头，上碰头的上皮与门栊下皮之间的距离不大于踩钉入海 窝的深度，下碰头留置长度应与门轴同长。

④门轴处门边应随门轴直径盖圆，碰头处门边盖圆可略小，以能正常开启不碰 扇为宜。

⑤门边里口应剔槽与门板出榫对接（龙凤榫）。

3）门板：

①门板上下掩缝约为门边厚的 1/3，门扇两侧掩缝与上下掩缝尺寸相同。

②门板之间做龙凤榫卯胶粘对接。

4）穿带：

①构件材质的硬度大于门的材质。

②暗带做法，每穿带分做 2 根，大小头对称，对穿组合。

2.8 柱子劈裂

对于细小轻微的裂缝（在 5 毫米以内，包括天然小裂缝），可用环氧树脂腻子堵抹严实就行了，裂缝宽度超过 5 毫米小于 30 毫米的，可用木条粘牢补严，先将槽朽的那部分，用凿子或扁铲剔成容易嵌补的几何形状，如三角形、方形、多边形、半圆 或圆形等形状，剔挖的面积以最大限度地保留柱身没有槽朽的部分为合适。为了便于嵌补，要把所剔的洞边铲直，洞壁也要稍微向里倾斜（即洞里要比洞口稍大，容易补严），洞底要平实，再将木屑杂物剔除干净。然后，用干燥的木料（尽量用和柱子同样的木料或其他容易制作、木料本身的颜色接近柱子木料颜色的），制作成已凿好的补洞形状。补块的边、壁、棱角要规矩，将补洞的木块楔紧严实，用胶粘牢，待胶干后，用刨子或扁铲做成随柱身的弧形。补块较大的，还可以用钉子钉牢，将钉帽嵌入柱皮以利补腻补油饰。如果裂缝不规则，可用凿铲制作成规则槽缝，以便嵌补。宽度在 30 毫米以上（应在构件直径的 1/4 以内）深达柱心的裂缝粘补木条后，还要根据裂缝的长度加铁箍 1 道—4 道，嵌补的木条最好用顺纹通长的。对于超出上述裂缝范围或有较大的斜裂，影响柱子的允许应力时，考虑更换。

2.9 柱子墩接

（1）墩接前先加扶柱，解除原柱荷载。

（2）柱子槽朽柱心木质完好，槽朽深度不超过柱径的 1/5 时，采用“剔补包镶”的方法，将槽朽部分剔除干净，用干燥同材质的木材修补包镶，每块木料的端头做人字肩，周圈剔补加铁箍。

（3）柱子槽朽深度超过柱径的 1/5，槽朽高度入墙柱小于柱高的 1/3，露明柱小于柱高的 1/5 时，墩接柱子。

（4）刻半榫：不落架时，将墩接的柱子各刻去柱径的 1/2 做巴掌榫，巴掌长度为柱径的 2 倍—2.5 倍。

（5）墩接木料选用与原构件相同材质的木材。

（6）更换、剔补的构件，按照所修建筑的原形制、原工艺做法进行加工安装。

（7）接茬直顺、严密，外形、尺寸与原构件一致。

（8）外用铁箍两道加固，铁箍宽 50 毫米，厚 5 毫米，铁箍紧密、牢固，应低于木材表面并做防锈处理。

（9）柱子上下各做一个暗榫相插，防止墩接的柱子滑动移位。

2.10 打牮拨正

（1）涨眼料、卡口料硬度不小于木构件的硬度。

（2）支顶保护建筑，屋面挑顶，拆除妨碍拨正的墙体、装修等支顶物，清理涨眼、卡口，拆卸原加固铁活，清除构件榫卯肩的地仗、楦木等，打牮杆、支牮杆、松保杆，柱脚复位，吊直拨正，支顶迎门戗、龙门戗、钉拉杆，固定戗杆，封戗根，掩卡口塞涨眼，更换、修补残损构件，安装加固铁活，钉木基层，恢复墙体屋面，恢复装修。

2.11 添配石料

与现存的当地产砂岩材质、颜色、加工工艺相符。

2.12 灰浆的加工

选用生石灰块进行泼制和煮制。

2.13 添配瓦件

选择手工板瓦。

（四）施工变更情况

施工过程中遇到实际情况与图纸存在出入的地方，经过符合规范的程序进行变更的申请和实施。以下为施工中发生的变更情况的案例。

1. 技术变更（洽商）记录目录

技术变更（洽商）记录目录

工程名称：涞滩二佛寺摩崖造像——瓮城及城墙修缮工程

序号	内容摘要	日期
001	东水门观景平台：原设计东水门观景平台为坡地，根据现场实际情况，经商议观景平台从原坡地位置后移 5.2m，并将两侧字墙顺观景平台位置延长。	2018.5.5
002	城墙内部填芯：根据现场实际情况，墙体拆除后发现内部填芯为杂土及少量碎石，考虑安全问题，经协商城墙内部填芯采用三七灰灌实。	2018.5.21
003	东水门内侧字墙：根据现场实际情况，现场拆除抹灰层后发现水门内侧字墙部分墙体为红砖抹灰砌筑，经协商将地面以上红砖墙体更换为条石砌筑，并根据施工需要对台阶进行拆除归安。	2018.5.21
004	东水门（外侧）城墙：原设计维修范围为南北段各 8 米，在施工过程中，发现南端城墙 25 米范围内为后期维修，石料规格及砌筑工艺于现存城墙不符，且存在安全隐患，经商议拆除存在隐患且石料不符的南北段垛口墙体，按原城墙砌筑方式重新砌筑归安。	2018.6.7
005	城墙顶地面：根据现场实际情况，重揭墙顶石地面，重做三合土垫层、座浆层，补配更换规格形制不符的石板，恢复排水坡度。	2018.6.10
006	东水门内城墙：根据现场实际情况，发现东水门存在内城墙，经商议拆除已建的观景平台及字墙，拆除原路缘石开挖清理内城墙基础，恢复东水门南北段内城墙。	2018.6.3
007	东水门内侧环境整治及排水：根据现场实际情况，为更好的保护城墙解决展示和排水问题，对东水门 500m2 范围内进行环境整治，包括门洞两侧填土卸土方、组织周边排水、拆除两侧后建挡土墙及护栏、拆除石梯步，新增石梯步、石质护栏，恢复地面铺装。	2018.8.24
008	瓮城墙体及树木：为防治安全隐患，依附墙体的树木及根系根据施工需要适当清理，瓮城墙体维修从上至下进行逐层拆除逐层清理，归安做好逐层收分归位、背塞、灌浆，填芯夯实、铁件拉结。	2018.8.24
009	瓮城城楼：瓮城及城墙墙体需进行拆砌维修施工，城楼立于瓮城及城墙墙体之上，根据现场实际情况，瓮城城楼采用落架维修。	2018.8.24
010	瓮城及西城墙马道与排水：现场石板地面与设计图不符，经商议将瓮城马道恢复至原地面，整体拆除现存地面，重铺补配瓮城及城墙顶面石板，重做基层，取消明排水槽改为石砌排水暗沟。	2018.8.24
011	瓮城及西城墙管线及附属设施：现场架空明线太多存在安全隐患，施工时同步完善必要的管线暗敷及附属设施。	2018.8.24
012	/	
013	中寨门城楼：原设计图纸中寨门城楼恢复后檐全部下身为木板墙，现场勘察发现木板墙恢复位置缺失地伏石、地角枋等木石构件，经商议根据现场实际情况，按实补配木石构件及木格窗。	2018.12.5
014	西城墙南段停车场段管网井，西城墙南段外侧前面附较多弱电设施，存在安全隐患及影响城墙外观，经商议在瓮城地面施工时预埋弱电管道及检查井。	2019.2.27
015	瓮城地面排水：原设计瓮城排水沟接入就近市政管道，勘察发现瓮城排水沟位置低于市政管道，经商议瓮城外采用 HDPE300 双壁波纹管将水引入就近河道。	2019.3.20
016	小寨门顶地面：原设计地面为剔除水泥砂浆至石砌体，拆除后发现地面为村民后期自发铺设的机切青石板，与城墙整体不协调，经商议拆除青石板，重做基层，采用旧石板及工艺重新铺设。	2019.5.6
017	东水门小寨门城门：原设计东水门、小寨门需新添设木质城门，因当地市政给水管道均通过门洞内侧地面，无法降低地面高度，经商议取消木质城门制安。	2019.5.21

日期：2020.1.5

图 5-2　技术变更（洽商）记录目录

2. 东水门观景平台技术变更

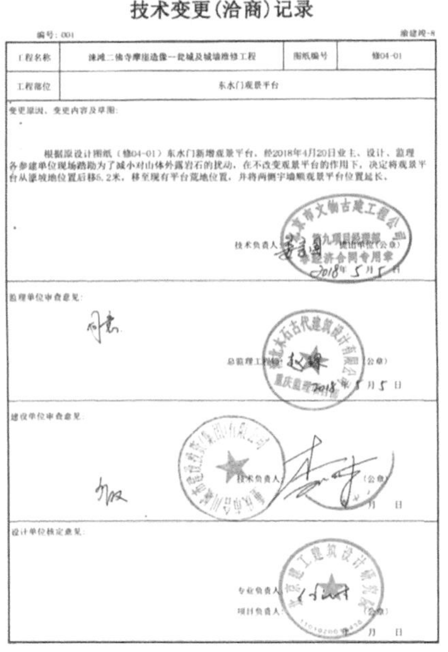

技术变更（洽商）记录

编号：001　　　　　　　　　　　　　　　　　　　　　　　渝建竣-8

工程名称	涞滩二佛寺摩崖造像—瓮城及城墙维修工程	图纸编号	修04-01
工程部位	东水门观景平台		

变更原因、变更内容及草图：

根据原设计图纸（修04-01）东水门新增观景平台，经2018年4月20日业主、设计、监理各参建单位现场踏勘为了减小对山体外露岩石的扰动，在不改变观景平台的作用下，决定将观景平台从原坡地位置后移6.2米，移至现有平台荒地位置，并将两侧宇墙顺观景平台位置延长。

技术负责人：　　提出单位（公章）

2018年5月5日

监理单位审查意见：

同意

总监理工程师：　　（公章）

2018年5月5日

建设单位审查意见：

同意

技术负责人：　　（公章）

年　月　日

设计单位核定意见：

专业负责人：

项目负责人：　　（公章）

年　月　日

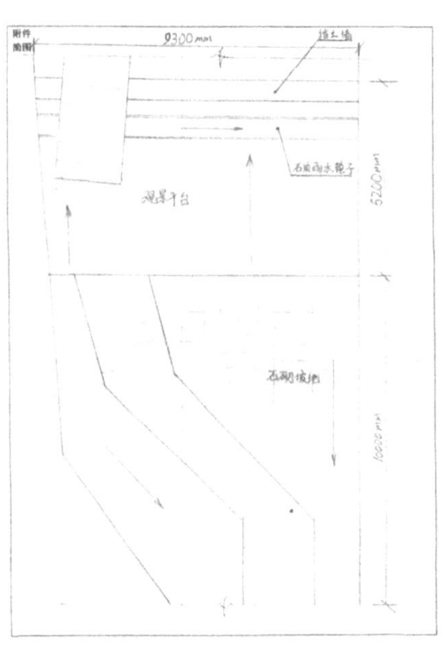

图 5-3　东水门观景平台技术变更（洽商）记录

3. 东水门观景平台墙体技术变更

技术变更(洽商)记录

编号：003　　渝建竣-8

工程名称	涞滩二佛寺摩崖造像—瓮城及城墙维修工程	图纸编号	修04-02
工程部位	东水门观景平台		

变更原因、变更内容及草图：

根据原设计图纸（修04-02）东水门内侧宇墙恢复施工中发现原部分墙体为红砖砌筑抹灰，经各参建单位协商后决定将地面以上红砖墙体更换为条石砌筑，并根据施工需要对台阶进行拆除归安，墙体高度及增加工程量按实收方。

技术负责人：　　施工单位（公章）　　2018年5月21日

监理单位审查意见：

情况属实

总监理工程师：　　（公章）　　年　月　日

建设单位审查意见：

技术负责人：　　（公章）　　年　月　日

设计单位核定意见：

专业负责人：

项目负责人：　　（公章）　　年　月　日

图 5-4　东水门观景平台墙体技术变更（洽商）记录

4. 东水门城墙技术变更

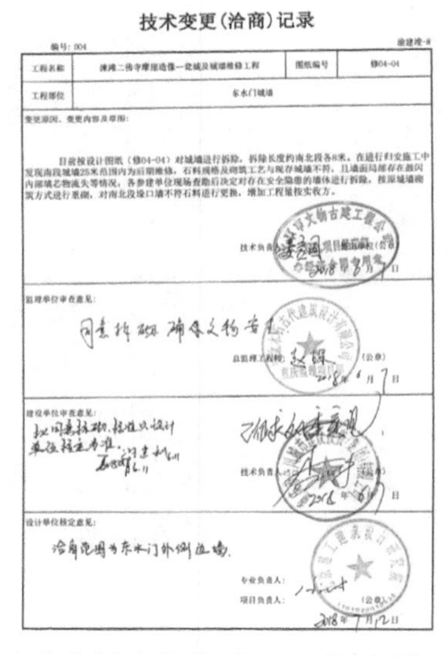

技术变更(洽商)记录

编号：004　　渝建竣-8

工程名称	涞滩二佛寺摩崖造像—瓮城及城墙维修工程	图纸编号	修04-04
工程部位	东水门城墙		

变更原因、变更内容及草图：

目前按设计图纸（修04-04）对城墙进行拆除，拆除长度约南北段各8米。在进行归安施工中发现南段城墙25米范围内为后期维修，石料规格及砌筑工艺与现存城墙不符，且墙面局部存在鼓闪内部填芯物流失等情况，各参建单位现场查勘后决定对存在安全隐患的墙体进行拆除，按原城墙砌筑方式进行重砌，对南北段缺口墙不符石料进行更换，增加工程量按实收方。

技术负责人：　　施工单位（公章）　　2018年6月7日

监理单位审查意见：

同意拆砌，确保文物安全

总监理工程师：　　（公章）　　2018年6月7日

建设单位审查意见：

技术负责人：　　（公章）　　2018年6月　日

设计单位核定意见：

洽商范围为东水门外侧城墙。

专业负责人：

项目负责人：　　（公章）　　2018年7月12日

图 5-5　东水门城墙技术变更（洽商）记录

5. 瓮城—城楼技术变更

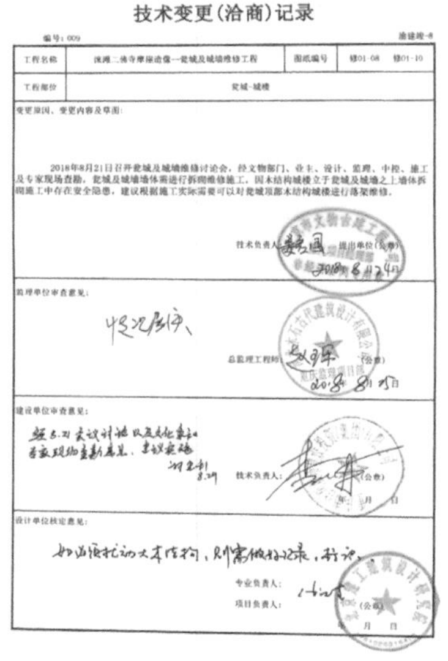

技术变更(洽商)记录

编号：009　　　　渝建竣-8

工程名称	潼南二佛寺摩崖造像—瓮城及城墙维修工程	图纸编号	修01-08　修01-10
工程部位	瓮城-城楼		

变更原因、变更内容及草图：

2018年8月21日召开瓮城及城墙维修讨论会，经文物部门、业主、设计、监理、中控、施工及专家现场查勘，瓮城及城墙墙体需进行拆砌维修施工，因木结构城楼立于瓮城及城墙之上墙体拆砌施工中存在安全隐患，建议根据施工实际需要可以对瓮城顶部木结构城楼进行落架维修。

技术负责人：　提出单位（公章）

监理单位审查意见：

总监理工程师：　（公章）

建设单位审查意见：

技术负责人：　（公章）　年　月　日

设计单位核定意见：

专业负责人：

项目负责人：　（公章）　年　月　日

木结构城楼

大寨门木结构城楼—城墙施工时顶部城楼存在安全隐患

中寨门木结构城楼—城墙施工时顶部城楼存在安全隐患

图 5-6　瓮城—城楼技术变更（洽商）记录

6. 瓮城及西城墙—管线及附属设施技术变更

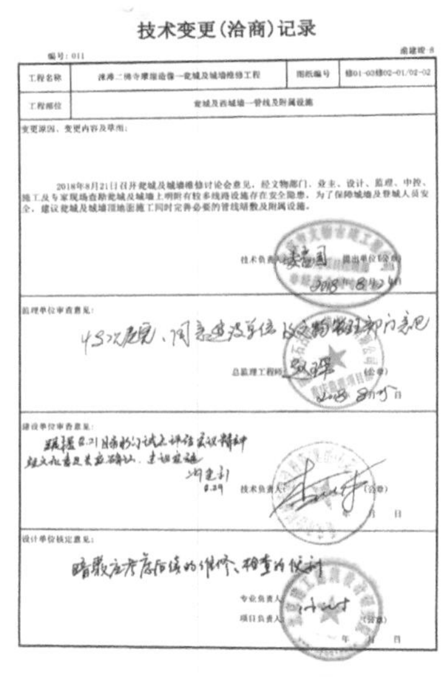

技术变更(洽商)记录

编号：011　　　　渝建竣-8

工程名称	潼南二佛寺摩崖造像—瓮城及城墙维修工程	图纸编号	修01-03修02-01/02-02
工程部位	瓮城及西城墙—管线及附属设施		

变更原因、变更内容及草图：

2018年8月21日召开瓮城及城墙维修讨论会意见，经文物部门、业主、设计、监理、中控、施工及专家现场查勘瓮城及城墙上明附有较多线路设施存在安全隐患，为了保障城墙及登城人员安全，建议瓮城及城墙顶地面施工同时完善必要的管线暗敷及附属设施。

技术负责人：　提出单位（公章）

监理单位审查意见：

总监理工程师：　（公章）

建设单位审查意见：

技术负责人：　（公章）　年　月　日

设计单位核定意见：

专业负责人：

项目负责人：　（公章）　年　月　日

瓮城及城墙

较多线路设施明敷与城墙表面

图 5-7　瓮城及西城墙—管线及附属设施技术变更（洽商）记录

（五）施工中遇到的问题及解决方法

1. 工程项目的特点

涞滩瓮城及城墙始建于清代嘉庆四年（1799 年），瓮城及城墙作为涞滩二佛寺摩崖造像的重要组成部分，与涞滩摩崖造像、清代古建筑及民居共同形成了具有鲜明特色的历史文化遗产，具有很高的历史、艺术和科学价值。

涞滩瓮城作为石筑古瓮城的代表作，是重庆地区唯一保存完好的古代防御性坞堡建筑，易守难攻，十分罕见，是研究当时建筑形态和防御体系的重要的实物资料。

涞滩瓮城施工对象分散，且非单一瓮城维修，还涉及城门木结构修缮，寨门及城墙上古树是否保留还经过了沟通协商，施工对象特殊、专业性强。

2. 工程项目的重点和难点

2.1 瓮城及城墙维修加固

遵循施工图中的规定，重点和难点是解决结构上的安全隐患，维持古城墙的稳定性，同时尽量不改变原有外观，新配构件做得可逆、可识别。

2.2 确保人员和文物建筑的安全

3. 工程项目重点及难点解决对策

（1）按照施工图规定的工序进行施工。

（2）尽量保留原有构件。残损的构件经修补后能继续使用的，不得更换。采用传统工艺技法，为后人的研究、识别、处理、修缮留有更准确的判定，提供最准确的变化信息。

（3）坚持可逆性、可再处理性的原则：在修缮工程中，坚持修缮过程中修缮措施的可逆性原则，保证修缮后的可再处理性，尽量选择使用与原构件相同、相近或兼容的材料，新材料和新技术必须经过试验证实有效后才使用。

（4）积极开展文物保护相关法律法规宣传。

（5）在打围施工点与通道部位安排人员对过往游客行人进行疏导。

4. 施工现场平面布置

4.1 施工现场平面布置原则

（1）在满足施工的条件下，尽量节约施工用地；

（2）满足施工需要和文明施工的前提下，尽可能减少材料堆放场地；

（3）在保证场内交通运输畅通和满足施工材料要求的前提下，最大限度地减少场内运输，特别是减少场内二次搬运。

（4）在平面交通上，尽量避免各工种之间相互干扰；

（5）符合施工现场卫生及安全技术要求和防火规范。

4.2 临时设施布置

临时用地表见表 5-1。

表 5-1 临时用地表

用途	面积（平方米）	位置	需用时间
现场办公区	20	租赁施工区域旁民房	施工期间
会议室	15	租赁施工区域旁民房	施工期间
配电房	5	甲方给定的接入口	施工期间
厕所	10	利用景区原有厕所	施工期间
机械设备堆放区	30	见总体平面布置图	施工期间
材料临时堆放区	200	见总体平面布置图	施工期间
临时加工区	50	见总体平面布置图	施工期间
生活用房	200	租赁民房、不在施工区域	施工期间

4.3 施工临时用水

本工程施工用水按甲方给定的接入口接入。

4.4 施工临时用电

详见第四章（六）1. 施工现场临时用电。

4.5 施工现场平面管理规划

（1）平面管理体系

由生产负责人负责总平面的使用管理，现场实施总平面使用调度会制度，根据工程进度及施工需要对总平面的使用进行协调与调整。

（2）平面管理计划的制定

施工平面科学管理的关键是科学地规划和周密详细的具体计划，在工程进度网络计划的基础上形成主材、机械、劳动力的进退场、垂直运输、布设网络计划，以确保工程进度，充分、均衡地利用平面为目标，制订出符合实际情况的平面管理实施计划。同时将该计划输入电脑，进行动态调控管理。

（3）平面管理计划的实施

根据工程进度计划的实施调整情况，分阶段发布平面管理实施计划，包含时间计划表，责任人、执行标准、奖罚标准。计划执行中，不定期召开调度会，经充分协调、研究后，发布计划调整书。生产负责人负责组织阶段性的和不定期的检查监督，确保平面管理计划的实施。

7. 文物保护与防水防潮措施

7.1 文物安全保护措施

（1）因很多工作都是在文物本体上进行，为确保施工中不对文物造成二次损坏，施工中加强了对施工人员的安全教育和要求。在施工前，木板或钢管两端分别用软质材料包裹后，再进行施工，避免直接与文物本体接触，并设立安全指示牌。

（2）为防止文物被盗的事件发生，派专人巡查。

（3）及时清运建筑物内外的建筑垃圾。

（4）施工场地内严禁吸烟和明火。在大门外设立专门的吸烟区。

（5）在主要建筑物内外明显的位置摆放消防器材，并派专人管理。

7.2 文物成品保护措施

成品保护是本工程中除文物保护之外的重中之重，因本工程属于文物维修工程。本工程在施工的过程中一定要做好对原有寨门古建筑、城墙石质文物等的保护工作，成品保护必须做好。这样，不仅节约材料和人工费，降低成本，还可以不延误工期，是取得良好的社会信誉和质量观感的重要一环。

（1）做好宣传教育工作，使全体施工人员都从思想上珍惜爱护自己和他人的劳动成果。

（2）成立成品保护小组，专人负责管理，制定成品保护奖罚条款，严格执行，不能姑息迁就。

（3）各类构件装卸、运输、安装轻搬轻放，避免碰伤、撞坏文物。

（4）拆除时，要尽量保护好原有建筑物等。

7.3 主要材料防潮防水措施

（1）周转材料：随拆、随整、随保养、码放整齐，钢管架室外堆放时需按品种、规格分类，堆放整齐、平稳，堆放场地不得有积水。

（2）檩椽等木构件在干燥、平坦、坚实的场地堆放。

（3）油漆：存放在库房或料棚内，底垫不低于 100 毫米，不得混堆，采用下垫上苫的方法，防止材料受潮而锈蚀。

（4）灌浆及勾缝材料：按品种、规格，存放在干燥、通风、阴凉的仓库内，严格与火源、电源隔离，温度保持在 5℃—30℃之间；保持包装完整及密封，码放位置要平稳牢固，防止倾斜与碰撞；严格控制保存期；灌浆材料存放要有明显标志。

（5）堆料存放：存放在固定容器内，或码放齐后搭盖严密以防雨淋。

8. 季节性施工措施

8.1 雨季施工措施

（1）对脚手架基础进行认真检查加固。

（2）加强施工电线的检查加固，对大风暴雨期间不使用的电器设备，将其电源全部切断。

（3）所有机械棚要搭设严密，机械设备有防雨防淹措施。机动电掣箱要有防雨措施，漏电保护装置要安全可靠。

（4）在施工阶段，注意天气变化，防止雷雨突袭，保证工程进行，施工现场应准备一定数量的彩条布，用来覆盖材料和机具。当雨下大时，屋面防水保护层应在规范的可留施工缝的位置设临时施工缝，停止砼的浇筑。

（5）现场四周及道路、仓库和机棚要做好排水，防止受淹。

（6）雨季施工期间，劳动力应进行统筹安排，晴天先室外后室内，雨天施工室内，尽量避免因雨水而产生的窝工现象。

（7）风雨过后应对井架、排栅等设施认真检查，发现问题，整改加固并经专业人员检查合格后方可投入使用。

8.2 炎热高温天气施工措施

本工程在施工期间经过炎热的夏季，因此，本工程在施工过程中，做好了高温天气下施工的各项准备工作，以安全生产为主题，以防暑降温为重点，并在施工过程中采取相应的技术措施，确保本工程的施工质量。

（1）保健措施

1）对作业人员进行入暑前的健康检查，凡不合格者，均不能在高温条件下作业。

2）炎热时期应组织医务人员深入工地现场进行巡回和防治观察。

3）高温天气期间，应做好各项降温工作。

4）高空作业应配备饮用水、降温饮料及防晒降温有关用品。

（2）组织措施

加强施工管理，确保各分部分项工程的施工严格按照国家标准、规范施工，不能因高温而影响工程质量。

1）采取合理的劳动休息制度，适当调整作息时间。

2）改善职工生活条件，确保防暑降温物品及设备落到实处。

3）根据施工现场的实际情况，尽可能调整劳动力组织，采取勤倒班的方法，缩短一次连续作业时间，确保人员施工过程中的安全。

（3）高温天气下的施工技术措施

1）高温期间，梁板砼浇筑后及时浇水覆盖养护。

2）因曝晒硬结的砂及残渣应清除。

3）高温条件下，应定期对砂、石浇水降温。运输车也应采取相应的降温措施。

4）确保施工现场水电供应畅通，加强对各种施工机械设备的维修及保养，保证其能正常操作。

8.3 冬季施工措施

项目部有专人负责冬期施工的准备工作，协同业务科室做好施工材料、机具设备的计划、采购等工作。遇六级以上的大风、大雾天气应停止室外施工。

针对本工程特点和进度，按工艺或工序要求，妥善安排工序（分项工程）的先后顺序。必要时，可以在有关部门指导监督下，调整工序，切实保证质量和进度。根据冬施方案和技术措施做好防寒器材物资的准备工作。如草帘、外加剂、保温用塑料薄膜、温度计等等。

对冬季紧缺的材料，抓紧采购入场储备，尽量推广使用新材料。及时做好机具设备的防冻工作。

对施工现场进行一次检查，及时整修施工道路，疏通排水沟，及时加固临时工棚，水管、水龙头、灭火器及时保温。

及时派人负责收听气象预报及测量工作，及时采取措施防止因大风、寒流和霜冻袭击而导致安全事故和质量冻害。做好气象记录，以便指导施工，长期积累数据，总结经验以利后期施工。

（六）施工过程中群众参与

涞滩二佛寺摩崖造像——瓮城及城墙维修工程在施工期间召开了群众座谈会，重视群众参与。以下为其中一期群众座谈会部分照片：

群众座谈会组织中

群众座谈会组织中

群众座谈会开展中

群众座谈会上广泛听取群众意见

图 5-8　群众座谈会照片

第六章

工程资料与施工监测

（一）施工资料管理

1. 工程技术档案管理措施

要达到质量要求标准，不仅要在工程质量上高标准，严要求，还要在工程技术档案上严格按《合川区工程竣工档案移交细则》的要求收集、整理、归档。

（1）认真贯彻执行合川区城建档案归档制度，建立工程施工技术档案。

（2）配备专职工程档案资料员，负责工程施工档案资料的编制、填写、收集、整理、装订与保管和竣工资料的复印、装订与移交工作。

（3）工程施工档案资料，应与工程进度同步收集与整理，并做到齐全与完善，按类别装订、存放、保管。施工资料实行报验、报审管理，施工资料的编写、报验、报审具有时限性要求，项目部对各分部分项工程的影像资料要妥善保管，专人负责。

（4）任何人不得随意涂改工程档案资料和弄虚作假。

（5）所有投入使用的材料或半成品、成品的构件的质保书、检验合格证明，经审查后必须及时收集至专职资料员，并存入工程档案备查。

（6）所有资料的交接均需办理登记手续，并规定资料不得外借，需要参阅和复制的需经项目工程师批准。

（7）对不符合规定要求的文件资料及时返回有关部门整改，完善后归档。

（8）工程档案资料在保管过程中要做好防潮和防腐工作，以免纸张变色和发霉。

2. 工程技术资料管理的基本规定

（1）质量技术资料收集、编制与工程项目施工进度同步，从工程签订合约及施工准备工作开始，即应开始进行资料的积累、整理、核查工作，工程竣工验收时完成工程资料的编制、归档工作。

（2）工程项目由施工单位实行总承包的，各分包单位负责收集、整理分包范围的质量技术资料，由总包单位负责汇总整理，完工时由总包单位向建设单位提交完整、准确的工程资料。

（3）质量技术资料的填写必须符合现行的国家标准、规范、规程及合川区有关规定，反映工程质量情况，做到内容真实可靠、数据准确、字迹清晰、签字手续完备、不使用非法定计量单位。

（4）为便于工程资料的长期保存，根据有关档案要求，工程资料用不易褪色的书写材料书写、绘制。

（5）资料的整理装订，要求以 A4 纸规格为标准，不够大的进行裱糊，去掉材料内的金属物，采用城建档案管理处统一印制的表格和卷皮、盒，用棉线装订整齐，竣工图采用手折叠，大小为 A4 号图幅。

（6）每项工程质量技术资料的整理份数一般要求八份，由项目部收集、编制，工程竣工验收后，及时移交公司档案部，视甲方合同履约情况，移交时，均需办理手续，项目部移交资料后，结算、保修等工作需使用工程资料，向公司档案部借阅。

（7）各资料编制人员要熟悉工程质量技术资料各种表格填写的质量要求，对填写的质量技术资料的正确性、完整性负责。

3. 工程技术资料管理的相关制度

3.1 实行工程资料核查制度

项目资料员负责对日常收集的质量技术资料进行核查，有权要求资料责任部门和人员提供有关资料；项目质检员负责对分项工程的质量技术资料核查。

项目技术负责人负责对分部工程质量技术资料核查；在单位工程完工时，负责全面核查，认为符合要求后，该工程资料才能向公司质安科申报初验；公司质安科及档案室负责工程竣工验收前的核查工作，确认无误后，报公司总工程师核准，项目才能向合川区质检站提出工程核验。

3.2 实行工程资料检查评比制度

做好工程资料的编制，必须加强资料编制过程中的检查评比工作，不断总结提高编制水平，公司质安科对在建工程项目每季度组织检查评比一次，对做得好的项目通报表扬，对差的项目进行批评、整改，检查评比办法按附后的《工程资料检查评分标准》进行。

4. 工程技术资料提供的责任人员和内容要求

4.1 技术员需提供的资料和内容要求

（1）开工、竣工报告（含停工报告、复工报告）：三份存档的资料逐份填写，盖章签名齐全。实际开工日期、竣工日期栏填写清楚。

（2）图纸会审记录：设计院、建设单位、监理单位、施工单位四方参加会审的单位要写全称，参加人员名字禁止用职称代替，签名盖章齐全。会审的工程项目名称要填写正确，分阶段会审的项目要标明所分工程阶段。图号填写正确，问题处理意见文字精练、表达确切，必要时绘制简图。

（3）设计变更通知单：变更通知单通常由设计单位填发，如建设单位设计变更时，必须经设计单位批准，并有签证手续。

（4）施工组织设计：视工程的性质、规模、建筑结构、复杂程度、工期等确定设计的内容和深度，内容完整，满足施工组织和指导施工的需要。符合归档要求的施工组织设计还要审批、审核签名齐全，盖有公章。

（5）施工技术总结：涉及采用的施工方法，主要的技术措施和实施效果，采用的先进技术、工艺的经济比较效果，技术性能、关键技术问题，与国内外先进技术相比达到的先进程度，突出的经验教训和体会，易出现的质量问题和预防对策，需要有待进一步解决的技术问题，技术经济效益的对比等，要详细叙述。

（6）技术核定通知单、工程联系单：在施工过程中，因施工条件、材料规格、品种和质量不能满足设计要求等原因，需要进行施工图修改时，由施工单位提出技术核定单，核定内容应一事一单，对存在问题的处理意见填写确切，必要时附图说明，签名手续完备。

（7）质量事故处理报告：简明填写事故发生的时间、工程部位、事故情况及主要原因，提出处理事故的技术性方案、意见，必要时绘制简图。

4.2 项目工程需提供的资料和内容要求

（1）隐蔽工程验收记录：隐蔽工程部位和内容要清楚、具体，施工情况栏重点写出修改依据、质量情况，必要时要绘制出简图。

（2）施工技术交底记录：项目技术负责人向全体工程技术和管理人员进行施工组织设计交底；工长对班组技术交底，即各专业工长负责分部分项工程的技术交底，技术交底记录的归档，实行谁负责交底，谁就负责填写交底记录的制度。

（3）技术复核记录、三检记录：必须在下一道工序施工前办理，应有工长自检记录，并经质检人员签署复查意见和签字，检查情况必须有评语，并有交接双方有关检查人员签字。

（4）分项工程质量评定表：根据分项工程进度和评定要求，认真填写分项工程质量评定表，分项工程划分名称正确，签字齐全后送交专职质检员核定等级。

（5）施工日记，单位工程施工日记：以单位工程逐日记录，认真简要地填写当日的主要的施工活动，竣工时，单位工程施工日记应归档一套，具体由项目技术负责人负责记录。

4.3 测量组需提供的资料和内容要求

（1）施工测量放线控制桩交验复核记录；

（2）测量定位成果复查记录及图表；

这些归档的测量记录要求数字准确无误，用黑色碳素钢笔填写，签名盖章齐全，符合规范的要求，荷重增加，按建筑物层数填写，简图上各测点应编号。

4.4 质检员需要提供的资料和内容要求

（1）分项工程质量评定表：复核分项工程质量评定表是否按要求逐条填写，认真评定质量等级。

（2）分部工程质量评定表：根据分部工程质量检验评定表填写，分项工程划分名称填写正确，签字齐全后，由专职质检员核定分部工程等级。

（3）质量保证资料检查表；按表中所列项目填写齐全，无漏项、缺陷，内容符合有关规范和规定的要求。

（4）单位工程观感质量评定表：观感质量评定必须由三名以上专职质检员组成的小组评定，评定等级符合标准，检查人员必须签字。

（5）单位工程质量初验综合评定表，单位工程分部质量评定汇总表：评定情况必须根据实际核查的评定结果填写，核定结果确切无误，签字手续齐全，单位公章齐全。

（二）施工监测

1. 监测依据

（1）《中华人民共和国文物保护法》（2017 年修订）
（2）《中华人民共和国文物保护法实施条例》（2017 年修订）
（3）《文物保护工程管理办法》（2003 年）
（4）《文物保护工程设计文件编制深度要求（试行）》（2013 年）
（5）《涞滩二佛寺摩崖造像—长岩洞段城墙维修工程设计》

2. 监测目的

（1）在保护工程施工过程中，实时监测危岩体的变化情况，如有发生异常变形时，可能产生滑塌、崩塌灾害时要及时报警，迅速撤离施工区所有人员，以确保人员安全。

（2）保护工程结束后，通过监测数据分析修缮后危岩体的不稳定期和稳定期，服务于保护措施、工艺的研究及保护效果的评价。

（3）对危岩体进行长期监测，评价危岩体的安全状况，服务于危岩体本体的安全及周围环境和人员活动的安全。

3. 监测内容

对第二章中的长岩洞危岩带的 AB 段危岩带、BC 段危岩带、CD 段危岩带进行沉降监测，选取 3 段危岩带之外的稳定点作为基准点，监测 3 段危岩带的绝对沉降。

对 AB 段危岩带、BC 段危岩带、CD 段危岩带选取 3 处典型的裂隙进行相对位移监测。

表 6-1 监测工程布置表

序号	监测对象	危岩体稳定性监测		备注
		相对位移监测	沉降监测	
1	AB 段危岩带	相对位移监测	沉降监测	
2	BC 段危岩带	相对位移监测	沉降监测	
3	CD 段危岩带	相对位移监测	沉降监测	

4. 监测内容实施

4.1 沉降监测

在 AB 段危岩带、BC 段危岩带、CD 段危岩带各选取一处比较平整、裸露的基岩安装静力水准仪，作为被测点；在 3 段危岩带之外选取一处比较稳定的基岩安装 1 台水准仪，作为基准点；4 点高程尽量在一个水平面上。对 3 段危岩体的沉降进行实时监测，服务于保护工程。

静力水准仪通过敷设信号线至沉降监测仪，沉降监测仪通过无线 LoRa（远距离低功耗无线局域网）网将数据传输至 LoRa 网关，LoRa 网关将多个监测仪的数据集中处理，并通过 4G 网络传输至监测平台。供电采用太阳能方式。

4.2 相对位移监测

3 段危岩带均有卸荷裂隙分布，严重影响危岩体的稳定性，存在长期隐患。

对 3 段危岩带选取典型的 3 条裂隙进行监测，安装裂缝计，实时掌握卸荷裂隙的变化情况，通过数据分析推断危岩整体的稳定，服务于保护工程及将来的日常管理工作。

从裂缝计敷设信号线至裂缝监测仪，裂缝监测仪通过无线 LoRa 网将数据传输至 LoRa 网关，LoRa 网关将多个监测仪的数据集中处理通过 4G 网络传输至监测平台。供电采用太阳能方式。

表 6-2 相对位移监测表

序号	监测对象	危岩体特征	保护工程描述	监测类型	监测指标	监测方式	数据采集频率	监测传感器
1	AB 段危岩带	坠落式	砌筑、裂隙灌浆、		沉降、位移	在线	1h/次	静力水准仪×1、位移传感器×1
2	BC 段危岩带	坠落式	砌筑、裂隙灌浆、	危岩体稳定性监测	沉降、位移	在线	1h/次	静力水准仪×1、位移传感器×1
3	CD 段危岩带	倾倒式	砌筑、裂隙灌浆、		沉降、位移	在线	1h/次	静力水准仪×1、位移传感器×1

5. 设备资料

5.1 沉降监测仪

无线沉降监测仪（YZZX6000—CJ04—LoRa—SW）是一款采用先进物联网技术和理念，高灵敏度传感器和先进的电路设计而研发的自动监测设备。该设备是对世界先进的物联网无线传感网络平台核心技术的引进、消化，更是结合我国物联网实际应用而定制开发的产品。同时具有专业化、模块化的电路设计，良好的外壳密闭性，是一款高性能、高可靠性、高性价比的工业级别产品。

（1）监测指标

1）本产品可监测沉降；

2）产品主板内置温度和加速度传感器，可监测产品运行过程中主板的温度及产品的安放状态。

（2）应用领域

本产品适用于各类室外环境监测，如：边坡、滑坡体、堤坝、公路、防渗墙、铁路、桥梁、隧道、各大建筑等工程领域；

（3）产品特性

1）产品集成度高，同时实现采集多项监测指标数据；

2）使用 Wi-Fi 通信技术；可定制并开发实现 GPRS、Zigbee、LoRa 等无线通信方式；

3）集数据采集、处理、存储、传输功能于一体；

4）内置电池、低功耗，在无市电状况下可运行较长时间；

5）内置 8G 大容量存储；

6）可实时监测产品本身运行的状态温度和工况；

7）超低功耗，通过专用电池供电可以连续工作 1—3 年的时间；

8）支持太阳能供电；

9）可实时监测电池电量情况；

10）可实时监测传输网络信号值，监测传输网络状况；

11）良好的防水及密封性能使得它能够适应各种室外环境；

12）支持 GPS（全球定位系统）定位功能；

13）具备检验和重传机制；

14）支持设备运行状态变化报警；

15）可实时监测设备工作温度；

16）结构大方，安装容易，配置简单，易用性强。

（4）应用简介

本产品可以根据设定的采集频率自动采集数据。同时，将采集的数据存储在设备的存储卡中，并通过 LoRa 通信技术传输到网络及软件系统平台，或者通过互联网传输到云平台。主要技术参数如图 6-1 所示。

名　称	描　述	
工作温度	-10 到 +65°C	
工作湿度	相对湿度0%—100% 非冷凝	
数据存储	8G 存储空间	
功耗支持	内置电池	
电源电压	直流5V±5%，Ripple(纹波)<30m	
功耗	开：15mA；休眠：0.07 μA	
设备尺寸	130mm × 90mm × 35mm	
传感器监测指标		
静力水准仪	监测范围	0-1500mm
	精度	±0.2mm
	分辨率	0.01mm
	通讯参数	RS485

图 6-1　主要技术参数

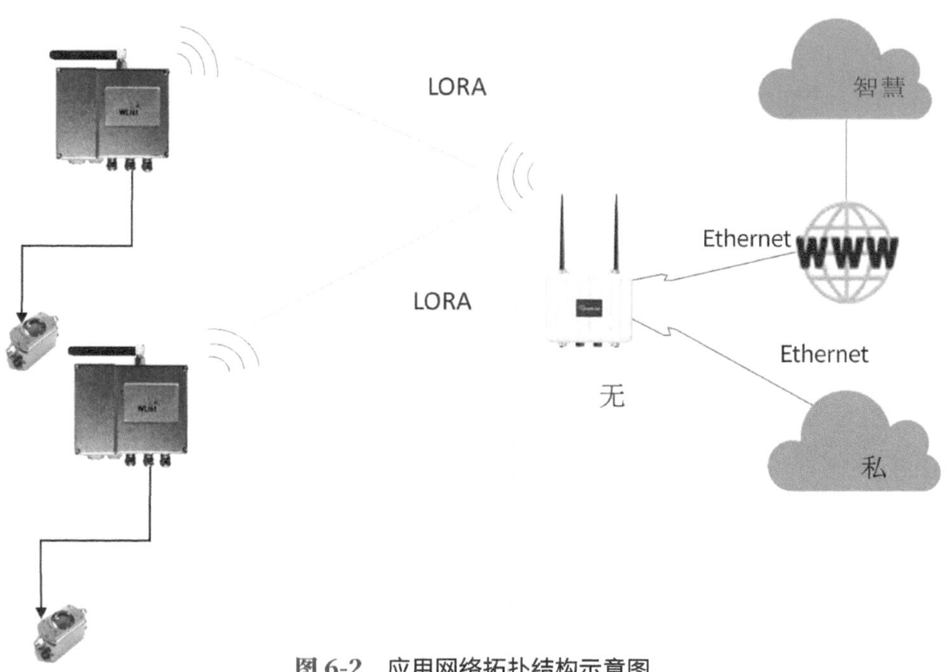

图 6-2　应用网络拓扑结构示意图

5.2 裂隙检测仪

无线裂隙监测仪（YZZX6000—LX01—LoRa—SW）是一款采用先进物联网技术和理念，高灵敏度传感器和先进的电路设计而研发的自动监测设备。是对世界先进的物联网无线传感网络平台核心技术的引进、消化，更是结合我国物联网实际应用而定制开发的产品。同时具有专业化、模块化的电路设计，良好的外壳密闭性，是一款高性能、高可靠性、高性价比的工业级别产品。

（1）监测指标

1）本产品可监测裂缝；

2）产品主板内置温度和加速度传感器，可监测产品运行过程中主板的温度及产品的安放状态。

（2）应用领域

本产品适用于各类室外环境监测，如：边坡、滑坡体、堤坝、公路、防渗墙、铁路、桥梁、隧道、各大建筑等工程领域；

（3）产品特性

1）产品集成度高，同时实现采集多项监测指标数据；

2）使用 Wi-Fi 通信技术；可定制并开发实现 GPRS、Zigbee、LoRa 等无线通信方式；

3）集数据采集、处理、存储、传输功能于一体；

4）内置电池、低功耗，在无市电状况下可运行较长时间；

5）内置 8G 大容量存储；

6）可实时监测产品本身运行的状态温度和工况；

7）超低功耗，通过专用电池供电可以连续工作 1—3 年的时间；

8）支持太阳能供电；

9）可实时监测电池电量情况；

10）可实时监测传输网络信号值，监测传输网络状况；

11）良好的防水及密封性能使得它能够适应各种室外环境；

12）支持 GPS 定位功能；

13）具备检验和重传机制；

14）支持设备运行状态变化报警；

15）可实时监测设备工作温度；

16）结构大方，安装容易，配置简单，易用性强。

（4）应用简介

本产品可以根据设定的采集频率自动采集数据。同时，将采集的数据存储在设备的存储卡中，并通过 Wi-Fi 通信技术传输到网络及软件系统平台，或者通过互联网传输到云平台。

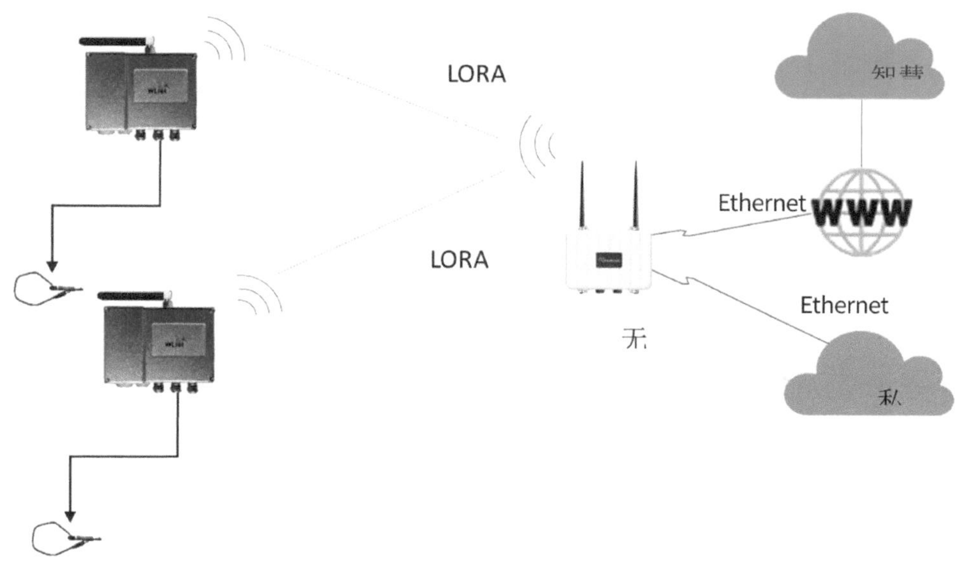

图 6-3 应用网络拓扑结构示意图

主要技术参数如图 6-4 所示。

名 称	描 述
工作温度	-10 到 +65° C
工作湿度	相对湿度0%—100% 非冷凝
数据存储	8G 存储空间
功耗支持	内置电池
电源电压	直流5V±5%，Ripple(纹波)<30m
功耗	开： 15mA；休眠：0.07 μA
设备尺寸	130mm × 90mm × 35mm
传感器监测指标	
监测范围	0-20mm
线性度	0.35（%F.S.）
重复性	0.01mm
工作温度	-30° C ~+100° C
输出平滑度	MIL-R-39023 级 0.1%
绝缘电阻	＞100M Ω (500V直流电时)

图 6-4 主要技术参数

第七章
文物保护工程验收情况

（一）四方验收及整改

1. 四方验收过程说明

1.1 四方验收参与人员

瓮城项目于 2023 年 3 月 9 日下午 2 点由业主单位组织各参建单位进行四方验收，参会人员：

（1）业主单位：夏冯娟、杜涵、谢建利

（2）监理单位：白新亮

（3）设计单位：因当日有事未能到场，由业主单位杜涵作为代表，期间验收情况及时与设计单位进行沟通，对验收情况予以认可并补签相关文件

（4）施工单位：何坤、卜保粮、苏金荣

1.2 四方验收流程及内容

参建单位对现场进行逐个踏勘：瓮城、西城墙、长岩洞、小寨门、东水门均进行实地踏勘，并在施工项目部召开验收会议，各参建单位先后发言并形成最终验收意见。

1.3 四方验收会议

会议主持原定为业主单位陈总，因临时有事由夏部长主持召开。各参建单位先后发言，交流讨论后达成共识，形成最终验收意见。

2. 四方验收意见

涞滩二佛寺摩崖造像--瓮城及城墙维修工程

四方验收意见

2023 年 3 月 9 日，重庆市合川城市建设投资（集团）有限公司组织各参建单位对“涞滩二佛寺摩崖造像--瓮城及城墙维修工程”进行了四方验收，各参建单位分别对瓮城、西城墙、东水门、小寨门、长岩洞施工区域进行实地踏勘，听取了施工及监理单位的汇报后，经一致商议，形成意见如下：

本工程按照设计方案和招标文件实施，保护维修成果满足设计要求，符合验收规范，同意通过四方验收。

建议：

1、 城墙上残留白色浆料需清理干净。

2、 做好维护工作，瓮城城楼油饰局部起翘处应做维修处理，大寨门梯步石局部破损处应进行修补（如有严重情形应进行更换）。

3、按照验收规范优化验收资料。

建设单位（签章）：　　　　监理单位（签章）：

设计单位（签章）：　　　　施工单位（签章）：

图 7-1　四方验收意见

会 议 签 到 表

主办单位：　重庆市合川城市建设投资（集团）有限公司

会议名称	涞滩二佛寺摩崖造像--瓮城及城墙维修工程		
会议时间	2023 年 3 月 9 日		
会议地点	重庆市合川区涞滩镇顺城街二佛巷·北京市文物古建工程公司项目部		
参 会 人 员 签 到			
序 号	姓　名	公 司 名 称	联 系 电 话
1	夏[illegible]		
2	杜[illegible]		
3	白[illegible]	河北木石建筑设计有限公司	13102781230.
4	谢建利	文	18523546674
5	孙[illegible]	北京市文物古建工程公司	13183581476
6	苏金荣	北京市文物古建工程公司	18752677720
7	陈[illegible]	北京市文物古建工程公司	18118556283.
8	卜[illegible]	北京市文物古建工程公司	13983236772.
9	[illegible]	设计院	13011440316
10	[illegible]	设计	13591544325
11			
12			
13			
14			
15			
16			
17			

1

图 7-2　会议签到表

3. 四方验收现场踏勘及会议影像资料

瓮城

长岩洞

西城墙

东水门

会议照片

会议照片

图 7-3　四方验收现场踏勘及会议照片

（二）初步验收及整改

重庆市合川区文物局

合川文物函〔2023〕10号

重庆市合川区文物局
关于涞滩二佛寺摩崖造像至文昌宫段城墙
岩体抢险加固工程初步验收的复函

钓鱼城文旅公司：

你单位《关于申请涞滩二佛寺摩崖造像至文昌宫段城墙岩体抢险加固工程初验的函》（钓鱼城文旅函〔2023〕48号）收悉，按照《文物保护工程管理办法》和《全国重点文物保护单位文物保护工程竣工验收管理暂行办法》有关规定，2023年7月13日，我局组织专家对涞滩二佛寺摩崖造像-瓮城及城墙维修工程进行了初步验收。现就有关意见复函如下：

一、与会专家通过现场踏勘，听取项目业主、施工、监理、设计等单位的汇报，查阅竣工资料和质询后，认为该项目程序合规，施工组织管理规范，总体效果较好，工程质量合格，同意该工程通过初步验收。

二、对以下问题进行整改：一是进一步完善工程档案资料；二是做好城墙表面机械痕迹与勾缝部位的协色处理。

图7-4　初步验收复函（1）

三、建议加强岩体及挡墙稳定性监测，做好 PVC 泄水管露头美化处理。

请你单位组织施工单位按照以上意见及时进行整改和完善，并于 30 个工作日内报送工程整改情况，以便上报市文物局组织竣工验收。

重庆市合川区文物局

2023 年 7 月 13 日

图 7-5　初步验收复函（2）

表 D.21整改复查报审表

整改复查报审表 （表 C1-10）		编 号	
工程名称	涞滩二佛寺摩崖造像至文昌宫段城墙岩体抢险加固工程	日 期	2023年8 月 11日

致：重庆市建筑科学研究院有限公司（监理单位）

根据2023年7月13日“涞滩二佛寺摩崖造像至文昌宫段城墙岩体抢险加固工程”初验意见，我方已于2023年8月11日整改完毕，请予以复查。

自检情况如下：

1、已完成原城墙表面机械痕迹处理及勾缝部位的协色处理，自检合格。

2、已完成挡土墙PVC泄水管露头美化处理，自检合格。

3、已按要求，进一步完善、优化工程档案资料。

施工单位（章）：　　　　项目负责人（签字）：马春喜

复查意见：经检查，已全部整改合格

监理工程师（签字）：[signature]　日期：2023.8.11.

监理单位（章）：　　　　总监理工程师（签字）：[signature]　日期：2023.8.11.

注：本表由施工单位填报，监理单位、施工单位各方保存一份。

图 7-6　整改复查报审表

文昌宫段城墙（20m–30m 区段）机械痕迹处理前后照片

文昌宫段城墙（140m–150m 区段）机械痕迹处理前后照片

文昌宫段城墙（140m–150m 区段）机械痕迹处理前后照片

文昌宫段城墙（130m–140m 区段）勾缝处理前后照片

图 7-7　文昌宫段城墙处理前后对比照（1）

文昌宫段城墙（140m–150m 区段）勾缝处理前后照片

重力式挡墙（0m–30m 区段）PVC 泄水管处理前后照片

重力式挡墙（70m–100m 区段）PVC 泄水管处理前后照片

文昌宫城墙机械痕迹处理（140m–160m 区段）

重力式挡墙外露泄水管剔除处理

图 7-8　文昌宫段城墙处理前后对比照（2）

（三）最终验收

1. 最终验收内容和过程

涞滩二佛寺摩崖造像——瓮城及古城墙修缮工程项目顺利通过终验。

涞滩镇始建于晚唐时期，兴盛于宋代，东临渠江，南、北、东三面以陡崖为界。涞滩瓮城及城墙始建于清代嘉庆四年（1799 年），设东、南、西三门，城墙周长 2.5 千米，东面为东水门，南面为小寨门，北面城墙现已被拆毁，西面为中寨门，同治元年（公元 1862 年）加修瓮城，是为防范当时太平军入川和李蓝起义而建筑的防御设施。涞滩二佛寺摩崖造像——瓮城及城墙维修工程涉及西门瓮城、瓮城两侧城墙、东水门（东门）及两侧边墙各 20 延米、小寨门（南门）及两侧边墙各 20 延米、复建长岩洞段城墙 187 米。为了保证古城墙的风貌，施工采用的石材均是采购和寻找适合城墙的老石料，并送第三方检验合格才使用，从而保证了施工的质量和外观，得到了当地居民以及业内专家的好评。施工期间，工地现场没有发生任何安全事故。

2023 年 11 月 9 日，重庆市文物局组织专家对全国重点文物保护单位涞滩二佛寺摩崖造像——瓮城及古城墙修缮工程进行了竣工验收。专家组查勘了工程现场，听取了项目业主单位钓鱼城文旅公司、重庆市合川区文物管理所，设计单位北京建工建筑设计研究院、辽宁有色勘察研究院有限责任公司，施工单位北京市文物古建工程公司，监理单位河北木石古代建筑设计有限公司的相关情况汇报，查验了竣工资料，经充分讨论，形成如下验收意见：该项目符合文物保护工程建设法规、规范，满足文明施工要求，组织管理规范，技术措施合理，档案资料完备，工程质量符合竣工验收要求，同意该工程通过竣工验收。

2. 最终验收影像资料

图 7-9　专家验收现场

图 7-10　验收评分现场

图 7-11　瓮城施工前

图 7-12　瓮城施工后

图 7-13　城墙地面施工前

图 7-14　城墙地面施工完成后

3. 最终验收文件

重庆市文物局文件

渝文物〔2023〕481号

重庆市文物局
关于合川涞滩二佛寺摩崖造像—瓮城及古城墙修缮工程竣工验收的意见

合川区文物局：

你局《关于涞滩二佛寺摩崖造像—瓮城及古城墙修缮工程竣工验收的请示》（合川文物文〔2023〕27 号）收悉。按照《文物保护工程管理办法》《全国重点文物保护单位文物保护工程竣工验收管理暂行办法》等规定，我局组织专家对合川涞滩二佛寺摩崖造像—瓮城及古城墙修缮工程进行了竣工验收。我局意见如下：

一、经验收，该工程工程整体质量效果良好，竣工资料基本

— 1 —

图 7-15　验收文件（1）

完备。经综合评分，该工程平均得分，以及工程效果得分、工程质量得分，均符合《全国重点文物保护单位文物保护工程竣工验收管理暂行办法》的合格标准。同意该工程验收合格。

二、请按以下意见整改完善：

（一）完善瓮城城墙部分地段排水设施，整改城墙重点区域保护修复以及文物建筑油饰施工工艺。

（二）持续加强岩体稳定性监测，做好城墙日常保养维护工作。

（三）进一步完善竣工资料，补充隐蔽工程记录、分析测试等数据。

三、请你局持续做好涞滩二佛寺摩崖造像—瓮城及古城墙周边环境整治等工作。

重庆市文物局

2023 年 12 月 6 日

重庆市文物局办公室　　2023 年 12 月 6 日印发

— 2 —

图 7-16　验收文件（2）

附录部分

附录一 工程相关图片

一、批复文件
二、瓮城与城墙现状整修工程影像资料
三、长岩洞段城墙修护工程影像资料
四、考察资料

附录二 工程图纸

一、设计图纸（一期）
二、设计图纸（二期）

附录三 施工文件

一、施工行政程序
二、施工日志
三、其它

附录一　工程相关图片

一、批复文件

重庆市合川区发展和改革委员会文件

合川发改发〔2018〕5号

重庆市合川区发展和改革委员会
关于同意涞滩二佛寺摩崖造像-瓮城及城墙维修工程项目立项的复函

区城投（集团）公司：

你司《涞滩二佛寺摩崖造像-瓮城及城墙维修工程立项的函》（合川城投〔2017〕284号）已收悉。经研究，同意涞滩二佛寺摩崖造像-瓮城及城墙维修工程项目立项，现将有关事宜函复如下：

一、项目名称及编码

项目名称：涞滩二佛寺摩崖造像-瓮城及城墙维修工程。

项目编码：2017-500117-48-01-008690。

—1—

二、项目业主

重庆市合川城市投资（集团）有限公司。

三、建设地址

合川区涞滩古镇二佛寺景区。

四、建设内容及规模

瓮城及城墙现状整修工程，总建筑面积 1785 平方米；长岩洞段城墙修护工程。

五、总投资及资金来源

项目总投资约 730 万元，其中瓮城及城墙维修工程投资约 630 万元，长岩洞段城墙修护工程约投资 100 万元。资金来源为上级专项资金。

六、建设工期：12 个月。

七、招投标相关情况

招标范围：工程施工；招标方式：邀请招标；

招标组织形式：委托招标；

评标办法：经评审的最低投标价法。

八、其他

接文后，请按照政府投资项目管理办法办理相关手续，并编制项目概算报我委审核。

重庆市合川区发展和改革委员会

2018 年 1 月 4 日

重庆市合川区发展和改革委员会办公室　　2018 年 1 月 4 日印发

—2—

重庆市文物局文件

渝文物〔2020〕313 号

重庆市文物局
关于合川区涞滩二佛寺摩崖造像——瓮城及古城墙修缮工程（二期）设计方案的批复

合川区文化旅游委：

你委《关于审核涞滩二佛寺摩崖造像——瓮城及古城墙修缮工程（二期）设计方案的请示》（合川文旅文〔2020〕243 号）收悉，经研究，现批复如下。

一、同意该方案。

二、根据以下意见对该方案进行修改完善：

（一）在客观评估 2001-2005 年涞滩瓮城古城墙维修工程效果的基础上，以现有考古调查为依据，理清各段城墙的结构关系，深化完善城墙修缮技术方案和措施。

（二）现状勘察中，补充对城墙结构稳定性评估内容，补充城墙砌筑材料、工艺，石缝处理、收分等内容，作为进一步完善设计方案的依据。

（三）在保证危岩体安全的前提下，控制岩体加固工程的规模和内容，并注重与周边环境相协调。

（四）利用城墙地势起伏较大特点，合理规划设计排水方式，应采取地面漫排水为主，以及在地势较低处设置排水口等措施。

（五）补充完善对修缮城墙的稳定性监测措施，并作为监测内容的重点。

（六）按照国家文物局《文物保护工程设计文件编制深度要求（试行）》，校核文本内容、文字说明，规范绘制图纸。

请你委督促相关单位，根据上述意见对所报方案进行修改完善，并在 30 日内将修改完善后的方案报我局备案。施工过程中，加强监督管理和资料收集，确保工程质量。

此复。

重庆市文物局

2020 年 11 月 23 日

重庆市文物局办公室 2020 年 11 月 23 日

国家文物局

文物保函〔2016〕470号

关于涞滩二佛寺摩崖造像——瓮城及古城墙修缮工程立项的批复

重庆市文物局:

你局《关于审批全国重点文物保护单位涞滩二佛寺摩崖造像——瓮城及古城墙修缮工程立项报告的请示》(渝文物〔2015〕294号)收悉。经研究，我局批复如下:

一、同意涞滩二佛寺摩崖造像——瓮城及古城墙修缮工程立项。

二、在编制工程技术方案时，应注意以下方面:

(一)该工程属文物修缮工程，应遵循不改变文物原状、最小干预等文物保护原则，保护文物及其历史环境的真实性和完整性。

(二)工程范围为西门瓮城、瓮城两侧城墙、东水门(东门)、小寨门(南门)文物建筑本体。

(三)加强现状勘察，明确文物保存现状、主要病害类型、残损情况等，开展必要的拱券、墙体结构稳定性评估和监测，深入分析病害形成原因和危害程度，客观评估历次修缮工程效

- 1 -

果，在此基础上制定有针对性的修缮措施。

（四）应研究城墙的材料和垒砌工艺、石缝处理方式、城台地面做法及收分等，明确原有石材性能、传统建筑材料成分等，并注意在保护维修中应用。

（五）坚持最小干预原则。不存在结构安全问题的部位应以现状加固为主，不宜大规模拆改。进一步明确构件更换标准，尽可能保留原有构件，避免过度维修；大块料石砌筑的墙体不宜拆砌，应尽量维持现状，进行必要的局部加固维修；应充分论证拆除和拆砌措施的必要性和影响，详细记录拟拆除和拆砌部位的现状情况，并注意保留不同时代的历史信息；拆砌和重做时，应采取有效措施确保原有排水渠道畅通。

三、请你局根据上述意见和《文物保护工程设计文件编制深度要求（试行）》、《全国重点文物保护单位文物保护工程申报审批管理办法（试行）》的有关规定，组织专业力量编制工程技术方案，委托我局认定的第三方咨询评估机构进行方案技术评审，并依据第三方咨询评估机构的评估结论进行审核。

此复。

国家文物局

2016年4月19日

公开形式：主动公开

抄送：中国文物信息咨询中心，本局办公室。

国家文物局办公室秘书处　　2016年4月21日印发

初校：刘清　　终校：方若晗

－2－

二、瓮城及城墙现状整修工程影像资料

1、施工前后对比照片

1.1 东水门城墙区域施工前后照片

东水门城墙东立面施工前

施工完成后 2018.8.25

东水门城墙西立面施工前

施工完成后 2021.4.5

东水门城墙上方区域

施工完成后 2021.4.5

观景平台区域施工前

施工完成后 2021.4.5

1.2 西城墙区域施工前后照片

西城墙北段施工前

施工完成后 2021.4.9

西城墙北段马道地面施工前

施工完成后 2021.4.9

西城墙南段马道地面施工前

施工完成后 2021.4.9

西城墙南段马道地面施工前

施工完成后 2021.4.9

1.3 瓮城城墙区域施工前后照片

瓮城正立面施工前

施工完成后 2021.4.9

瓮城中寨门（正立面）施工前

施工完成后 2021.4.9

瓮城（北半部）垛口墙、顶地面施工前

施工完成后 2021.4.9

瓮城中寨门城楼屋面施工前

施工完成后 2021.4.9

1.4　小寨门城墙区域施工前后照片

小寨门（正立面）施工前

施工完成后 2021.4.9

小寨门东立面施工前

小寨门东立面施工完成后 2019.5.21

小寨门（北立面）施工前

小寨门（北立面）施工前 2021.4.9

小寨门垛口墙、顶地面施工前

垛口墙、顶地面施工完成后 2021.4.9

2、东水门城墙区域施工过程影像资料

2.1 东水门城墙墙体

2.1.1 搭设施工脚手架

搭设施工脚手架·东水门城墙

搭设施工脚手架·东水门城墙

搭设施工脚手架·东水门城墙

搭设施工脚手架·东水门城墙

铺设固定施工架板·东水门城墙

铺设固定施工架板·东水门城墙

券拱区域施工前支顶预加固

券拱区域支顶预加固设施完成后

施工脚手架搭设、安全网固定完成后

施工脚手架搭设、安全网固定完成后

2.1.2 东水门垛口墙、局部墙身保护性拆除

垛口墙保护性拆除·东水门城墙

垛口墙保护性拆除·东水门城墙

垛口墙保护性拆除·东水门城墙

垛口墙保护性拆除·东水门城墙

墙身砌体保护性拆除·东水门城墙

墙身砌体保护性拆除·东水门城墙

券拱区域砌体保护性拆除

券拱区域砌体保护性拆除

2.1.3 东水门城墙填芯开挖清理、内侧城墙保护性开挖清理

填芯开挖清理施工中·东水门城墙

填芯开挖清理施工中·东水门城墙

内城墙南半部老基础清理开挖施工中

内城墙南半部老基础清理开挖施工中

内城墙北半部老基础清理开挖施工中

内城墙北半部老基础清理开挖施工中

内城墙南半部老基础开挖清理后

内城墙北半部老基础开挖清理后

2.1.4 东水门内城墙墙身砌筑

人工转运施工材料至现场·条石

人工转运施工材料至现场·条石

预制白灰浆·城墙施工材料

预制白灰浆·城墙施工材料

预加工条石·城墙砌筑备用

预加工条石·城墙砌筑备用

内城墙南半部墙身砌筑施工中

内城墙南半部墙身砌筑施工中

内城墙北半部墙身砌筑施工中

内城墙北半部墙身砌筑施工中

内城墙南半部墙身砌筑完成后

内城墙北半部墙身砌筑完成后

2.1.5 东水门外城墙墙身砌筑

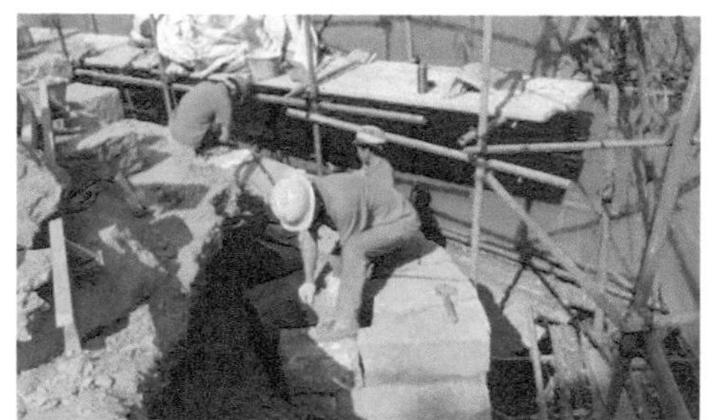

南半部城墙墙身砌筑施工中

南半部城墙墙身砌筑施工中

南半部城墙墙身砌筑施工中

南半部城墙墙身砌筑施工中

北半部城墙墙身砌筑施工中

北半部城墙墙身砌筑施工中

北半部城墙墙身砌筑施工中

北半部城墙墙身砌筑施工中

券拱区域墙身归安砌筑施工中

券拱区域墙身归安砌筑施工中

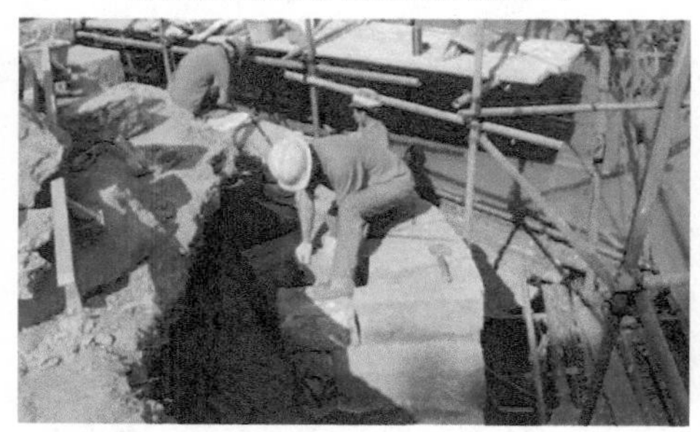

券拱区域墙身归安砌筑施工中

券拱区域墙身归安砌筑施工中

券拱区域墙身校正砌筑施工中

券拱区域墙身校正砌筑施工中

2.1.6 东水门城墙墙体灌浆

制作墙体灌浆材料·白灰浆

城墙砌体灌浆施工中

城墙砌体灌浆施工中

城墙砌体灌浆施工后

2.1.7 东水门城墙三合土填芯

预制三合土·筛取本地泥土

城墙填芯三合土拌制施工中

三合土填芯·券拱南区域

三合土填芯·木棍捣实

三合土填芯·券拱北区域

三合土填芯·夯机夯实

三合土填芯·券拱区域

三合土填芯·木棍捣实

2.1.8 东水门垛口墙砌筑

南半部垛口墙砌筑施工中

南半部垛口墙砌筑施工中

南半部垛口墙砌筑施工中

南半部垛口墙砌筑施工中

北半部垛口墙砌筑施工中

北半部垛口墙砌筑施工中

北半部垛口墙砌筑施工中

北半部垛口墙砌筑施工中

2.1.9 东水门城墙垛口石制安

城墙垛口石制安施工中·定位

城墙垛口石制安施工中·钻孔植筋

城墙垛口石制安施工中·钻孔植筋

城墙垛口石制安施工中·植筋加固

城墙垛口石制安施工中·植筋锚固

城墙垛口石制安施工中·表面修整

2.1.10 东水门城墙墙面勾缝

墙面勾缝施工中

墙面勾缝施工中

2.1.11 东水门城墙墙体施工前后照片

施工前（东立面正门区域）

施工完成后 2019.8.8

施工前（东立面南局部）

施工完成后 2018.8.25

施工前（东立面北局部）

施工完成后 2018.8.3

施工前（东水门北半部城墙）

施工完成后 2021.4.5

2.2 东水门马道顶地面

2.2.1 东水门顶地面石板保护性拆除

地面石板保护性拆除施工中

地面石板保护性拆除施工中

地面石板保护性拆除施工中

地面石板保护性拆除施工中

2.2.2 东水门顶地面原垫层拆除

地面垫层拆除转运施工中

地面垫层拆除转运施工中

地面垫层拆除转运施工中

地面垫层拆除转运施工中

2.2.3 东水门顶地面三合土重做

预制三合土·筛取本地泥土

三合土制作施工中

地面三合土制作施工中

地面三合土制作施工中

分段制作地面三合土垫层

分段制作地面三合土垫层并夯实

2.2.4 东水门顶地面座浆

制作座浆材料·白灰浆

地面座浆·白灰浆

地面座浆·白灰浆

地面座浆·白灰浆

2.2.5 东水门顶地面石板铺贴、勾缝

顶石板标高放线记录

顶地面石板铺贴施工中

地面石板铺贴施工中

地面石板铺贴施工中

2.2.6 东水门顶地面施工前后照片

施工前·拱门南侧区域

地面铺装施工完成后 2021.4.9

施工前·拱门北侧区域

地面铺装施工完成后 2021.4.9

2.3 东水门观景平台

2.3.1 原宇墙（砖砌、条石混合结构）拆除

东水门内原宇墙拆除施工中

东水门内原宇墙拆除施工中

东水门内原宇墙拆除施工中

东水门内原宇墙拆除施工中

2.3.2 东水门内宇墙重砌

内南侧宇墙条石重砌施工中

内南侧宇墙条石重砌施工中

内北侧宇墙条石重砌施工中

内北侧宇墙条石重砌施工中

2.3.3 东水门内新砌宇墙及基础拆除

城墙内两侧新砌宇墙拆除施工中

城墙内两侧新砌宇墙拆除施工中

2.3.4 东水门内护身墙、护坡墙、花台砌筑

护坡墙基础清理开挖施工中

护坡墙基础开凿施工中

护坡墙基础砌筑施工中

护坡墙砌筑施工中

护身墙基础开凿施工中

护身墙基础砌筑施工中·东侧

护身墙基础砌筑施工中·南侧

护身墙砌筑施工中

梯步下部花台砌筑施工中

花台内土方回填施工中

梯步及花台施工前

梯步及花台施工完成后 2021.4.5

2.3.5 东水门内新砌护身墙拆除

护身墙拆除施工中

护身墙拆除施工中

新砌护身墙拆除前

护身墙拆除后

2.3.6 东水门内观景平台地面制作、石板制安

平台便道地面（上段）夯实施工中

平台便道地面（上段）铺装施工中

平台便道地面（下段）平整施工后

平台便道地面（下段）铺装施工中

2.3.7 东水门至涞园梯步、护栏制安

涞园便道梯步制安施工中

涞园便道梯步制安施工中

涞园便道梯步护栏制安施工中

涞园便道梯步护栏制安施工中

2.3.8 东水门内观景平台区域施工前后照片

施工前

施工完成后 2021.4.5

施工前

施工完成后 2021.4.5

2.4 东水门环境整治

2.4.1 东水门内原梯步局部拆除、场地平整（开挖降土方）

原梯步下半部拆除施工中·涞园入口

原梯步下半部拆除施工中·涞园入口

原梯步下半部拆除施工中·涞园入口

原梯步局部拆除完成后

城墙内南侧场地开挖降土方及转运

城墙内南侧场地开挖降土方及转运

城墙内北侧场地开挖降土方及转运

城墙内北侧场地开挖降土方及转运

城墙内南侧场地降土方施工前

施工完成后 2021.4.5

城墙内北侧场地降土方施工前

施工完成后 2021.4.5

2.4.2 东水门厕所电路、给水管管道预埋

预埋水电管道·地面、花台内部

预埋水电管道·地面、花台内部

2.4.3 东水门内便道截水排水沟制安

截水排水沟开凿施工中

截水排水沟砌筑施工中

内侧顺坡排水沟开凿施工中

内侧顺坡排水沟开凿施工中

内侧顺坡排水沟砌筑施工中

内侧顺坡排水沟砌筑施工中

2.4.4 东水门外侧排水沟制安

外侧连接市政管道排水沟开挖施工中

接市政管道排水沟·底部条石砌筑

接市政管道排水沟·沟底部砂浆找平

接市政管道排水沟·条石砌筑

外侧顺坡落水沟砌筑施工中·门洞外

外侧顺坡落水沟砌筑完成后·门洞外

2.4.5 东水门步游道主路梯步、路边石及地面石板制安

步游道主路地面标高调整

步游道主路梯步制安

步游道主路梯步制安

步游道主路路边石制安

步游道主路地面夯实

步游道主路地面石板铺装

2.4.6 东水门环境整治施工前后照片

东水门内北侧施工前

施工完成后 2021.4.5

东水门内南侧施工施工前

施工完成后 2021.4.5

东水门内北侧施工前·局部

施工完成后 2021.4.5

东水门内北侧施工前·涞园南入口

环境整治施工完成后 2021.4.5

3、西城墙区域施工过程影像资料

3.1 西城墙墙体

3.1.1 搭设施工脚手架

人工转运钢管、扣件等材料

人工转运钢管、架板等材料

搭设西城墙北段内侧施工脚手架

搭设西城墙北段外侧施工脚手架

搭设施工脚手架·固定密目网

搭设施工脚手架·固定密目网

西城墙北段施工脚手架搭设完成后

西城墙南段施工脚手架搭设完成后

3.1.2 西城墙垛口墙保护性拆除

西城墙北段垛口墙保护性拆除施工中

西城墙北段垛口墙保护性拆除施工中

西城墙北段垛口墙分段拆除施工中

西城墙北段垛口墙分段拆除施工中

西城墙南段垛口墙保护性拆除施工中

西城墙南段垛口墙保护性拆除转运中

西城墙南段分段保护性拆除施工中

西城墙南段分段保护性拆除施工中

3.1.3 西城墙局部墙身保护性拆除

墙身保护性拆除·西城墙南段

墙身保护性拆除·西城墙南段

墙身保护性拆除·西城墙南段

墙身保护性拆除·西城墙南段

3.1.4 西城墙填芯开挖清理

分段开挖城墙填芯并转运

分段开挖城墙填芯并转运

分段开挖城墙填芯并转运

分段开挖城墙填芯并转运

城墙填芯分段开挖清理中

城墙填芯分段开挖清理中

3.1.5 西城墙墙体灌浆

预制灌浆材料：石灰灌浆料

预制灌浆材料：石灰灌浆料

墙体灌浆·城墙砌体钻孔（西城墙北段）

墙体灌浆·城墙砌体钻孔（西城墙北段）

墙体灌浆·城墙砌体钻孔（西城墙北段）

墙体灌浆·城墙砌体钻孔（西城墙北段）

墙体缝隙灌浆施工中·（西城墙北段）

墙体缝隙灌浆施工中·（西城墙北段）

墙体缝隙灌浆施工中·（西城墙北段）

墙体缝隙灌浆施工中·（西城墙北段）

墙体灌浆·城墙砌体钻孔（西城墙南段）

墙体灌浆·城墙砌体钻孔（西城墙南段）

墙体缝隙灌浆施工中·（西城墙南段）

墙体缝隙灌浆施工中·（西城墙南段）

墙体缝隙灌浆施工中·（西城墙南段）

墙体缝隙灌浆施工中·（西城墙南段）

3.1.6 西城墙三合土填芯

分段制作城墙填芯三合土·西城墙北段

分段制作城墙填芯三合土·西城墙北段

制作填芯三合土并夯实·西城墙北段

制作填芯三合土并夯实·西城墙北段

制作填芯三合土并夯实·西城墙北段

制作填芯三合土并夯实·西城墙北段

三合土填芯制作施工中·西城墙南段

三合土填芯夯实施工中·西城墙南段

3.1.7 西城墙垛口墙砌筑

转运条石至施工现场

转运条石至施工现场

转运条石至施工现场

转运条石至施工现场

现场预加工条石·西城墙北段

现场预加工条石·西城墙北段

现场预加工条石·西城墙北段

现场预加工条石·西城墙北段

人工转运条石制安（西城墙北段·内墙）

人工转运条石制安（西城墙北段·内墙）

砌筑垛口墙（西城墙北段·内墙）

砌筑垛口墙（西城墙北段·内墙）

砌筑垛口墙（西城墙北段·内墙）

砌筑垛口墙（西城墙北段·内墙）

砌筑垛口墙（西城墙北段·内墙）

砌筑垛口墙（西城墙北段·内墙）

人工转运条石制安（西城墙北段·外墙）

人工转运条石制安（西城墙北段·外墙）

砌筑垛口墙（西城墙北段·外墙）

砌筑垛口墙（西城墙北段·外墙）

砌筑垛口墙（西城墙北段·外墙）

砌筑垛口墙（西城墙北段·外墙）

砌筑垛口墙（西城墙北段·外墙）

砌筑垛口墙（西城墙北段·外墙）

人工转运条石制安（西城墙北段·外墙）

人工转运条石制安（西城墙北段·外墙）

砌筑垛口墙（西城墙北段·外墙）

现场预加工条石·西城墙南段

现场预加工条石·西城墙南段

砌筑垛口墙（西城墙南段·内墙）

砌筑垛口墙（西城墙南段·内墙）

砌筑垛口墙（西城墙南段·内墙）

砌筑垛口墙（西城墙南段·内墙）

砌筑垛口墙（西城墙南段·内墙）

城墙墙身砌筑（西城墙南段·外墙）

城墙墙身砌筑（西城墙南段·外墙）

砌筑垛口墙（西城墙南段·内墙）

砌筑垛口墙（西城墙南段·外墙）

砌筑垛口墙（西城墙南段·外墙）

砌筑垛口墙（西城墙南段·外墙）

砌筑垛口墙（西城墙南段·外墙）

砌筑垛口墙（西城墙南段·外墙）

砌筑垛口墙（西城墙南段·外墙）

砌筑垛口墙（西城墙南段·外墙）

3.1.8 西城墙垛口石制安

制安垛口石（西城墙北段·外墙）

制安垛口石（西城墙北段·外墙）

制安垛口石（西城墙北段·外墙）

制安垛口石（西城墙北段·外墙）

制安垛口石（西城墙南段·外墙）

制安垛口石（西城墙北段·外墙）

3.1.9 西城墙墙面勾缝

原水泥砂浆灰缝清理

原水泥砂浆灰缝清理

原水泥砂浆灰缝清理

原水泥砂浆灰缝清理

墙面勾缝、全色·西城墙区域

墙面勾缝、全色·西城墙区域

墙面勾缝、全色·西城墙区域

墙面勾缝、全色·西城墙区域

3.1.10 西城墙登城口护栏、梯步拆除、制安

拆除登城口砖砌护栏·西城墙北段

拆除登城口砖砌护栏·西城墙北段

梯步石保护性拆除·西城墙北段

梯步石保护性拆除转运·西城墙南段

梯步制安施工中·西城墙北段

梯步制安施工中·西城墙北段

登城口护栏制安施工中·西城墙北段

登城口护栏制安施工中·西城墙北段

梯步制安施工中·西城墙南段

梯步制安施工中·西城墙南段

施工前·西城墙北段梯步及护栏

施工完成后 2021.4.9

施工前·西城墙登城口护栏

施工完成后 2021.4.9

施工前·西城墙南段梯步

施工完成后 2021.4.9

3.1.11 西城墙施工前后对比照片

施工前·西城墙北段

施工完成后 2021.4.9

施工前·西城墙北段

施工完成后 2021.4.9

施工前·西城墙北段

施工完成后 2021.4.9

施工前·西城墙北段

施工完成后 2021.4.9

施工前·西城墙北段

施工完成后 2021.4.9

施工前·西城墙南段

施工完成后 2021.4.9

施工前·西城墙南段

施工完成后 2021.4.9

施工前·西城墙南段

施工完成后 2021.4.9

施工前·西城墙南段

施工完成后 2021.4.9

施工前·西城墙南段

施工完成后 2021.4.9

施工前·西城墙南段

施工完成后 2021.4.9

施工前·西城墙南段

施工完成后 2021.4.9

施工前·西城墙南段

施工完成后 2021.4.9

施工前·西城墙南段

施工完成后 2021.4.9

施工前·西城墙南段

施工完成后 2021.4.9

施工前·西城墙南段

施工完成后 2021.4.9

施工前·西城墙南段

施工完成后 2021.4.9

施工前·西城墙南段

施工完成后 2021.4.9

3.2　西城墙马道顶地面

3.2.1 西城墙顶地面石板保护性拆除

分段保护性拆除石板·西城墙北段

分段保护性拆除石板·西城墙北段

分段保护性拆除石板·西城墙北段

分段保护性拆除石板·西城墙北段

分段保护性拆除石板·西城墙北段

分段保护性拆除石板·西城墙北段

分段保护性拆除石板·西城墙北段

分段保护性拆除石板·西城墙北段

分段保护性拆除石板·西城墙南段

分段保护性拆除石板·西城墙南段

分段保护性拆除石板·西城墙南段

分段保护性拆除石板·西城墙南段

施工前·西城墙北段

地面石板拆除后·西城墙北段

施工前·西城墙南段

地面石板拆除后·西城墙南段

3.2.2 西城墙顶地面原垫层拆除（开挖清理）

拆除原地面垫层·西城墙区域

原地面垫层拆除转运中·西城墙区域

原地面垫层拆除施工中·西城墙区域

原地面垫层拆除施工中·西城墙区域

原地面垫层拆除转运中·西城墙区域

原地面垫层拆除转运中·西城墙区域

3.2.3 西城墙顶地面三合土垫层新做

三合土垫层制作施工中·西城墙北段

三合土垫层制作施工中·西城墙北段

三合土垫层制作施工中·西城墙北段

三合土垫层制作施工中·西城墙北段

三合土垫层制作施工中·西城墙北段

三合土垫层制作施工中·西城墙北段

三合土垫层制作施工中·西城墙北段

三合土垫层制作施工中·西城墙北段

三合土垫层夯实·西城墙北段

三合土垫层夯实·西城墙北段

三合土垫层夯实·西城墙北段

三合土垫层夯实·西城墙北段

三合土垫层夯实·西城墙北段

三合土垫层夯实·西城墙北段

新做地面三合土垫层·西城墙南段

新做地面三合土垫层·西城墙南段

新做三合土垫层夯实·西城墙南段

新做三合土垫层夯实·西城墙南段

地面垫层制作完成后·西城墙北段

地面垫层制作完成后·西城墙南段

3.2.4 西城墙条石排水暗沟制安

排水沟分段开挖施工中·西城墙北段

排水沟分段开挖施工中·西城墙北段

排水沟沟底夯实施工中·西城墙北段

排水沟沟底夯实施工中·西城墙北段

排水沟条石砌筑施工中·西城墙北段

排水沟条石砌筑施工中·西城墙北段

排水沟沟底找平施工中·西城墙北段

排水沟沟底找平施工中·西城墙北段

排水沟分段开挖施工中·西城墙南段

排水沟分段开挖施工中·西城墙南段

排水沟沟底夯实施工中·西城墙南段

排水沟沟底夯实施工中·西城墙南段

排水沟条石砌筑施工中·西城墙南段

排水沟沟底找平施工中·西城墙南段

排水沟施工完成后·西城墙北段

排水沟施工完成后·西城墙北段

排水沟施工完成后·西城墙南段

排水沟施工完成后·西城墙南段

3.2.5 西城墙强弱电管网制安

电路管线预埋·地面开挖（西城墙北段）

电路管线预埋·钻灯笼线管孔

电路管线预埋·西城墙北段

电路检查井砌筑·西城墙北段

电路检查井排水管安装·西城墙北段

电路管线预埋·预穿引线钢丝

电路管线预埋·西城墙南段

电路管线预埋·西城墙南段

3.2.6 西城墙顶地面座浆

顶地面座浆·西城墙区域

顶地面座浆·西城墙区域

顶地面座浆·西城墙区域

顶地面座浆·西城墙区域

顶地面座浆·西城墙区域

顶地面座浆·西城墙区域

顶地面座浆·西城墙区域

顶地面座浆·西城墙区域

顶地面座浆·西城墙区域

顶地面座浆·西城墙区域

3.2.7 西城墙顶地面石板铺贴、勾缝

场内转运石板至施工区域

场内转运石板至施工区域

人工转运石板至施工区域

人工转运石板至施工区域

现场预加工石板

现场预加工石板

铺装地面砂岩石板·西城墙北段

铺装地面砂岩石板·西城墙北段

铺装地面砂岩石板·西城墙北段

铺装地面砂岩石板·西城墙北段

铺装地面砂岩石板·西城墙北段

铺装地面砂岩石板·西城墙北段

铺装地面砂岩石板·西城墙南段

铺装地面砂岩石板·西城墙南段

铺装地面砂岩石板·西城墙南段

铺装地面砂岩石板·西城墙南段

地面石板勾缝

地面石板勾缝

3.2.8 西城墙施工前后对比照片

施工前·西城墙北段入口处

地面铺装施工完成后 2021.4.9

施工前·西城墙北段

地面铺装施工完成后 2021.4.9

施工前·西城墙南段

施工完成后 2021.4.9

施工前·西城墙南段

施工完成后 2021.4.9

4、瓮城区域施工过程影像资料

4.1 瓮城区域墙体

4.1.1 搭设施工脚手架

搭设施工脚手架·瓮城内架

搭设施工脚手架·瓮城外架

搭设施工架及安全通道·瓮城内架

施工架及安全通道搭设完成后·瓮城

搭设施工简易梯道·瓮城外架

施工脚手架搭设完成后·瓮城外架

4.1.2 瓮城垛口墙保护性拆除

垛口墙保护性拆除·瓮城内边墙

垛口墙保护性拆除转运·瓮城内边墙

垛口墙保护性拆除·瓮城内边墙

垛口墙保护性拆除·瓮城内边墙

垛口墙保护性拆除转运·瓮城内边墙

垛口墙保护性拆除转运·瓮城内边墙

垛口墙保护性拆除·瓮城内边墙

垛口墙保护性拆除·瓮城内边墙

垛口墙保护性拆除·瓮城外边墙

垛口墙保护性拆除·瓮城外边墙

垛口墙保护性拆除·瓮城外边墙

垛口墙保护性拆除·瓮城外边墙

垛口墙保护性拆除转运·瓮城外边墙

垛口墙保护性拆除转运·瓮城外边墙

垛口墙保护性拆除转运·瓮城外边墙

垛口墙保护性拆除转运·瓮城外边墙

4.1.3 瓮城局部墙身保护性拆除

局部墙身保护性拆除·瓮城内边墙

局部墙身保护性拆除·瓮城内边墙

局部墙身保护性拆除·瓮城外边墙

局部墙身保护性拆除·瓮城外边墙

局部墙身保护性拆除·瓮城外边墙

局部墙身保护性拆除·瓮城外边墙

墙身砌体保护性拆除转运施工中

墙身砌体保护性拆除转运施工中

4.1.4 瓮城填芯开挖清理

城墙填芯开挖转运施工中

城墙填芯开挖转运施工中

城墙填芯开挖清理施工中

城墙填芯开挖转运施工中

城墙填芯开挖转运施工中

城墙填芯开挖清理施工中

城墙填芯清理转运施工中

城墙填芯清理转运施工中

4.1.5 瓮城墙体灌浆

城墙墙体灌浆·布点钻孔

城墙墙体灌浆·布点钻孔

城墙墙体灌浆·布点钻孔

城墙墙体灌浆·布点钻孔

城墙墙体灌白灰浆

城墙墙体灌白灰浆

城墙墙体灌白灰浆

城墙墙体灌白灰浆

4.1.6 瓮城墙体三合土填芯

城墙填芯三合土制作施工中

城墙填芯三合土夯实施工中

城墙填芯三合土制作施工中

城墙填芯三合土夯实施工中

4.1.7 瓮城垛口墙、宇墙砌筑

转运施工材料·条石

转运施工材料·条石

转运施工材料·条石

转运施工材料·条石

预加工条石·瓮城城墙砌筑

预加工条石·瓮城城墙砌筑

局部墙身砌筑施工中·宇墙局部

局部墙身砌筑施工中·宇墙局部

瓮城宇墙砌筑施工中

瓮城宇墙砌筑施工中

瓮城垛口墙砌筑施工中·内边墙

瓮城垛口墙砌筑施工中·内边墙

垛口墙砌筑·瓮城内边墙

垛口墙砌筑·瓮城内边墙

垛口墙砌筑·瓮城内边墙

垛口墙砌筑·瓮城内边墙

垛口墙砌筑·瓮城内边墙

垛口墙砌筑·瓮城内边墙

局部城墙墙身砌筑·瓮城外边墙

局部城墙墙身砌筑·瓮城外边墙

局部城墙墙身砌筑·瓮城外边墙

局部城墙墙身砌筑·瓮城外边墙

垛口墙砌筑·瓮城外边墙

垛口墙砌筑·瓮城外边墙

垛口墙砌筑·瓮城外边墙

垛口墙砌筑·瓮城外边墙

垛口墙砌筑·瓮城外边墙

垛口墙砌筑·瓮城外边墙

垛口墙砌筑·瓮城外边墙

垛口墙砌筑·瓮城外边墙

垛口墙砌筑·瓮城外边墙

垛口墙砌筑·瓮城外边墙

垛口墙砌筑·瓮城外边墙

垛口墙砌筑·瓮城外边墙

垛口墙砌筑·瓮城外边墙

垛口墙砌筑·瓮城外边墙

垛口墙砌筑·瓮城外边墙

垛口墙砌筑·瓮城外边墙

4.1.8 瓮城垛口石制安

瓮城垛口石制安·外边墙

瓮城垛口石制安·外边墙

瓮城垛口石制安·内边墙

瓮城垛口石制安·内边墙

4.1.9 瓮城墙面勾缝

瓮城墙体勾缝·城墙墙身

瓮城墙体勾缝·城墙墙身

瓮城墙体勾缝·城墙墙身

瓮城墙体勾缝·垛口墙

瓮城墙体勾缝·垛口墙

瓮城墙体勾缝·垛口墙

4.1.10 瓮城施工前后对比照片

施工前·瓮城正立面墙体

施工完成后 2019.8.8

施工前·瓮城北立面墙体

施工完成后 2021.4.9

施工前·瓮城南立面墙体

施工完成后 2021.4.9

施工前·瓮城南寨门墙体

施工完成后 2021.4.9

施工前·瓮城大寨门东立面墙体

施工完成后 2021.4.9

施工前·瓮城内墙体

施工完成后 2021.4.9

施工前·瓮城垛口墙局部

施工完成后 2021.4.9

施工前·瓮城垛口墙局部

施工完成后 2021.4.9

施工前·瓮城垛口墙局部

施工完成后 2021.4.9

施工前·瓮城垛口墙局部

施工完成后 2021.4.9

施工前·瓮城垛口墙局部

施工完成后 2021.4.9

施工前·瓮城垛口墙局部

施工完成后 2021.4.9

施工前·瓮城垛口墙局部

施工完成后 2021.4.9

施工前·瓮城垛口墙局部

施工完成后 2021.4.9

施工前·瓮城垛口墙局部

施工完成后 2021.4.9

施工前·瓮城垛口墙局部

施工完成后 2021.4.9

施工前·瓮城垛口墙

施工完成后 2021.4.9

4.2 瓮城区域顶地面

4.2.1 瓮城双层顶地面石板保护性拆除

顶地面石板保护性拆除施工中

顶地面石板保护性拆除转运施工中

顶地面石板保护性拆除施工中

顶地面石板保护性拆除转运施工中

顶地面石板保护性拆除施工中

顶地面石板保护性拆除转运施工中

顶地面石板保护性拆除转运施工中

石板保护性拆除转运堆码施工中

4.2.2 瓮城顶地面原垫层拆除

地面垫层拆除施工中

地面垫层拆除转运施工中

地面垫层拆除施工中

地面垫层拆除转运施工中

地面垫层拆除转运施工中

地面垫层拆除转运施工中

4.2.3 瓮城顶地面三合土重做

顶地面三合土制作施工中

顶地面三合土夯实施工中

顶地面三合土制作施工中

顶地面三合土夯实施工中

顶地面三合土制作施工中

顶地面三合土夯实施工中

4.2.4 瓮城条石排水暗沟制安

人工开挖顶地面沟槽

人工开挖顶地面沟槽

排水暗沟沟底夯实施工中

排水暗沟沟底夯实施工中

排水暗沟砌筑施工中

排水暗沟沟底抹灰找平施工中

排水暗沟施工完成后·局部

排水暗沟施工完成后·局部

4.2.5 瓮城地面强弱电管网制安

强弱电管网预埋施工中·沟槽开挖

强弱电管道预埋施工中

灯笼暗线穿墙钻孔施工中

强弱电管道预埋施工中

强弱电管道预埋施工中·管道局部

强弱电管道预埋·检查井局部

4.2.6 瓮城顶地面座浆

顶地面座浆施工中

顶地面座浆施工中

顶地面座浆施工中

顶地面座浆施工中

顶地面座浆施工中

顶地面座浆施工中

4.2.7 瓮城顶地面石板铺贴、勾缝

顶地面石板铺贴施工中·转运石板

顶地面石板铺贴施工中·预加工石板

顶地面石板铺贴施工中·预加工石板

顶地面石板铺贴施工中

顶地面石板铺贴施工中

顶地面石板铺贴施工中

顶地面石板铺贴施工中

顶地面石板铺贴施工中

顶地面石板铺贴·勾缝

顶地面石板铺贴·勾缝

4.2.8 瓮城顶地面施工前后对比照片

施工前·瓮城顶地面局部

施工完成后 2021.4.9

施工前·瓮城顶地面局部

施工完成后 2021.4.9

施工前·瓮城顶地面局部

施工完成后 2021.4.9

施工前·瓮城顶地面局部

施工完成后 2021.4.9

施工前·瓮城顶地面局部

施工完成后 2021.4.9

施工前·瓮城顶地面局部

施工完成后 2021.4.9

施工前·瓮城顶地面局部

施工完成后 2021.4.9

施工前·瓮城顶地面局部

施工完成后 2021.4.9

施工前·瓮城顶地面局部

施工完成后 2021.4.9

施工前·瓮城顶地面局部

施工完成后 2021.4.9

施工前·瓮城顶地面局部

施工完成后 2021.4.9

4.3 瓮城地面

4.3.1 瓮城地面石板保护性拆除

瓮城内地面石板保护性拆除

瓮城门槛石保护性拆除转运

瓮城内地面石板保护性拆除

瓮城内地面石板保护性拆除转运

瓮城内地面石板保护性拆除

瓮城内地面石板保护性拆除转运

瓮城内地面石板保护性拆除

瓮城内地面石板保护性拆除转运

瓮城内地面石板保护性拆除

瓮城内地面石板保护性拆除转运

瓮城外便道地面石板保护性拆除

瓮城外便道地面石板保护性拆除转运

4.3.2 瓮城地面原垫层拆除

瓮城内地面垫层拆除转运

瓮城内地面垫层拆除转运

瓮城内地面垫层拆除转运

瓮城内地面垫层拆除转运

瓮城外便道地面垫层拆除转运

瓮城外便道地面垫层拆除转运

瓮城地面开挖后底部夯实

瓮城地面开挖后底部夯实

4.3.3 瓮城地面三合土重做

瓮城内地面三合土垫层制作施工中

瓮城内地面三合土垫层制作施工中

瓮城内地面三合土垫层制作施工中

瓮城外便道地面三合土垫层制作中

瓮城地面三合土垫层夯实施工中

瓮城地面三合土垫层夯实施工中

瓮城地面三合土垫层夯实施工中

瓮城地面三合土垫层夯实施工中

4.3.4 瓮城条石排水暗沟、暗管制安

瓮城内排水沟、暗管沟槽开挖施工中

瓮城内排水沟、暗管沟槽开挖施工中

排水沟、暗管沟槽开挖施工中（瓮城外便道地面）

沟槽底部夯实处理

人工转运水沟砌筑条石等材料

砌筑排水暗沟及弱电管网沟·瓮城内

排水暗管预埋·瓮城北便道地面

排水暗管预埋·瓮城北接入市政管网

4.3.5 瓮城地面强弱电管网制安

强弱电管网敷设·瓮城内

预埋强弱电管网管道·瓮城内暗沟槽

预埋弱电管网管道·瓮城内暗沟槽

预埋强弱电管网蜂窝管·瓮城内

强弱电管网接入瓮城北门口分井

强弱电蜂窝管网预埋·瓮城北便道区域

强弱电管网井砌筑·瓮城北便道区域

强弱电管网井砌筑·瓮城北便道区域

4.3.6 瓮城门槛石制安

门槛石预加工施工中

人工转运门槛石制安

瓮城门槛石制安·标高调整

瓮城门槛石制安施工中

4.3.7 瓮城地面座浆

瓮城地面座浆·白灰浆

瓮城地面座浆·白灰浆

瓮城地面座浆·白灰浆

瓮城地面座浆·白灰浆

4.3.8 瓮城地面石板铺贴、勾缝

人工转运石板

人工转运石板

瓮城内地面石板铺装

瓮城内地面石板铺装

瓮城内地面石板铺装

瓮城内地面石板铺装

瓮城内地面石板铺装

瓮城内地面石板铺装

瓮城内地面石板铺装

瓮城内地面石板铺装

瓮城外地面石板铺装

瓮城外地面石板铺装

地面石板勾缝

地面石板勾缝

4.3.9 瓮城地面施工前后对比照片

施工前·瓮城内地面

施工完成后 2021.4.9

施工前·瓮城内地面

施工完成后 2021.4.9

施工前·瓮城内地面

施工完成后 2021.4.9

施工前·瓮城内地面

施工完成后 2021.4.9

施工前·瓮城内地面

施工完成后 2021.4.9

施工前·瓮城中寨门门口地面

施工完成后 2021.4.9

施工前·瓮城内地面

施工完成后 2021.4.9

施工前·瓮城北便道区域

施工完成后 2021.4.9

施工前·瓮城北便道区域

施工完成后 2021.4.9

施工前·瓮城北便道区域

施工完成后 2021.4.9

施工前·瓮城北便道区域

施工完成后 2021.4.9

施工前·瓮城北便道区域

施工完成后 2021.4.9

施工前·瓮城北便道区域

施工完成后 2021.4.9

4.4 瓮城城楼（大寨门、中寨门）

4.4.1 搭设施工脚手架、瓮城出入口安全通道

搭设施工脚手架（城楼屋面施工）

搭设施工脚手架（城楼屋面施工）

搭设施工脚手架（城楼屋面施工）

搭设施工脚手架（城楼屋面施工）

安全通道·安装隔离围挡钢管架

安全通道·固定隔离围挡板

安全通道·张贴围挡边角安全警示带

安全通道·安装顶部缓冲板

安全通道·安装通道照明设施

瓮城出入口安全通道制安完成后

4.4.2 瓮城城楼屋面保护性拆除

屋面保护性拆除·大寨门屋面

屋面小青瓦保护性拆除·大寨门屋面

屋脊保护性拆除·大寨门屋面

铲除清理砂浆座灰层·大寨门屋面

屋面保护性拆除·中寨门屋面

屋面小青瓦保护性拆除·中寨门屋面

屋脊拆除·中寨门屋面

拆除的小青瓦保护性清理备用

屋面封檐板拆除·大寨门屋面

屋面博风板拆除·大寨门屋面

望板保护性拆除·中寨门屋面

糟朽望席拆除·中寨门屋面

椽子保护性拆除·中寨门屋面

糟朽檩子拆除·中寨门屋面

4.4.3 瓮城城楼屋面木构件制安

现场加工木构件·檩子

现场加工木构件·椽子、望板等

现场加工屋面木构件·大寨门屋面

现场加工屋面木构件·大寨门屋面

糟朽檩子更换后·中寨门屋面

糟朽童柱更换后·中寨门屋面

屋面椽子制安·中寨门屋面

屋面椽子制安·中寨门屋面

屋脊拆除·中寨门屋面

屋面博风板制安·大寨门屋面

望板制安·中寨门屋面

望板制安·中寨门屋面

椽子、望板更换施工中·大寨门屋面

椽子、望板更换施工中·大寨门屋面

封檐板制安·中寨门屋面

博风板制安·中寨门屋面

增加屋面防水檐·中寨门屋面

悬鱼制安施工后·中寨门屋面

4.4.4 瓮城所需木构件三防处理

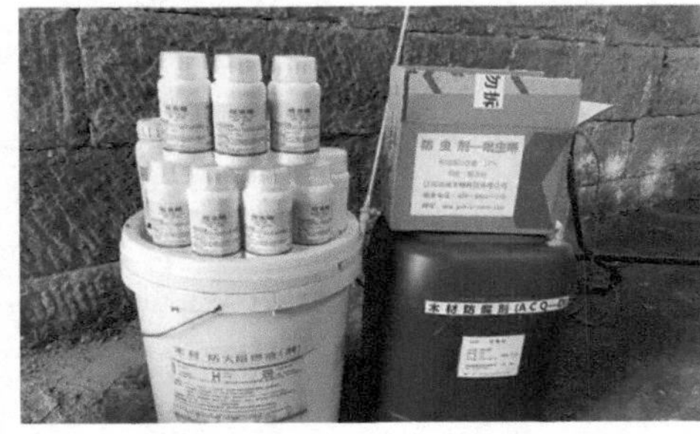
木构件三防处理专用材料

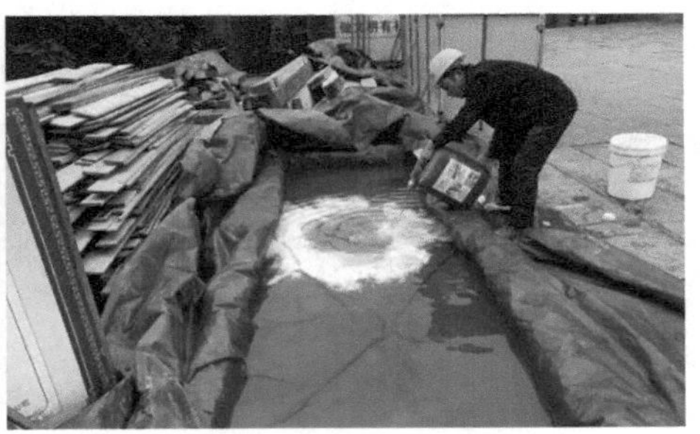
配制木构件三防处理溶液

木构件三防处理·水池浸泡

配制木构件三防处理溶液

木构件三防处理·木构件表面涂刷

木构件三防处理·木构件表面涂刷

木构件三防处理·中寨门城楼

木构件三防处理·中寨门城楼

木构件三防处理·大寨门城楼

木构件三防处理·大寨门城楼

4.4.5 瓮城城楼屋面挂网、小青瓦、屋脊制作

屋面盖瓦·测量放线·大寨门屋面

屋面盖瓦·测量放线·中寨门屋面

屋面挂网施工中·大寨门屋面

屋面挂网施工中·中寨门屋面

屋面正脊制作施工中·大寨门屋面

屋面正脊制作施工中·大寨门屋面

屋面小青瓦盖瓦施工中·大寨门屋面

屋面小青瓦盖瓦施工中·大寨门屋面

正脊制作·中寨门屋面

正脊制作·中寨门屋面

屋面小青瓦盖瓦施工中·中寨门屋面

屋面小青瓦盖瓦施工中·中寨门屋面

施工前

施工完成后 2021.4.9

施工前

施工完成后 2021.4.9

施工前

施工完成后 2021.4.9

施工前

施工完成后 2021.4.9

4.4.6 瓮城城楼局部墙身基础加固、柱础石制安

城楼基础加固·木柱临时提升支顶

城楼基础加固·大寨门城楼

城楼基础加固·大寨门城楼

城楼基础加固完成后·大寨门城楼

4.4.7 瓮城城楼大木构件维修（穿枋、木柱更换、墩接、校正、嵌补）

现场加工木柱（城楼墩接、更换）

现场加工木柱（城楼墩接、更换）

木柱校正·大寨门城楼

木柱校正·大寨门城楼

木柱墩接·大寨门城楼

木柱墩接加装抱箍·大寨门城楼

木柱开裂处嵌补加固·大寨门城楼

木柱局部挖补施工后·中寨门城楼

糟朽木柱更换施工中·中寨门城楼

糟朽木柱更换完成后·中寨门城楼

4.4.8 瓮城城楼装饰构件（地袱石、地脚枋、抱柱枋、木板墙等）制安

中寨门城楼室内地袱石制安施工中

中寨门城楼室内地袱石制安施工中

中寨门城楼室内地袱石制安施工中

中寨门城楼室内地袱石制安完成后

现场加工木构件·地脚枋、抱柱枋

现场加工木构件·预制墙板

现场加工花格窗木构件·中寨门城楼

现场制作花格窗·中寨门城楼

现场放样制作花牙子·中寨门城楼

现场加工花牙子·中寨门城楼

地脚枋制安施工中·中寨门城楼

抱柱枋制安施工中·中寨门城楼

木板墙制安施工中·中寨门城楼

木板墙制安完成后·中寨门城楼局部

制安花格窗·中寨门城楼

制安花格窗·中寨门城楼

制安花格窗·中寨门城楼

花格窗制安完成后·中寨门城楼局部

现场预制的花牙子·中寨门城楼

花牙子制安完成后·中寨门城楼局部

4.4.9 瓮城城楼木地板构件（楼嵌石、木楼嵌）维修加固

拆除原木楼板·中寨门城楼

拆除糟朽木楼嵌·中寨门城楼

更换墙身顶部楼嵌石·中寨门城楼

楼嵌石加工开槽·中寨门城楼

楼嵌石、木楼嵌更换后·中寨门城楼

木楼板恢复安装施工中·中寨门城楼

4.4.10 瓮城城楼木构件油饰

原木基层油饰打磨·大寨门城楼

原木基层油饰打磨·大寨门城楼

木基层刮腻子、打磨·大寨门城楼

木基层刮腻子、打磨·大寨门城楼

木构表面刷漆·大寨门城楼

木构表面刷漆·大寨门城楼

木构表面刷漆·大寨门城楼

木构表面刷漆·大寨门城楼

木构底部防腐处理·中寨门城楼

木构底部防腐处理·中寨门城楼

原木基层油饰打磨处理·中寨门城楼

原木基层油饰打磨处理·中寨门城楼

原木基层油饰打磨处理·中寨门城楼

木构基层原油饰打磨处理后·城楼局部

木基层刮腻子、打磨·中寨门城楼

木基层刮腻子、打磨·中寨门城楼

木基层刮腻子、打磨·中寨门城楼

木基层刮腻子、打磨·中寨门城楼

木构表面刷漆·中寨门城楼屋面

木构表面刷漆·中寨门城楼屋面

木构表面刷漆·中寨门城楼木板墙

木构表面刷漆·中寨门城楼木格窗

局部刮腻子、打磨·中寨门城楼

木构面漆施工作业中·中寨门城楼

木构油饰施工完成后·城楼局部

木构油饰施工完成后·城楼局部

4.4.11 瓮城城楼施工前后对比照片

施工前·中寨门城楼

施工完成后 2021.4.9

施工前·中寨门城楼

施工完成后 2021.4.9

施工前·中寨门城楼

施工完成后 2021.4.9

施工前·中寨门城楼

施工完成后 2021.4.9

施工前·中寨门城楼

施工完成后 2021.4.9

施工前·大寨门城楼

施工完成后 2021.4.9

施工前·大寨门城楼

施工完成后 2021.4.9

4.5 瓮城城门

4.5.1 瓮城城门制安

城门构件现场加工制作

城门构件现场加工制作

城门门扇初步拼装施工中

城门门扇预拼装施工中

城门门扇初步拼装完成后

城门门扇拼装后养护中（30日）

城门门扇精加工制作施工中

城门门扇精加工制作施工中

制安门轴石

制安城门门框

制作城门门框

城门门框安装完成后

人工转运门扇制安

人工转运门扇制安

门扇制安施工中·大寨门

门扇制安施工中·中寨门

门扇制安施工中·北侧小门

门扇制安施工中·南侧小门

门扇制安完成后·大寨门

门扇制安完成后·南侧门

4.5.2 瓮城城门油饰

城门局部刮腻子找平·大寨门

城门腻子打磨处理·大寨门

城门刷底漆·大寨门

城门底漆整体打磨·大寨门

城门刷第 1 遍面漆·大寨门

城门刷第 2 遍面漆·大寨门

城门底漆整体打磨·中寨门

整体涂刷面漆·中寨门

城门底漆整体打磨·北侧寨门

整体涂刷面漆·北侧寨门

城门底漆整体打磨·南侧寨门

城门刷面漆油漆·南侧寨门

施工前

施工完成后

施工前

施工完成后

施工前

施工完成后

施工前

施工完成后

4. 6 瓮城及城墙文明施工内容

4.6.1 瓮城及城墙维修工程一期文明施工内容（打围及文明施工）

搭设景区美化喷绘支架·大寨门

搭设景区美化喷绘支架·大寨门

景区美化喷绘安装制作前·大寨门

景区美化喷绘制作完成后·大寨门

景区美化喷绘安装制作中·小寨门

景区美化喷绘制作完成后·小寨门

景区美化喷绘·停车场材料堆放区 1

景区美化喷绘·停车场材料堆放区 2

景区美化喷绘·瓮城安全通道口

施工现场·项目八牌一图

施工现场美化喷绘·西城墙施工通道

施工管理项目部·二佛巷

4.6.2 瓮城及城墙维修工程二期：长岩洞上方城墙段文明施工内容

制安长岩洞 160 米处悬崖防护栏

悬崖防护栏景区美化喷绘安装完成后

安装施工区域隔离围挡

安装施工区域景区美化喷绘

隔离围挡及文明喷绘制安完成后

隔离围挡及文明喷绘制安完成后

施工围挡收方核量

施工围挡收方核量

搭设施工区域临边防护栏

施工区域临边防护设施制安完成后

临边防护栏及警示标牌安装完成后

施工区域安防及夜间照明安装调试

5、小寨门区域施工过程影像资料

5.1 小寨门城墙

5.1.1 拆除门洞美化装饰喷绘、搭设施工脚手架

拆除门洞宣传喷绘及钢架

拆除门洞宣传喷绘及钢架

搭设施工脚手架·外架

搭设施工脚手架·内架

5.1.2 小寨门城墙花砖墙拆除

小寨门后砌砖墙拆除施工中

小寨门后砌砖墙拆除施工中

小寨门后砌砖墙拆除转运施工中

后砌砖墙拆除转运施工中

5.1.3 小寨门城墙局部墙身保护性拆除

城墙砌体保护性拆除

城墙砌体保护性拆除

城墙砌体保护性拆除

城墙砌体保护性拆除

5.1.4 小寨门城墙填芯开挖清理

城墙填芯开挖清理施工中

城墙填芯开挖清理施工中

城墙填芯开挖清理施工中

城墙填芯开挖清理施工中

5.1.5 小寨门城墙墙体灌浆

城墙墙体灌浆·砌体钻孔

城墙墙体灌浆·砌体钻孔

城墙墙体灌浆·白灰浆

城墙墙体灌浆·白灰浆

5.1.6 小寨门城墙三合土填芯制作

城墙内部三合土制作

填芯三合土夯实处理

填芯三合土夯实处理

城墙三合土填芯施工中

5.1.7 小寨门城墙局部墙身砌筑

城墙墙身砌体归安

城墙墙身砌体归安

城墙墙身砌体归安

城墙墙身砌体归安

5.1.8 小寨门宇墙、垛口墙砌筑

宇墙砌筑·小寨门内边墙

宇墙砌筑·小寨门内边墙

宇墙砌筑·小寨门内边墙

宇墙砌筑·小寨门内边墙

垛口墙砌筑·小寨门东半部

垛口墙砌筑·小寨门东半部

垛口墙砌筑·小寨门东半部

垛口墙砌筑·小寨门东半部

垛口墙砌筑·小寨门西半部

垛口墙砌筑·小寨门西半部

垛口墙砌筑·小寨门西半部

垛口墙砌筑·小寨门西半部

5.1.9 小寨门城墙垛口石制安

现场加工垛口石

垛口石制安·小寨门东半部

垛口石制安·小寨门东半部

垛口石制安·小寨门西半部

5.1.10 小寨门城墙施工前后对比照片

施工前

施工完成后 2020.3.13

施工前

施工完成后 2019.5.21

施工前

施工完成后 2021.4.9

施工前

施工完成后 2021.4.9

施工前

施工完成后 2021.4.9

5.2 小寨门城墙顶地面

5.2.1 小寨门城墙顶地面青石板拆除

拆除顶地面青石板

拆除顶地面青石板

拆除顶地面青石板

拆除顶地面青石板并转运

5.2.2 小寨门城墙顶地面原垫层拆除

打拆顶地面水泥垫层

打拆顶地面水泥垫层并转运

打拆顶地面水泥垫层

打拆顶地面水泥垫层并转运

5.2.3 小寨门城墙顶地面三合土重做

制作顶地面三合土垫层

制作顶地面三合土垫层

制作顶地面三合土垫层并夯实

制作顶地面三合土垫层并夯实

5.2.4 小寨门城墙顶地面座浆

顶地面座浆·白灰浆

顶地面座浆·白灰浆

顶地面座浆·白灰浆

顶地面座浆·白灰浆

顶地面座浆·白灰浆

顶地面座浆·白灰浆

5.2.5 小寨门城墙顶地面石板铺贴、勾缝

预加工石板

预加工石板

顶地面石板铺贴施工中

顶地面石板铺贴施工中

顶地面石板铺贴施工中

顶地面石板铺贴施工中

顶地面石板铺贴施工中

顶地面石板铺贴施工中

顶地面石板铺贴施工中

顶地面石板铺贴施工中

顶地面石板铺贴施工中

顶地面石板铺贴施工中

5.2.6 小寨门城墙施工前后对比照片

施工前

施工完成后 2019.5.23

施工前

施工完成后 2021.4.9

5.3 小寨门地面

5.3.1 小寨门地面石板保护性拆除、垫层拆除、石板制安

地面石板保护性拆除施工中

石板保护性拆除转运施工中

拆除地面三合土垫层

制作地面三合土垫层

地面座浆铺装石板

地面座浆铺装石板

5.3.2 小寨门城墙券拱顶部石质楼板加固

拆除原石质楼板·正门顶部

制安木质楼嵌·正门顶部

石质楼板铺装施工中·正门顶部

石质楼板铺装施工完成后·正门顶部

5.3.3 小寨门顶地面花池拆除、重砌

拆除原花池·池内物品转运

拆除原花池·池内花树临时移除

石质花池砌筑施工中

池内花树恢复种植

施工前·水泥砖砌花池

石质花池施工完成后

5.3.4 小寨门城墙内侧树木堡坎排危重砌、门口挡土堡坎砌筑

拆除原乱石干砌堡坎

树木局部根系清除

树木堡坎砌筑施工中

树木堡坎砌筑施工中

树木堡坎施工前

树木堡坎施工完成后 2021.4.9

门口堡坎砌筑·清理杂物

门口堡坎砌筑施工中

门口堡坎施工前

门口堡坎施工完成后

5.3.5 小寨门顶地面入口防腐木护栏制安

原砖砌护栏拆除施工中

拆除建渣清理转运

安装入口户外防腐木护栏

安装入口户外防腐木护栏

施工前

户外防腐木护栏施工完成后

6、城墙区域树木及根系清理、城墙墙缝背面填充、嵌补处理等事项

6.1 城墙区域树木及根系清理

6.1.1 东水门城墙树木及根系清理

东水门城墙施工区域清理前

东水门施工区域清理施工中·杂草清理

东水门施工区域清理施工中·杂草清理

东水门施工区域清理施工中·树木清理

东水门城墙上部树木移除中

东水门城墙上部树木移除中·树木清理

东水门城墙上部树木移除中·树木清理

东水门城墙上部树木移栽中

墙身树木根系清理施工中

墙身树木根系清理施工中

墙身树木根系清理施工中

墙身树木根系清理施工中

涞园指路牌转移施工中

涞园指路牌转移完成后

东水门城墙树木清理前

东水门城墙树木清理施工后

东水门城墙墙身树木根系清理前

墙身树木根系清理施工后

东水门城墙墙身树木根系清理前

东水门墙身树木局部根系清理施工后

6.1.2 瓮城、西城墙区域树木及根系清理

瓮城顶地面大树吊运清除·第 1 处

瓮城顶地面树干清除后·第 1 处

瓮城墙身树木吊运清除·第 2 处

墙身根系局部清除施工中·第 2 处

西城墙南段梧桐大树吊运清除·第 3 处

西城墙南段城墙墙体根系·第 3、4 处

西城墙南段梧桐大树吊运清除·第 4 处

西城墙南段墙体根系清除施工中

瓮城北外墙树木清除施工中·第 5 处

瓮北外墙树木根系清除施工中·第 5 处

西城墙南段城墙内部树木清除·第 6 处

西城墙南段城墙内部树木清除施工中

西城墙南段城墙内部树木清除·第 7 处

西城墙南段城墙内部树木清除施工中

瓮城中寨门城楼树木修枝·第 8 处

中寨门城楼树木修枝

树木清运

根系清运

西城墙北段墙身树木清除

西城墙南段墙身树木清除

瓮城墙体树木清理前

瓮城墙体大树清理完成后

西城墙墙身树木清理前

西城墙墙身大树清理完成后

施工前·西城墙南段

树木及根系清除施工完成后 2021.4.9

6.1.3 小寨门城墙树木及根系清理

小寨门施工区域清理施工中·杂草清理

小寨门施工区域清理施工中·杂草清理

小寨门城墙树木局部清除施工中

小寨门城墙树木清除转运施工中

小寨门城墙正门东墙角树木清理前

小寨门城墙正门东墙角树木清理后

6.2 城墙墙缝背面填充、嵌补处理

6.2.1 瓮城局部挖补、墙缝背面填充处理

墙体挖补·瓮城北外墙墙身第 1 处 8 块

墙体挖补·瓮北外墙墙身第 2 处 8 块

墙体挖补·瓮城北外墙墙身第 3 处 4 块

墙体挖补·瓮城南外墙墙身第 4 处 2 块

局部墙体挖补·瓮城南外墙第 5 处 2 块

局部墙体挖补·瓮城南外墙第 6 处

局部墙体挖补·瓮城南外墙墙身第 7 处

局部墙体挖补·瓮城南外墙墙身第 8 处

局部墙体挖补·瓮城南外墙墙身第 9 处

局部墙体挖补·瓮城南外墙墙身第 10 处、11 处

墙体挖补·瓮城门外墙墙身第 12 处 2 块

局部墙体挖补·瓮城门外墙墙身第 13 处

局部墙体挖补·瓮城门外墙墙身第 14 处

局部墙体挖补·大门内南侧第 15 处 4 块

墙体挖补·中寨门内南侧第 16 处 3 块

局部墙体挖补·中寨门墙身第 17 处

瓮城城墙墙体局部挖补施工前

瓮城城墙墙体局部挖补施工完成后

瓮城城墙墙体局部挖补施工前

瓮城城墙墙体局部挖补施工完成后

瓮城城墙墙体局部挖补施工前

瓮城城墙墙体局部挖补施工完成后

瓮城墙缝处理·参建方现场讨论

瓮城墙缝处理·参建方现场讨论

瓮城开裂墙缝背面填充、加固

瓮城开裂墙缝背面填充、加固

瓮城开裂墙缝背面填充、加固

瓮城开裂墙缝骑马钉加固·钻锚孔

开裂墙缝骑马钉加固·骑马钉防腐处理

瓮城开裂墙缝骑马钉加固·植钉

开裂墙缝加固前·瓮城券拱

开裂墙缝加固施工后·瓮城券拱

6.2.2 东水门城墙墙体挖补、墙缝背面填充处理

东水门宇墙下部局部墙体维修·挖补

东水门正门左下方局部墙体维修·挖补

东水门正门左下方局部墙体维修·挖补

东水门门洞内局部墙体维修·挖补

东水门局部墙体挖补背面填充施工前

东水门局部墙体挖补背面填充施工完成后

东水门局部墙体挖补背面填充施工前

东水门局部墙体挖补背面填充施工完成后

6.3 东水门、西城墙、瓮城、小寨门城墙拆除石料保护、整理、堆放

东水门石料保护性拆除转运

东水门石料保护性拆除吊运

东水门石料保护性拆除转运

东水门区域拆除的石料临时保护堆放

西城墙石料保护性拆除转运

西城墙石料保护性拆除转运

西城墙石料保护性拆除转运

西城墙石料保护性拆除转运

瓮城、西城墙拆除的石料临时保护堆放

瓮城、西城墙拆除的石料临时保护堆放

6.4 城墙拆除石料标号、记录拍照存档

东水门城墙条石拆除前编号标记

东水门城墙条石拆除前编号标记

东水门城墙条石拆除前编号标记

东水门城墙条石拆除前编号标记

东水门城墙条石拆除前编号标记

东水门城墙条石拆除前编号标记

东水门垛口墙条石编号标记完成后

东水门垛口墙条石编号标记完成后

东水门垛口墙条石编号标记完成后

东水门垛口墙条石编号标记完成后

西城墙条石拆除前编号标记

西城墙条石拆除前编号标记

西城墙条石拆除前编号标记

西城墙条石拆除前编号标记

西城墙垛口墙编号标记完成后

西城墙垛口墙编号标记完成后

瓮城垛口墙条石拆除前编号标记

瓮城城墙垛口石拆除前编号标记

瓮城垛口墙条石拆除前编号标记

瓮城城墙垛口石拆除前编号标记

瓮城宇墙拆除前编号标记

瓮城宇墙拆除前编号标记

瓮城宇墙条石编号完成后

瓮城垛口墙条石编号完成后

瓮城墙身条石编号标记

瓮城墙身条石编号标记

瓮城城墙墙身编号标记完成后

瓮城城墙墙身编号标记完成后

7、其他（新增）：瓮城文物保护牌维护

文物保护牌上底漆生漆

保护牌底漆涂刷完成后

修复砂浆边缘嵌补加固

贴金区域涂刷金胶油

瓮城文物保护牌贴金施工中

瓮城文物保护牌贴金施工中

瓮城文物保护牌维护施工前

瓮城文物保护牌贴金完成后

8、施工现场准备工作（材料进场、二次转运等）

本地旧条石进场

二次转运条石至施工现场

生石灰进场

二次转运石灰至施工现场

河沙进场

二次转运河沙至施工现场

施工材料（石子）进场

城楼施工木料进场

施工材料（钢管、扣件）进场

施工材料（架板、模板）进场

施工材料（顶地面强弱电管）进场

施工材料（地面施工强弱电管）进场

搭设脚手架·二次转运钢管扣件等材料

搭设脚手架·二次转运钢管扣件材料

二次转运石板至施工现场

城楼施工材料小青瓦进场

二次转运施工材料至现场·条石

二次转运施工材料至现场·石板

转运钢管扣件等材料至现场

转运钢管扣件等材料至现场

人工转运钢管、扣件等材料至现场

人工转运钢管、架板等材料至现场

组装调试施工辅助机械·东水门吊机

东水门施工辅助吊机搬运安装中

组装调试施工辅助机械·西城墙吊机

施工临时用电安装调试

施工现场消防设施·干粉灭火器

施工现场消防设施·干粉灭火器

9、安全文明施工（景区美化喷绘）设施、施工班前会、领导视察等事项

9.1 安全文明施工（景区美化喷绘）管理

搭设景区美化喷绘支架·大寨门

搭设景区美化喷绘支架·大寨门

景区美化喷绘安装制作前·大寨门

景区美化喷绘制作完成后·大寨门

景区美化喷绘安装制作中·小寨门

景区美化喷绘制作完成后·小寨门

景区美化喷绘·停车场材料堆放区 1

景区美化喷绘·停车场材料堆放区 2

景区美化喷绘·瓮城安全通道口

施工现场·项目八牌一图

施工现场美化喷绘·西城墙施工通道

施工管理项目部·二佛巷

9.2 施工班前会、领导视察等事项

施工班前会、安全技术交底

施工班前会、安全技术交底

参建单位现场踏勘（2018.4.20）

参建单位图审、技术交底（2018.4.20）

城投大厦施工周例会（2018.5.2）

城投大厦施工周例会（2018.5.10）

施工周例会·项目办公室 2018.6.28

镇政府城墙违建群众会 2018.8.30

施工周例会·区政府 2018.9.4

施工周例会·区政府 2018.9.17

项目（东水门）阶段性核量 2018.9.26

文化委安全例检 2018.9.28

东水门环境整治核量 2018.10.23

专家组踏勘现场 2018.11.2

西城墙、瓮城核量 2019.4.9

业主、文化委检查指导工作 2019.4.17

中寨门开窗现场讨论 2019.7.4

市文物局检查指导工作 2019.10.15

现场收方核量 2020.1.4

现场收方核量 2020.1.4

三、长岩洞段城墙修护工程影像资料

1、施工前后对比照片

1.1 长岩洞区域整体施工前后对比照片

整体施工前（西 0m—150m）

整体施工后

整体施工前（东 150m—0m）

局部施工后

1.2 长岩洞区域局部施工前后对比照片

局部施工前（中部 0m—50m）

局部施工后

局部施工前（中部 80m—100m）

局部施工后

2、施工过程影像资料

2.1 城墙墙体施工过程影像资料

2.1.1 墙身基础开挖、基岩持力层打毛凿平

基础开挖施工后

基础开挖施工后

基岩打毛凿平

基岩打毛凿平

基础开挖完成后

基础打毛凿平后

城墙墙身基础收方核量

基槽收方核量（120m—140m 区段）

2.1.2 墙身基础条石砌筑

预加工条石

预加工条石

预制三七灰浆

预制三七灰浆

墙身基础砌筑（0m—50m 区段）

墙身基础砌筑（0m—50m 区段）

墙身基础砌筑（0m—50m 区段）

墙身基础砌筑（0m—50m 区段）

墙身基础砌筑（50m—100m 区段）

墙身基础砌筑（50m—100m 区段）

墙身基础砌筑（100m—150m 区段）

墙身基础砌筑（100m—150m 区段）

2.1.3 墙身基础砌体灌浆

灰浆制作施工中

灰浆制作施工中

灰浆制作施工中

灰浆制作施工中

灌浆施工中

灌浆施工中

灌浆施工中

灌浆施工后（局部）

2.1.4 城墙垛口墙砌筑

垛口墙砌筑（0m—50m 区段）

垛口墙砌筑（0m—50m 区段）

垛口墙砌筑（50m—100m 区段）

垛口墙砌筑（50m—100m 区段）

垛口墙砌筑（100m—150m 区段）

垛口墙砌筑（100m—150m 区段）

垛口墙砌筑（100m—150m 区段）

垛口墙砌筑（100m—150m 区段）

2.1.5 城墙垛口石制安

制安垛口石（0m—50m 区段）

制安垛口石（0m—50m 区段）

制安垛口石（50m—100m 区段）

制安垛口石（50m—100m 区段）

制安垛口石（100m—150m 区段）

制安垛口石（100m—150m 区段）

垛口墙体收方核量

垛口墙体收方核量

2.1.6 垛口墙完工后图片

墙身制安完成后（0m—50m）

墙身制安完成后（50m—80m）

墙身制安完成后（80m—100m）

墙身制安完成后（100m—150m）

2.2 城墙地面施工过程影像资料

2.2.1 城墙地面排水设施、城墙地面开挖、三合土制作

预加工城墙地面导水槽

预加工导水槽铜钱盖板

预加工砂岩石板

预制三七灰浆

安装面流水导水槽

安装面流水导水槽

城墙地面开挖施工中

城墙地面开挖施工中

城墙地面三合土垫层制作

城墙地面三合土垫层制作

城墙地面三合土垫层制作

城墙地面三合土垫层制作

城墙地面三合土垫层夯实

城墙地面三合土垫层夯实

城墙地面三合土垫层施工后

城墙地面三合土垫层施工后

2.2.2 城墙马道地面石板铺装

地面石板坐浆铺装（0m—50m）

地面石板坐浆铺装

地面石板坐浆铺装（50m—100m）

地面石板坐浆铺装

地面石板坐浆铺装（100m—150m）

地面石板坐浆铺装

2.2.3 城墙地面路沿石制安

局部开凿嵌入

局部开凿嵌入

制安路沿石（0m—50m）

制安路沿石（0m—50m）

制安路沿石（50m—100m）

制安路沿石（100m—150m）

路沿石弧形线修整

路沿石弧形线修整

地面铺装收方核量

地面铺装收方核量

地面铺装收方核量

地面铺装收方核量

城墙地面施工后（0m—50m）

城墙地面施工后（20m—50m）

城墙地面施工后（50m—80m）

城墙地面施工后（100m—150m）

2.3 环境整治施工过程影像资料

2.3.1 施工区域清表（树木、杂草、生活垃圾等）

清理施工区域垃圾等杂物

清理施工区域垃圾等杂物

清除边坡大树　　清除边坡大树

清理树木根系　　清理树木根系

清除竹丛　　清除竹丛根系

清除废弃电杆　　清除废弃电杆

清除边坡易滑坡渣土

清除边坡易滑坡渣土

场地平整收方核量

场地平整收方核量

清理前（整体）

清理施工后 2021.3.28

清理前（局部）

清理施工后 2021.3.28

清理前（局部）

清理施工后 2021.3.28

2.3.2 城墙排水设施

开挖集水井、沉砂池（连接市政）

砌筑沉砂池连接市政管网

砌筑城墙内侧集水井连接沉砂池

集水井、沉砂池连接市政施工后

城墙地面污水检查井提升（10m 处）

城墙地面污水检查井提升（130m 处）

2.3.3 场地平整（标高调整、土方开挖回填、降土方、夯实等）

城墙标高测量记录

城墙标高测量记录

城墙地面局部土方开挖

城墙地面局部土方开挖

城墙地面局部土方回填

城墙地面局部土方回填

城墙内侧场地平整施工中

城墙内侧场地平整施工中

城墙内侧场地夯实施工中

城墙内侧场地夯实施工中

局部场地降土方施工前

降土方施工完成后 2021.3.28

局部场地降土方施工前

降土方施工完成后 2021.3.28

局部场地回填施工前

回填施工完成后 2021.3.28

3、施工准备、材料二次转运、文明施工、领导视察等资料

3.1 施工准备、材料二次转运等措施

施工前测量放线

施工前测量放线

制安长岩洞 160m 处悬崖防护栏

悬崖防护栏景区美化喷绘安装完成后

安装施工区域隔离围挡

安装施工区域景区美化喷绘

隔离围挡及文明喷绘制安完成后

隔离围挡及文明喷绘制安完成后

施工围挡收方核量

施工围挡收方核量

疫情防控相关喷绘安装完成后

疫情防控相关横幅安装完成后

搭设施工区域临边防护栏

施工区域临边防护设施制安完成后

临边防护栏及警示标牌安装完成后

施工区域安防及夜间照明安装调试

施工现场安防设施（监控）

施工临时用电安装调试

施工材料（条石）进场

施工材料（条石）进场

施工材料（石板）进场

施工材料（路沿石）进场

施工材料（河沙）进场

施工材料（石子）进场

施工材料（红砖）进场

施工材料（排水波纹管）进场

施工主材料（本地条石）

施工主材监理见证取样送检

人工转运材料（条石）

人工转运材料（条石）

人工转运材料（条石）

人工转运材料（路沿石）

人工转运材料（石板）

人工转运材料（石板）

转运场地树木等杂物

人工转运（土方）

3.2 施工现场文明施工、领导视察等资料

业主领导视察现场指导工作 2020.12.25

业主领导视察现场指导工作 2020.12.25

参建单位现场技术交底 2021.1.15

参建单位踏勘现场、现场交 2021.1.15

业主单位领导视察指导工作 2021.1.21

业主单位领导视察指导工作 2021.1.21

城投大厦工程例会 2021.1.26

甲方、文化委领导指导工作 2021.1.27

甲方、镇领导检查指导工作 2021.3.8

镇政府领导检查指导工作 2021.3.12

甲方领导视察、指导工作 2021.3.18

甲方领导视察、指导工作 2021.3.18

班前会·安全施工技术交底

班前会、技术交底

班前会、技术交底

四、考察资料

四川美术学院考察

四川美术学院考察

钓鱼城景区考察

钓鱼城景区考察

宝箴寨、云顶山城墙考察

宝箴寨、云顶山城墙考察

附录二 工程图纸

一、瓮城及城墙维修工程设计图纸（一期）

1、现状图

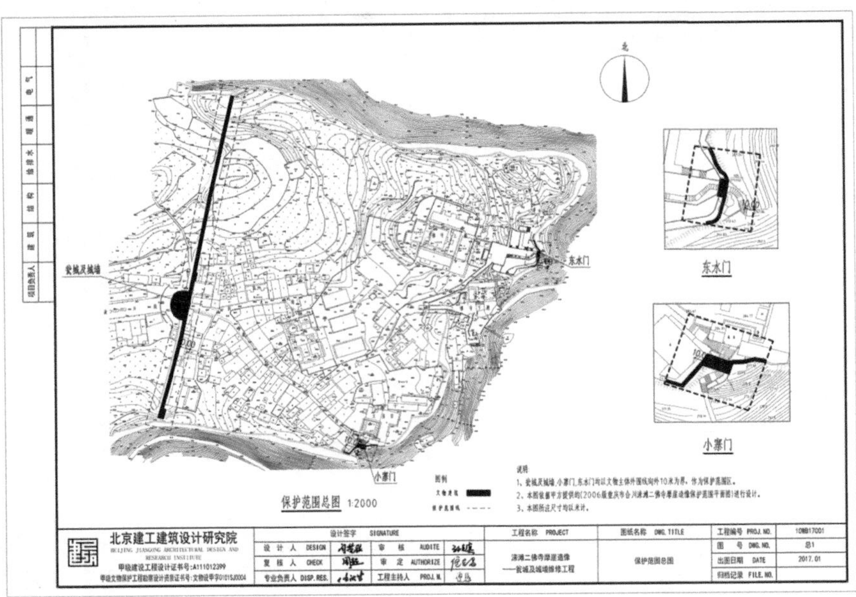

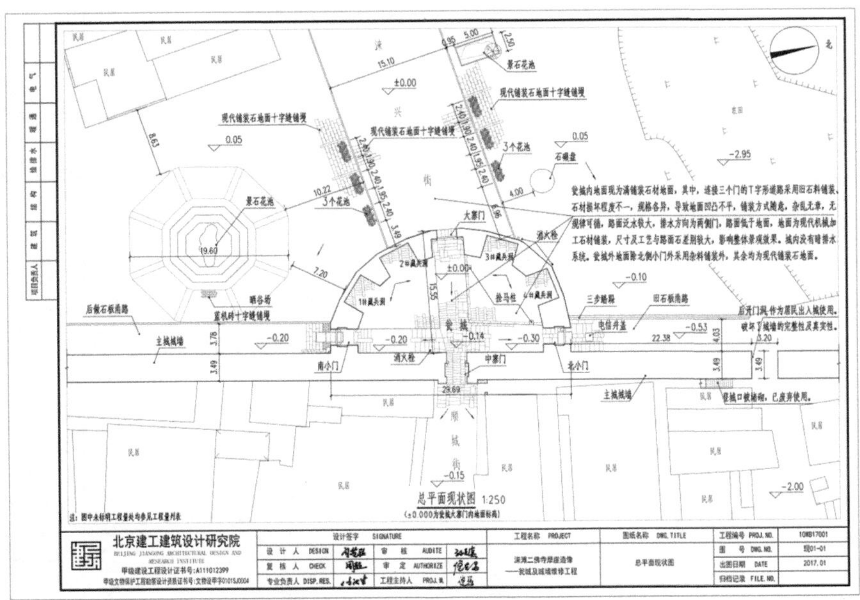

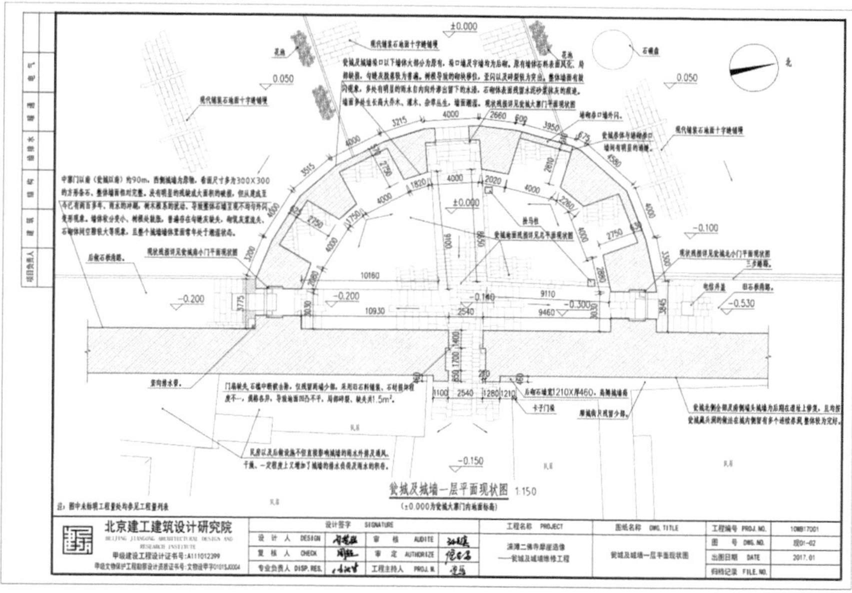
瓮城及城墙一层平面现状图 1:150
(±0.000为瓮城大寨门内地面标高)
北京建工建筑设计研究院
瓮城及城墙一层平面现状图
2017.01

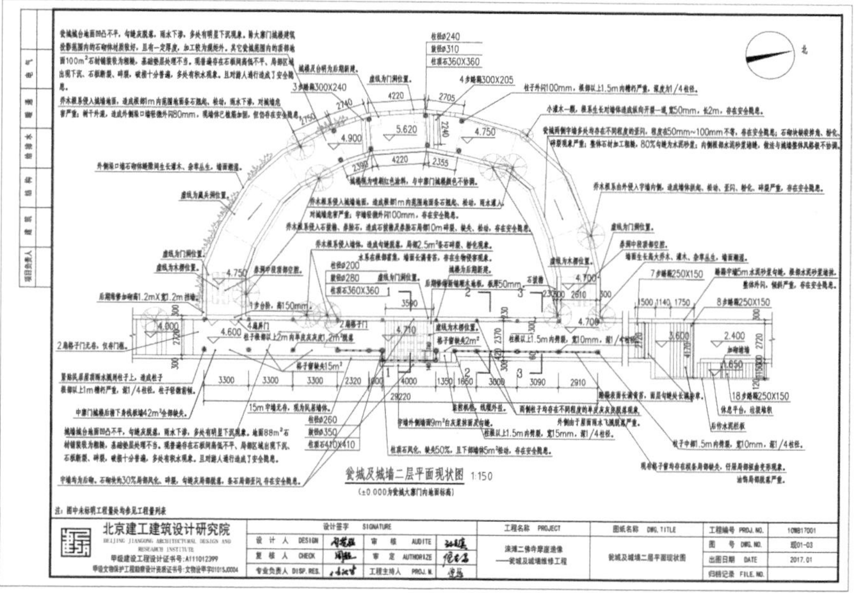
瓮城及城墙二层平面现状图 1:150
(±0.000为瓮城大寨门内地面标高)
北京建工建筑设计研究院
瓮城及城墙二层平面现状图
2017.01

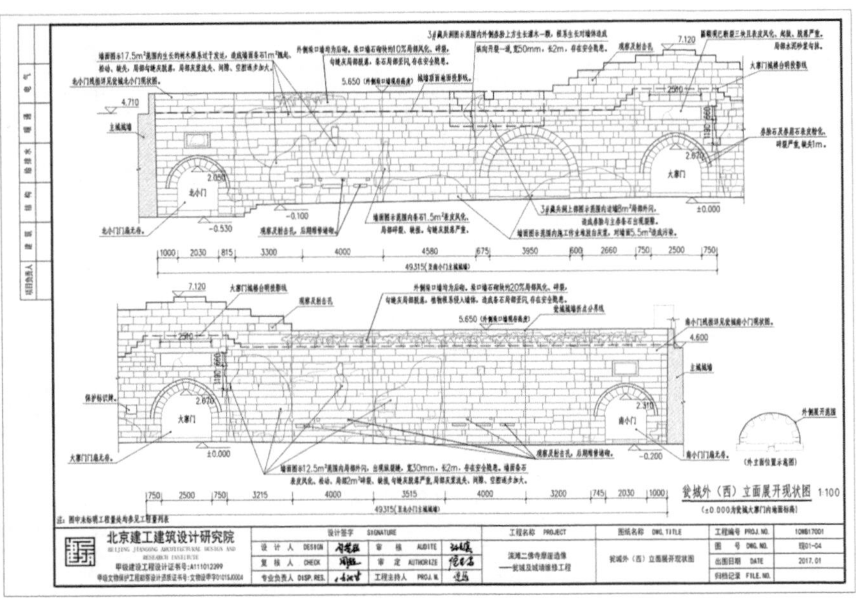
瓮城外（西）立面展开现状图 1:100
（±0.000为瓮城大寨门内地面标高）
北京建工建筑设计研究院
大寨门
北小门
主城城墙
49315（至南小门主城城墙）

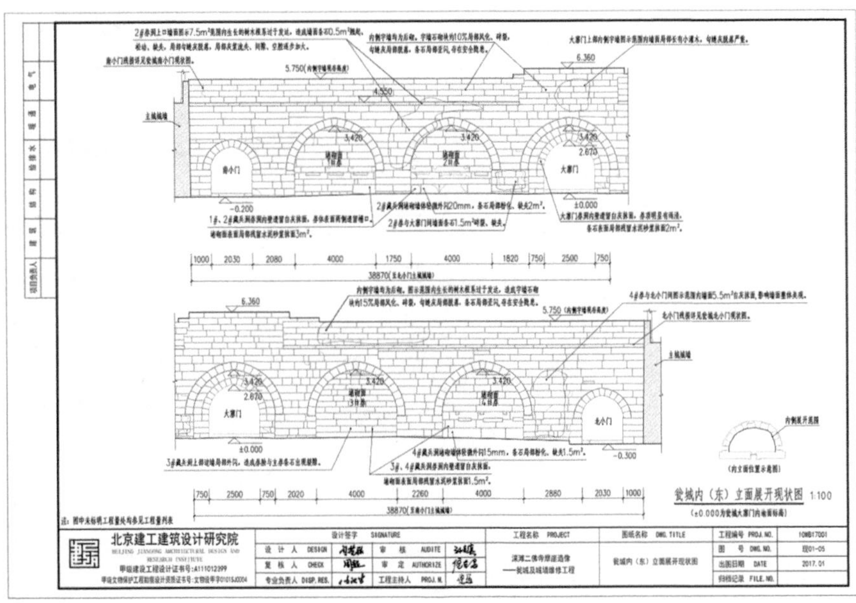
瓮城内（东）立面展开现状图 1:100
（±0.000为瓮城大寨门内地面标高）
北京建工建筑设计研究院
大寨门
南小门
北小门
主城城墙
38870（至北小门主城城墙）

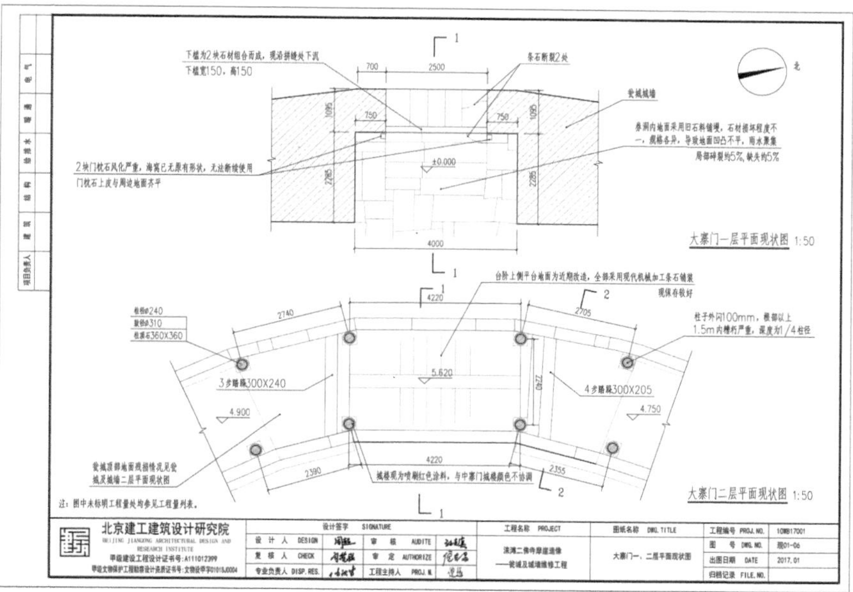

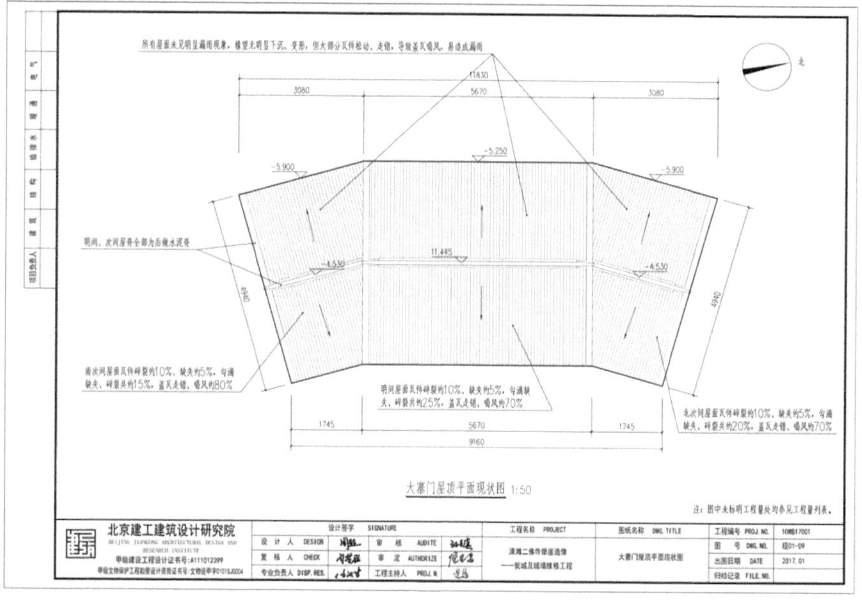

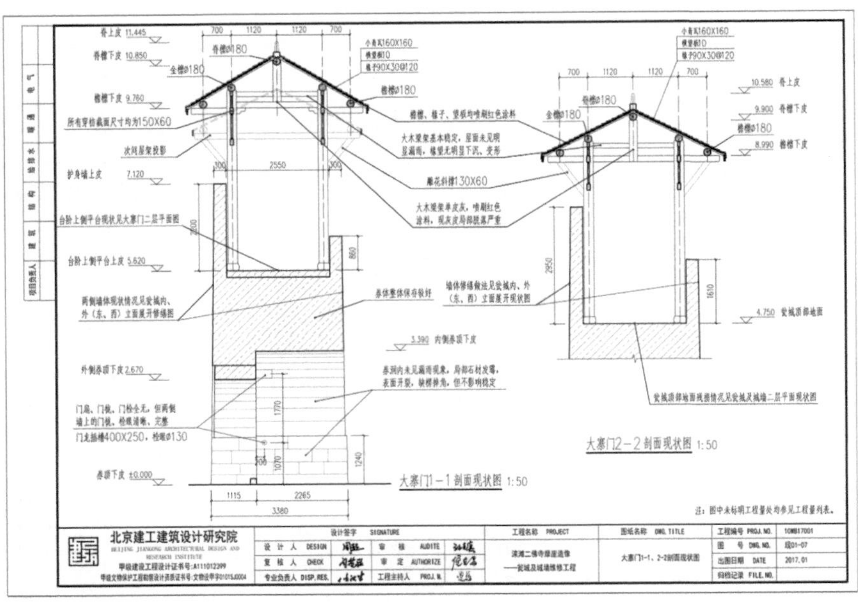

脊上皮 11.445
脊檩下皮 10.850
脊檩Ø180
金檩Ø180
檐檩下皮 9.760
檐檩Ø180
所有穿枋截面尺寸均为150X60
次间屋架投影
护身墙上皮 7.120
台阶上侧平台现状见大寨门二层平面图
台阶上侧平台上皮 5.620
两侧墙体现状情况见瓮城内、外（东、西）立面展开修缮图
券体整体保存较好
3.390 内侧券顶下皮
外侧券顶下皮 2.670
券洞内未见漏雨现象，局部石材发霉，表面开裂，缺楞掉角，但不影响稳定
门扇、门枕、门栓全无，但两侧墙上的门枕，栓眼清晰、完整
门龙插槽400X250，栓眼Ø130
券脚下皮 ±0.000
檩檩、椽子、望板均喷刷红色涂料
大木梁架基本稳定，屋面未见明显漏雨，椽望无明显下沉、变形
雕花斜撑130X60
大木梁架单皮灰，喷刷红色涂料，现灰皮局部脱落严重
墙体修缮做法见瓮城内、外（东、西）立面展开现状图
4.750 瓮城顶部地面
瓮城顶部地面残损情况见瓮城及城墙二层平面现状图
大寨门1－1剖面现状图 1:50
大寨门2－2剖面现状图 1:50
注：图中未标明工程量处均参见工程量列表。
北京建工建筑设计研究院
大寨门1-1、2-2剖面现状图
2017.01

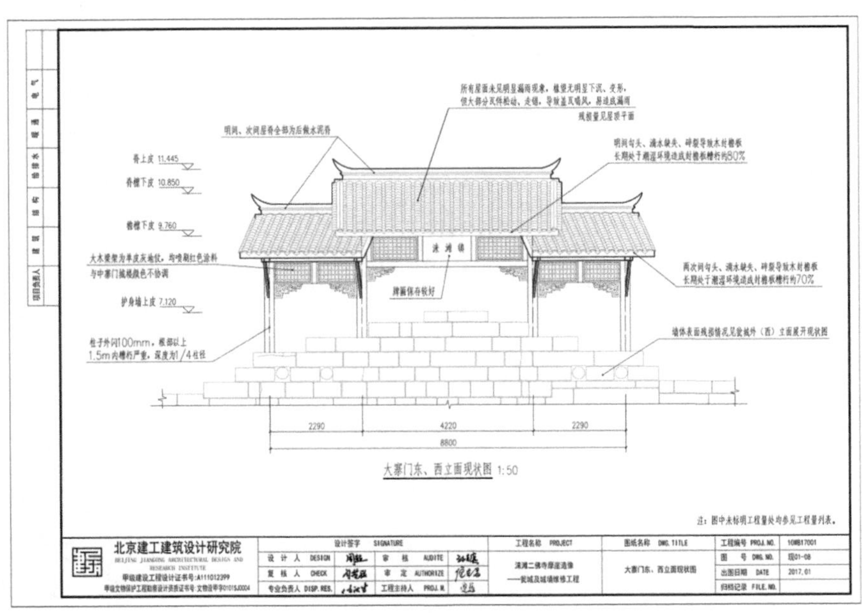

所有屋面未见明显漏雨现象，椽望无明显下沉、变形，但大部分瓦件松动、走错，导致盖瓦墙风，易造成漏雨
残损量见屋顶平面
明间、次间屋脊全部为后做水泥脊
明间勾头、滴水缺失、碎裂导致木封檐板长期处于潮湿环境造成封檐板糟朽约80%
脊上皮 11.445
脊檩下皮 10.850
檐檩下皮 9.760
大木梁架为单皮灰地仗，均喷刷红色涂料与中寨门城楼颜色不协调
护身墙上皮 7.120
柱子外闪100mm，根部以上1.5m内糟朽严重，深度为1/4柱径
牌匾保存较好
涞滩场
两次间勾头、滴水缺失、碎裂导致木封檐板长期处于潮湿环境造成封檐板糟朽约70%
墙体表面残损情况见瓮城外（西）立面展开现状图
2290
4220
2290
8800
大寨门东、西立面现状图 1:50
注：图中未标明工程量处均参见工程量列表。
北京建工建筑设计研究院
大寨门东、西立面现状图
2017.01

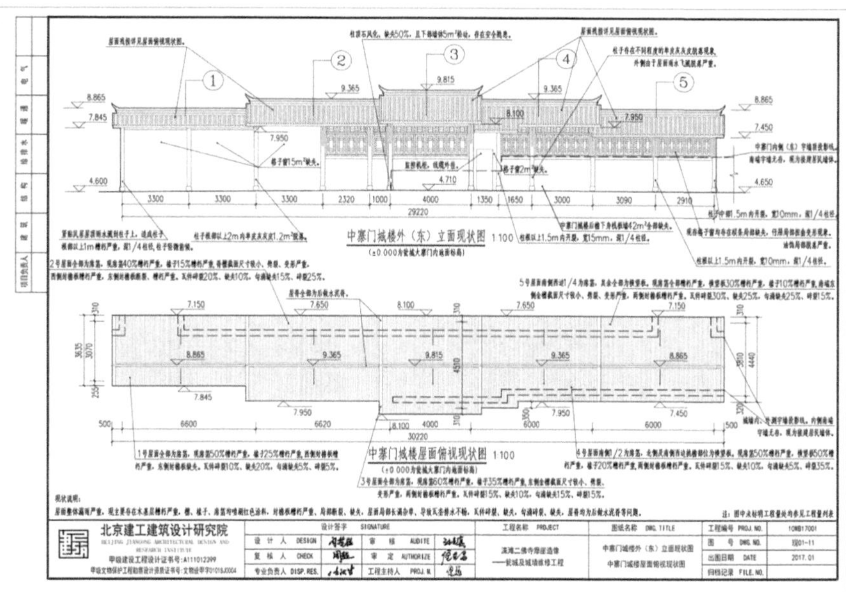

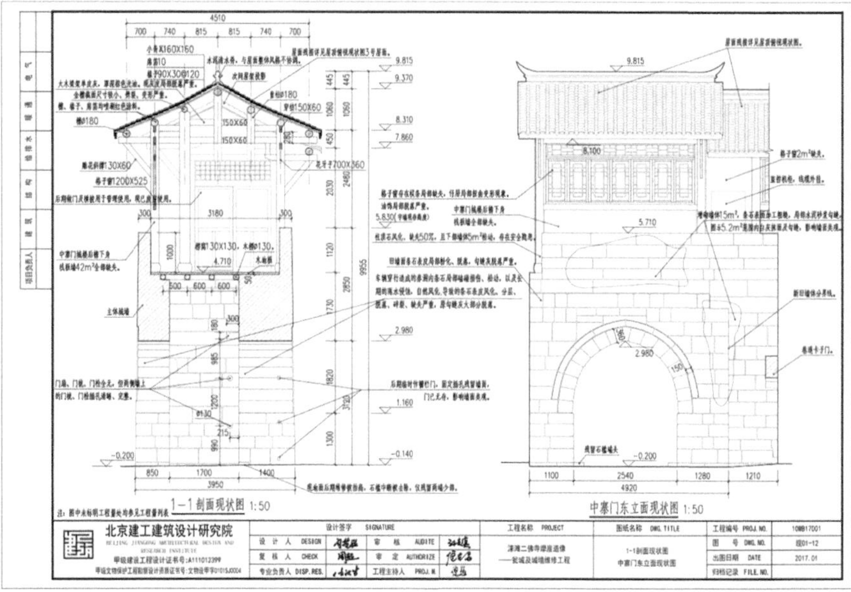

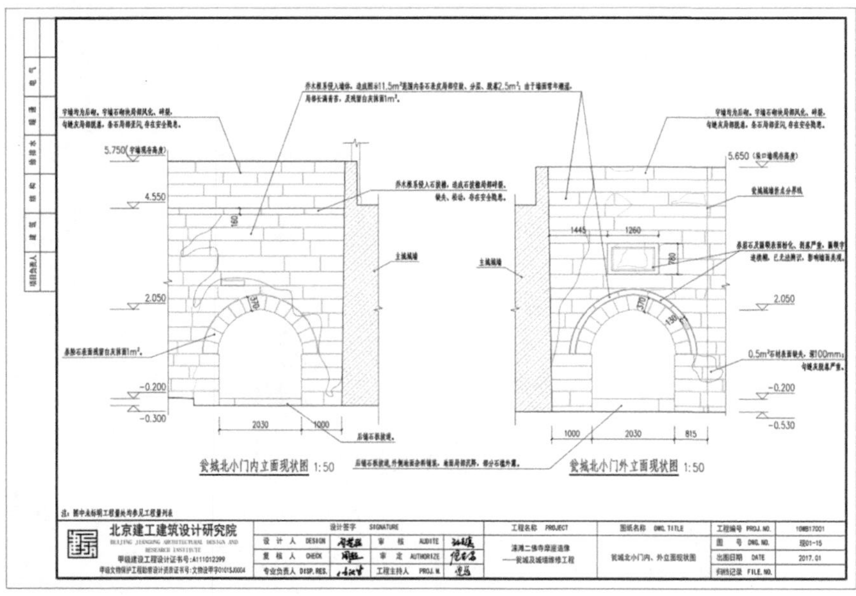
瓮城北小门内立面现状图 1:50
瓮城北小门外立面现状图 1:50
北京建工建筑设计研究院
BEIJING JIANGONG ARCHITECTURAL DESIGN AND RESEARCH INSTITUTE
涞滩二佛寺摩崖造像
——瓮城及城墙维修工程
瓮城北小门内、外立面现状图
10MB17001
现01-15
2017.01

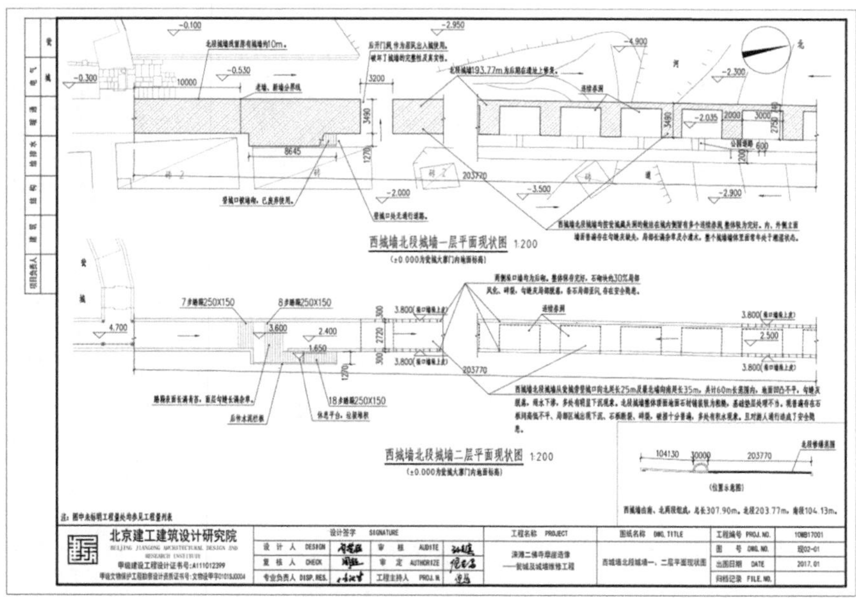
西城墙北段城墙一层平面现状图 1:200
(±0.000为瓮城大寨门内地面标高)
西城墙北段城墙二层平面现状图 1:200
(±0.000为瓮城大寨门内地面标高)
北京建工建筑设计研究院
BEIJING JIANGONG ARCHITECTURAL DESIGN AND RESEARCH INSTITUTE
涞滩二佛寺摩崖造像
——瓮城及城墙维修工程
西城墙北段城墙一、二层平面现状图
10MB17001
现02-01
2017.01

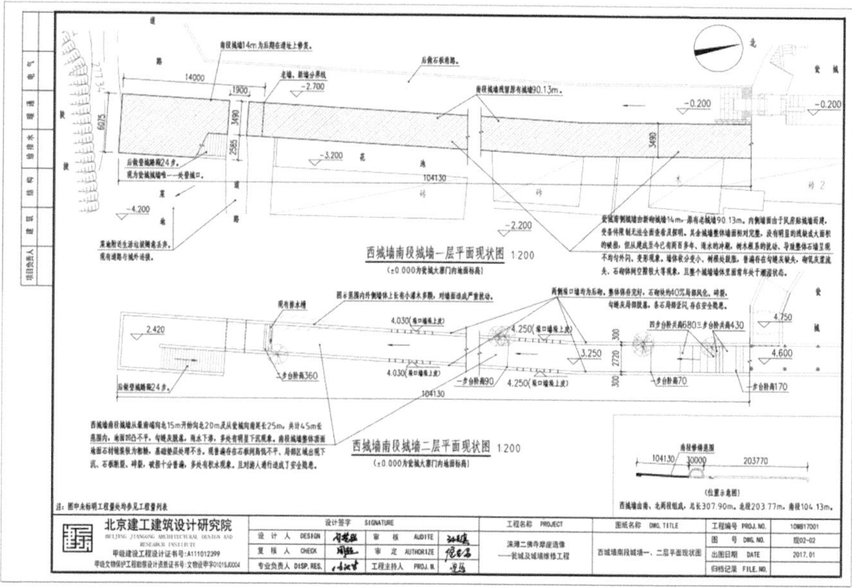

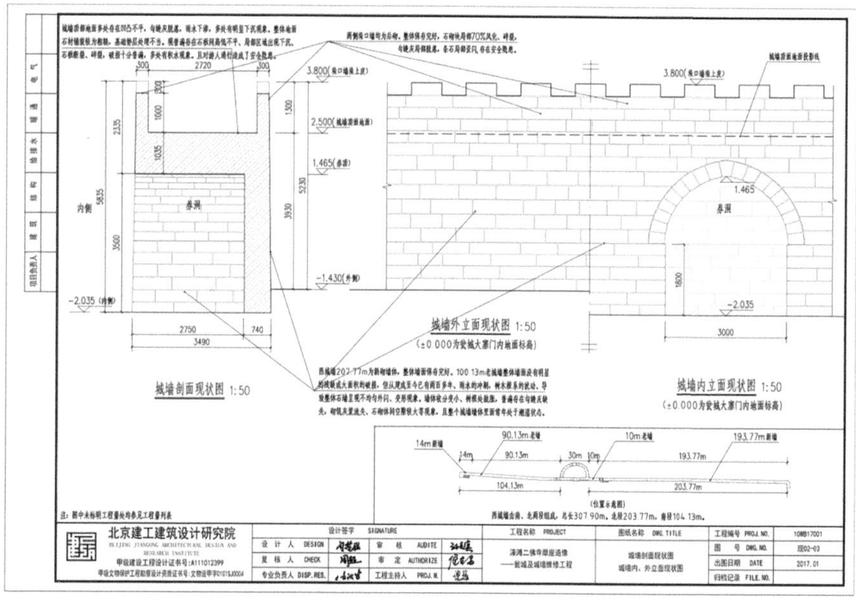

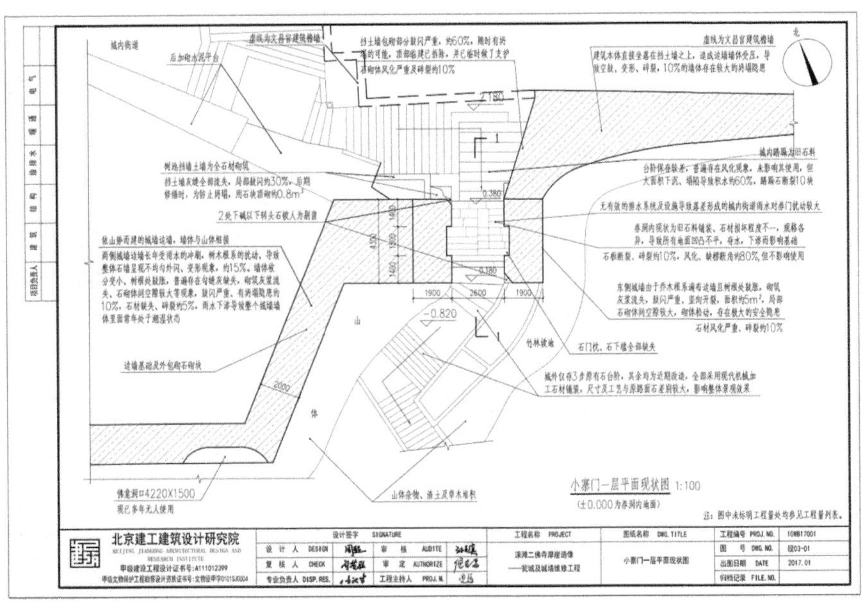

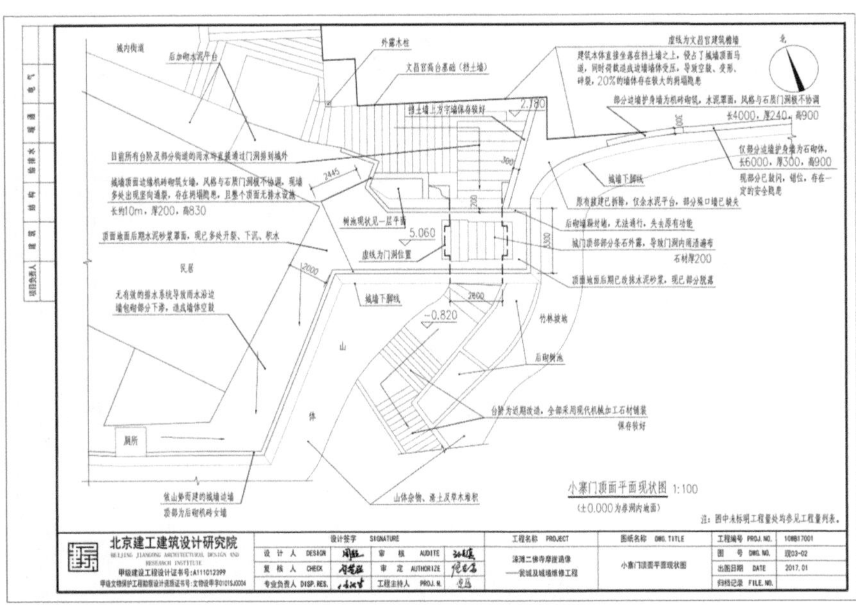

2、设计图

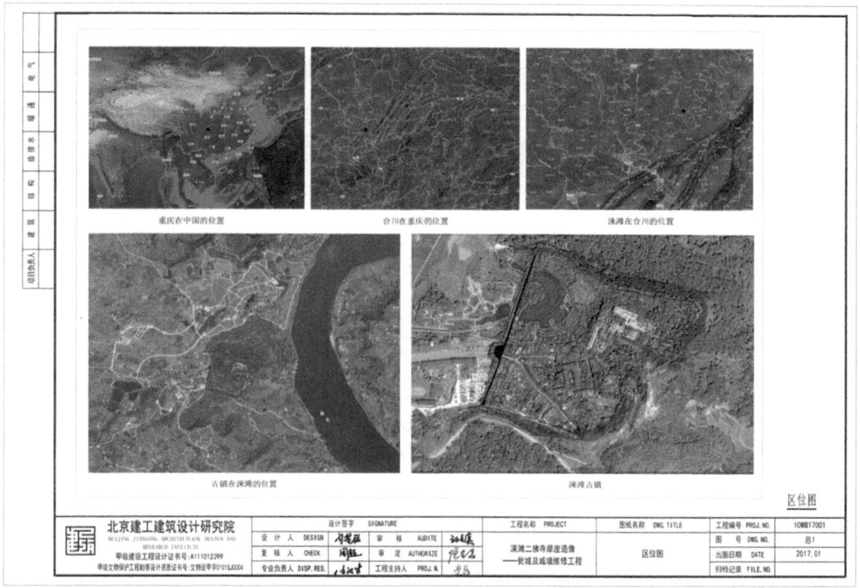
重庆在中国的位置
合川在重庆的位置
涞滩在合川的位置
古镇在涞滩的位置
涞滩古镇
区位图
北京建工建筑设计研究院
甲级建设工程设计证书号：A111012399
工程名称 PROJECT
涞滩二佛寺摩崖造像——瓮城及城墙维修工程
图纸名称 DWG. TITLE
区位图
工程编号 PROJ. NO. 10WB17001
图号 DWG. NO. 总1
出图日期 DATE 2017. 01

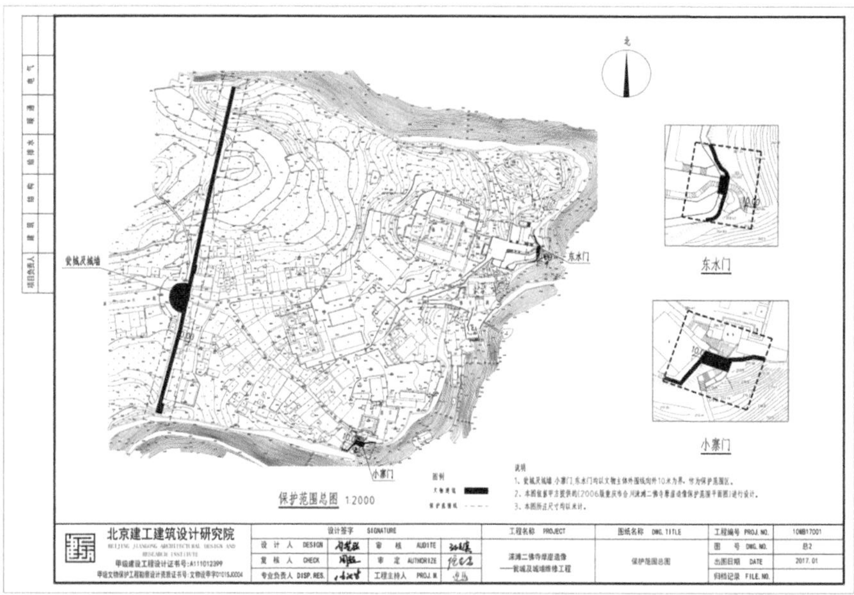
北
瓮城及城墙
东水门
小寨门
保护范围总图 1:2000
北京建工建筑设计研究院
甲级建设工程设计证书号：A111012399
工程名称 PROJECT
涞滩二佛寺摩崖造像——瓮城及城墙维修工程
图纸名称 DWG. TITLE
保护范围总图
工程编号 PROJ. NO. 10WB17001
图号 DWG. NO. 总2
出图日期 DATE 2017. 01

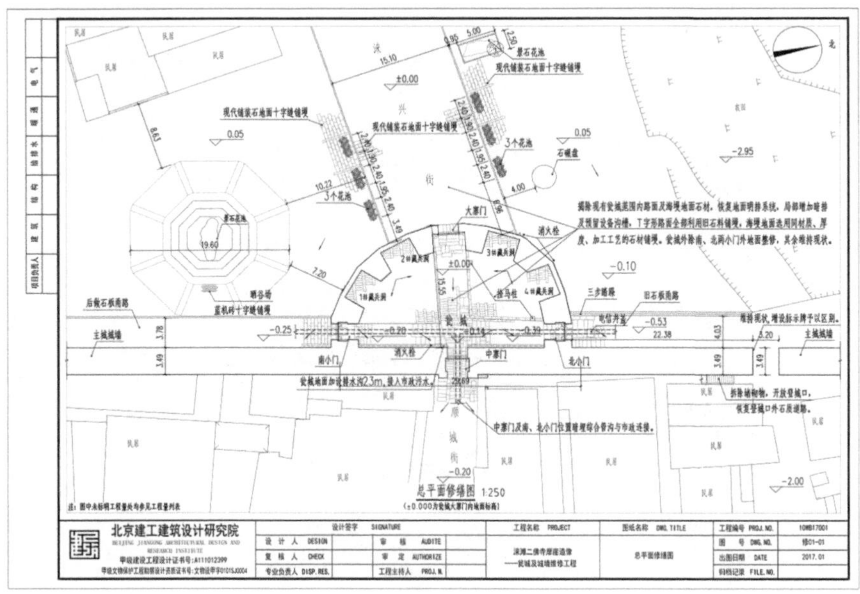
总平面修缮图 1:250
(±0.000为瓮城大寨门内地面标高)
北京建工建筑设计研究院
涞滩二佛寺摩崖造像——瓮城及城墙维修工程
总平面修缮图
2017.01

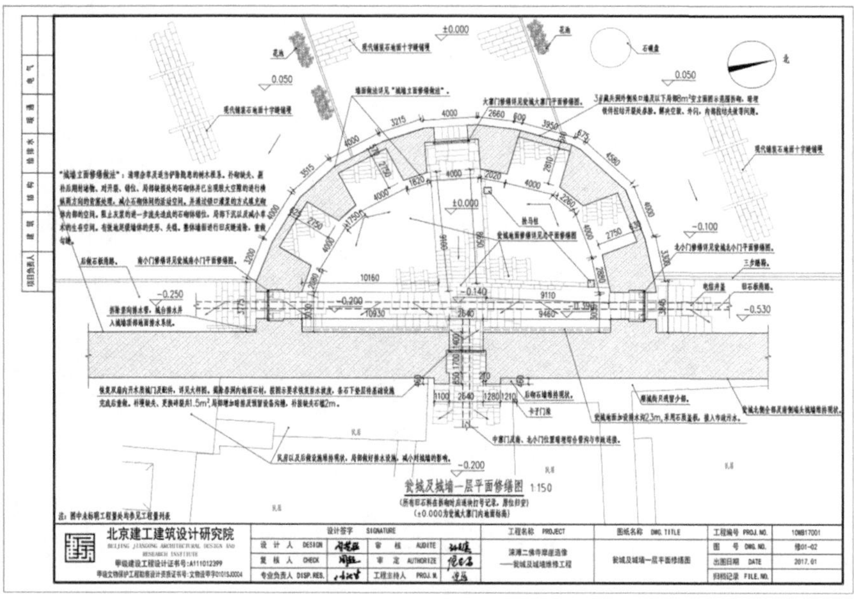
瓮城及城墙一层平面修缮图 1:150
(±0.000为瓮城大寨门内地面标高)
北京建工建筑设计研究院
涞滩二佛寺摩崖造像——瓮城及城墙维修工程
瓮城及城墙一层平面修缮图
2017.01

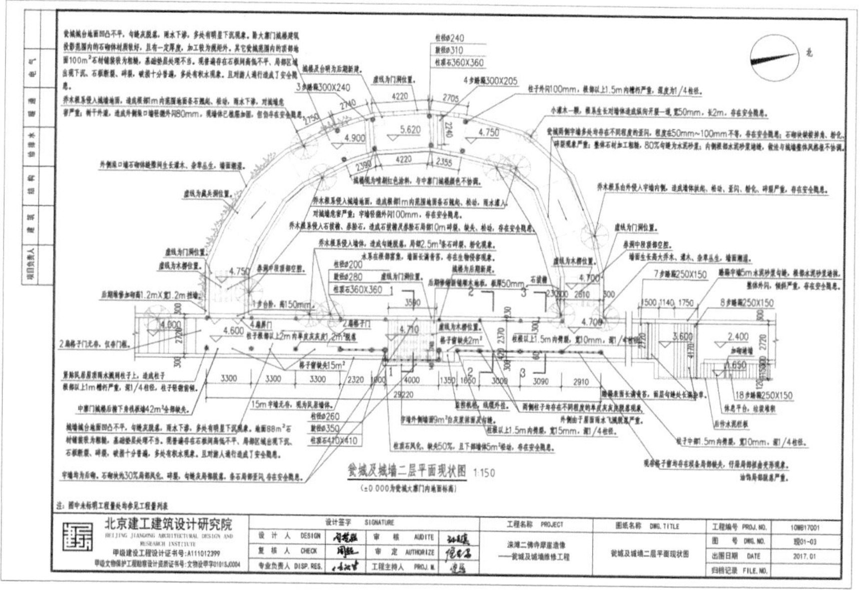
瓮城及城墙二层平面现状图 1:150
(±0.000为瓮城大寨门内地面标高)
注：图中未标明工程量处均参见工程量列表
北京建工建筑设计研究院
BEIJING JIANGONG ARCHITECTURAL DESIGN AND RESEARCH INSTITUTE
甲级建设工程设计证书号:A111012399
洪湖二佛寺摩崖造像
——瓮城及城墙维修工程
瓮城及城墙二层平面现状图
10WB17001
现01-03
2017.01

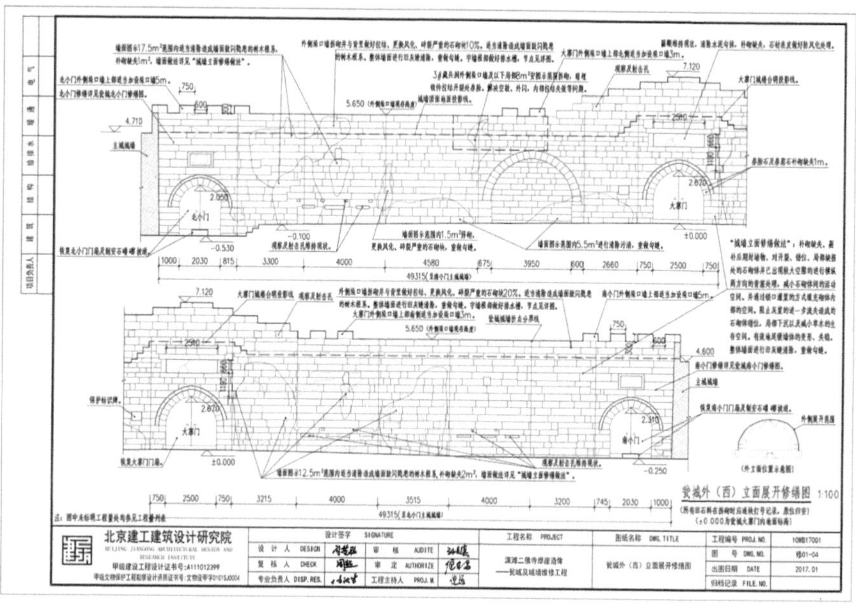
瓮城外（西）立面展开修缮图 1:100
(±0.000为瓮城大寨门内地面标高)
注：图中未标明工程量处均参见工程量列表
北京建工建筑设计研究院
BEIJING JIANGONG ARCHITECTURAL DESIGN AND RESEARCH INSTITUTE
甲级建设工程设计证书号:A111012399
洪湖二佛寺摩崖造像
——瓮城及城墙维修工程
瓮城外（西）立面展开修缮图
10WB17001
修01-04
2017.01

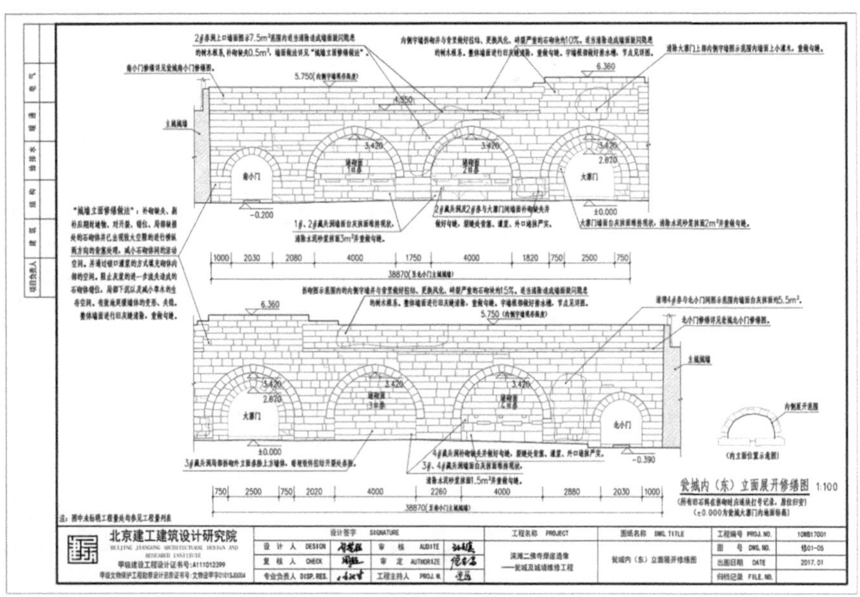
瓮城内（东）立面展开修缮图 1:100
北京建工建筑设计研究院
涞滩二佛寺摩崖造像——瓮城及城墙维修工程
瓮城内（东）立面展开修缮图
注：图中未标明工程量处均参见工程量列表

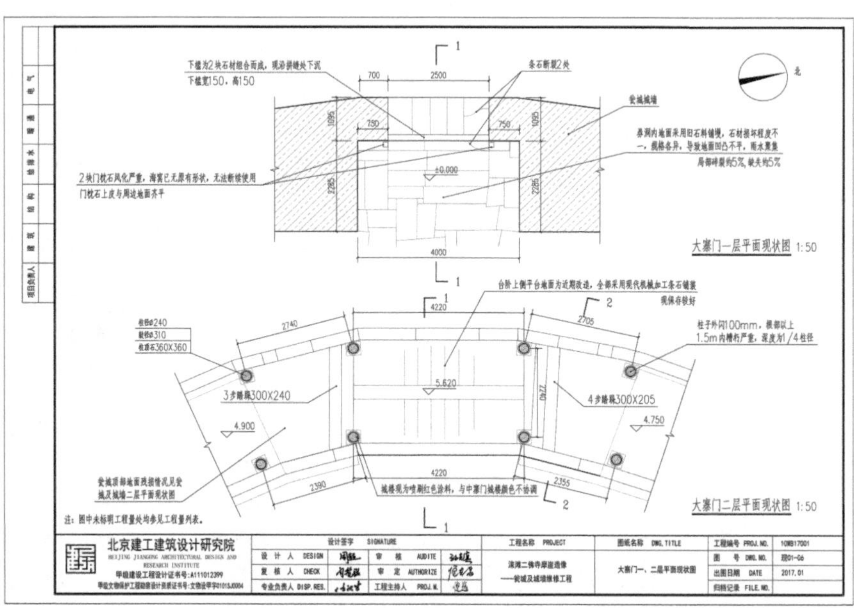
大寨门一层平面现状图 1:50
大寨门二层平面现状图 1:50
北京建工建筑设计研究院
涞滩二佛寺摩崖造像——瓮城及城墙维修工程
大寨门一、二层平面现状图
注：图中未标明工程量处均参见工程量列表。

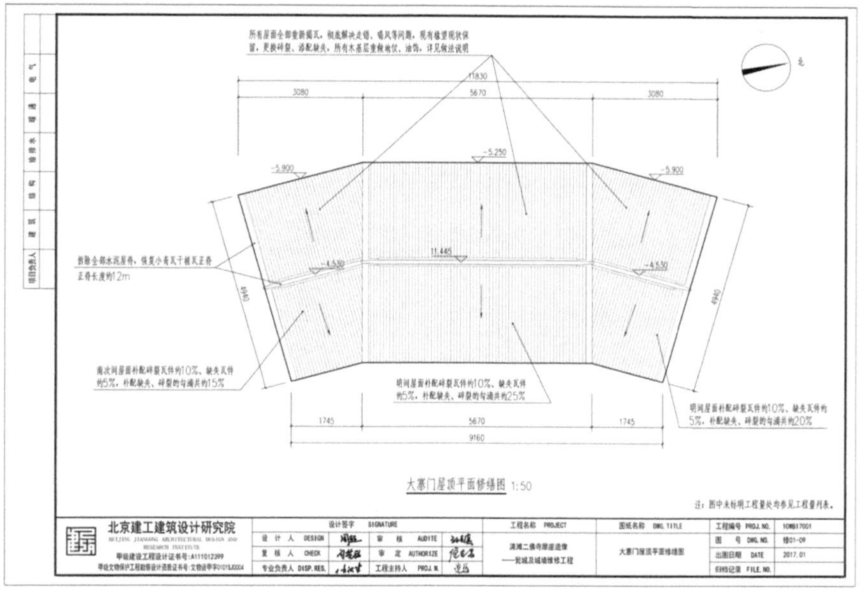

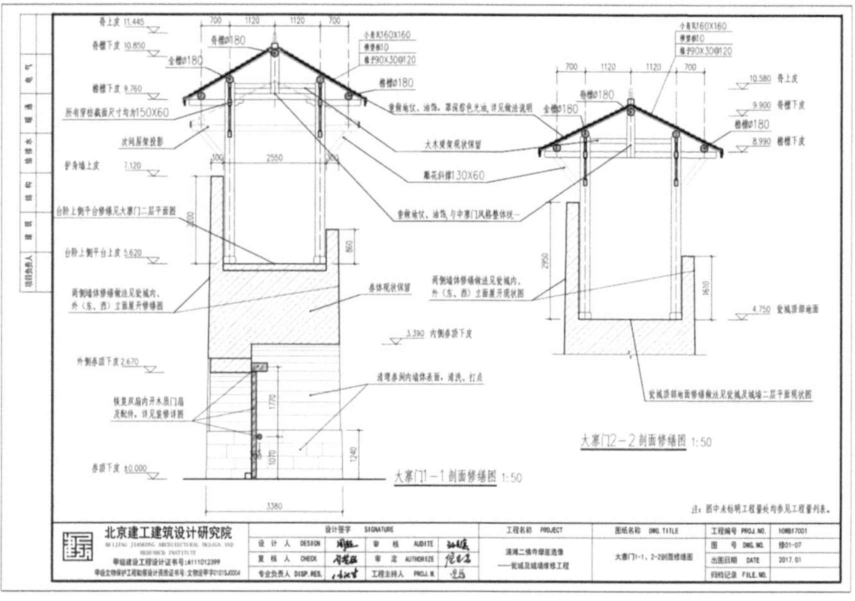

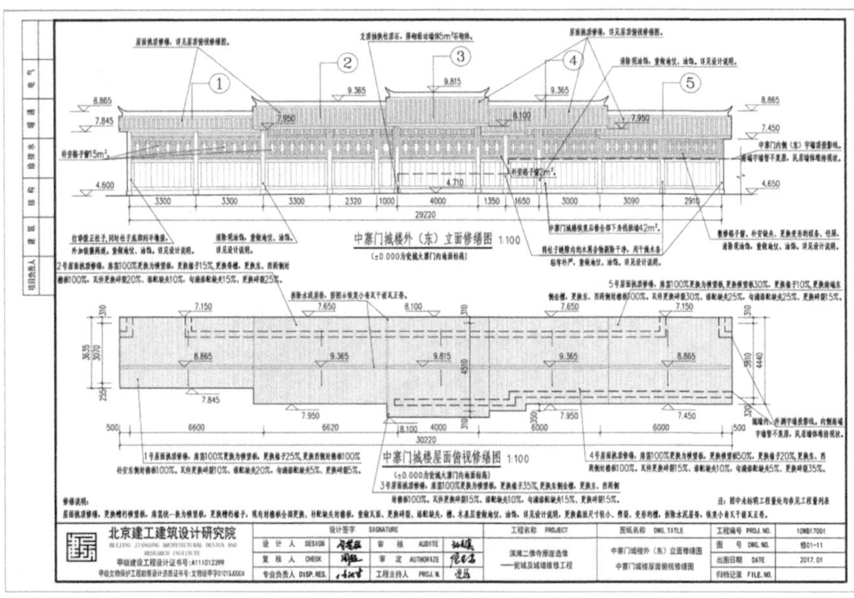
中寨门城楼外（东）立面修缮图 1:100
（±0.000为瓮城大寨门内地面标高）
中寨门城楼屋面俯视修缮图 1:100
（±0.000为瓮城大寨门内地面标高）
北京建工建筑设计研究院
中寨门城楼外（东）立面修缮图
中寨门城楼屋面俯视修缮图

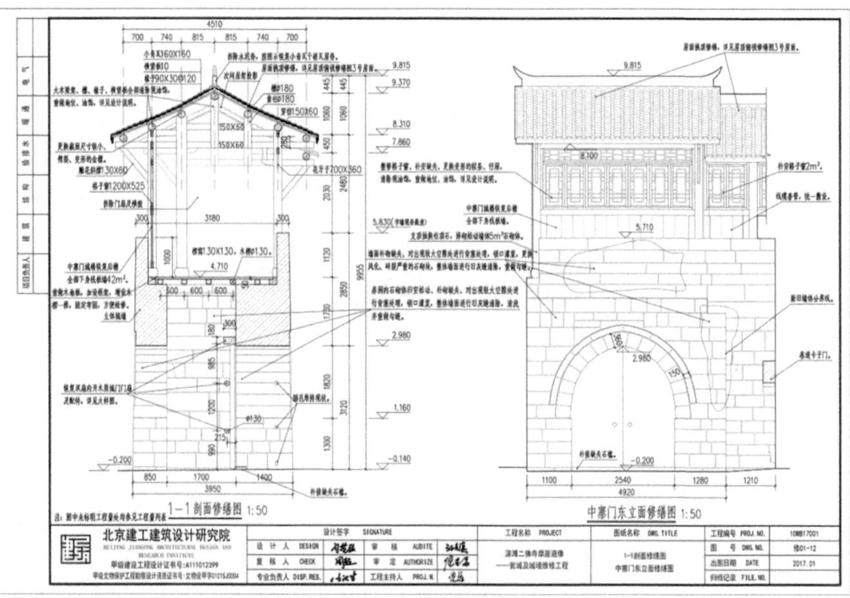
1-1剖面修缮图 1:50
中寨门东立面修缮图 1:50
北京建工建筑设计研究院
1-1剖面修缮图
中寨门东立面修缮图

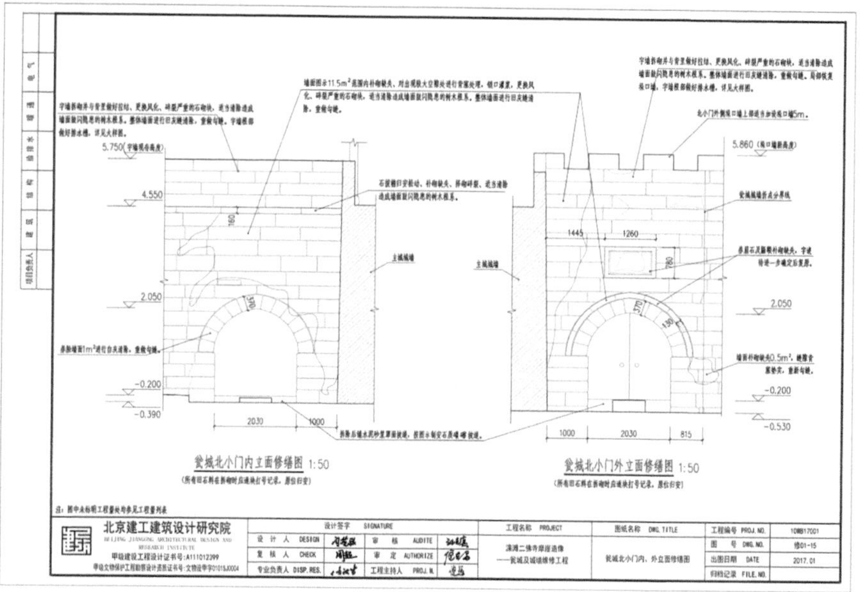
瓮城北小门内立面修缮图 1:50
瓮城北小门外立面修缮图 1:50
北京建工建筑设计研究院
瓮城北小门内、外立面修缮图

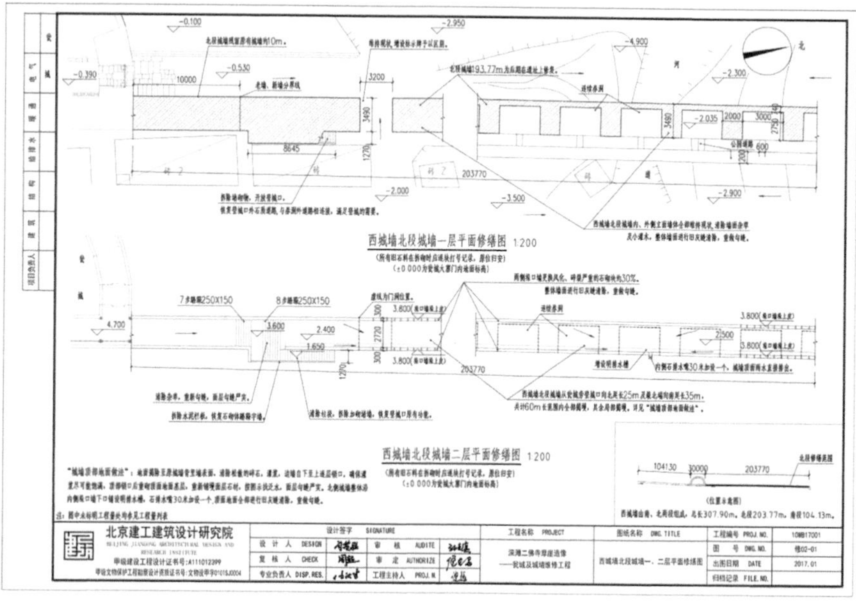
西城墙北段城墙一层平面修缮图 1:200
西城墙北段城墙二层平面修缮图 1:200
北京建工建筑设计研究院
西城墙北段城墙一、二层平面修缮图

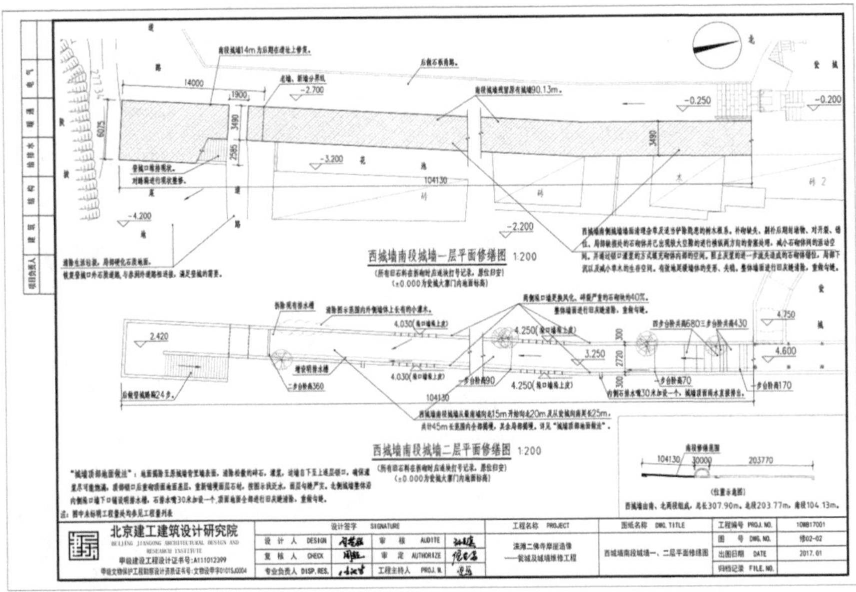

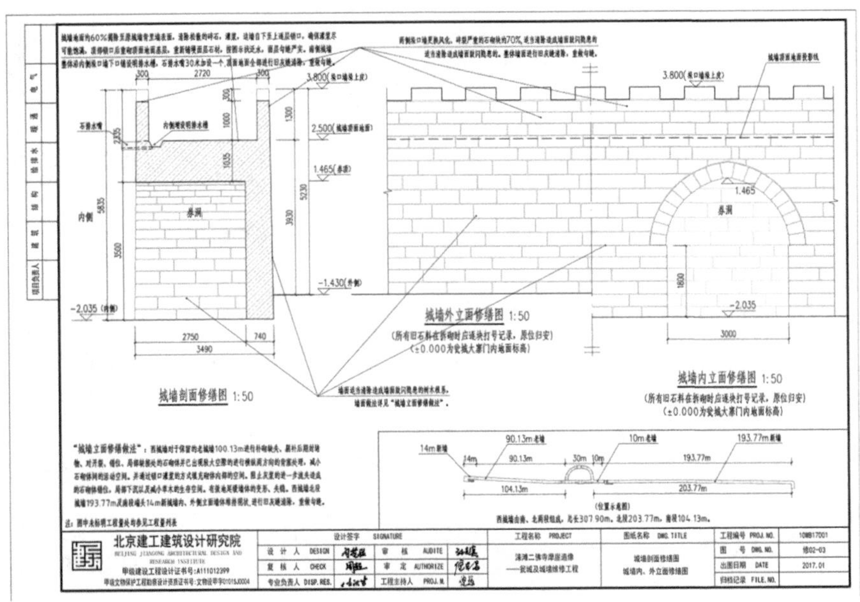

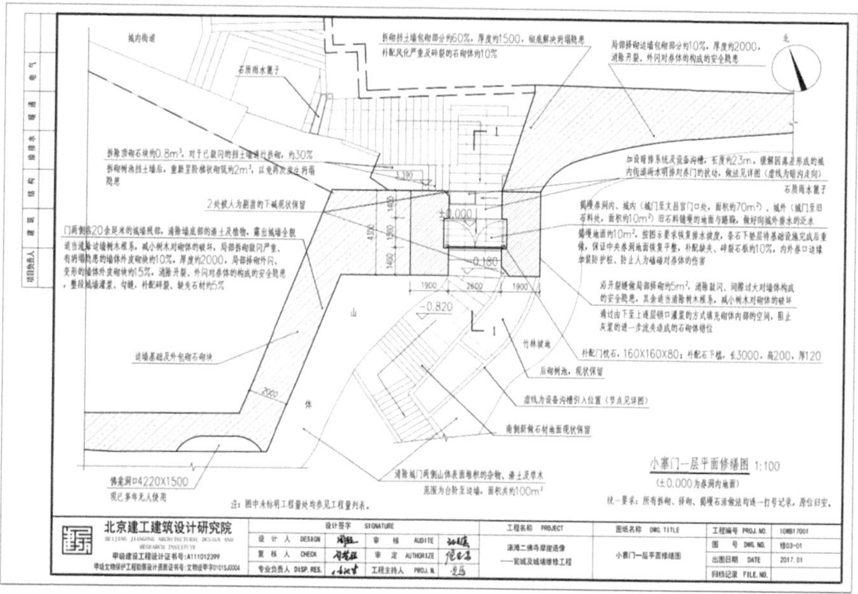

城内街道
石质雨水篦子
拆砌挡土墙包砌部分约60%，厚度约1500，彻底解决坍塌隐患
补配风化严重及碎裂的石砌体约10%
局部择砌边墙包砌部分约10%，厚度约2000，
消除开裂、外闪对券体的构成的安全隐患
北
拆除顶砌石块约0.8m³，对于已鼓闪的挡土墙进行拆砌，约30%
拆砌树池挡土墙后，重新呈阶梯状砌筑约2m³，以免再次发生坍塌
隐患
2处被人为剔凿的下碱现状保留
加设暗排系统及设备沟槽，长度约23m，缓解因高差形成的城
内街道雨水明排对券门的扰动，做法见详图（虚线为暗沟走向）
石质雨水篦子
揭墁券洞内、城内（城门至文昌宫门口处，面积约70m²）、城外（城门至旧
石料处，面积约10m²）旧石料铺墁的地面与踏跺，做好向城外排水的泛水
墁地面约10m²，按图示要求恢复排水坡度，条石下垫层待基础设施完成后重
做，保证中央券洞地面恢复平整，补配缺失、碎裂石板约10%，内外券口边缘
加装防护桩，防止人为磕碰对券体的伤害
门两侧各20余延米的城墙残部，清除墙底部的渣土及植物，露出城墙全貌
适当清除边墙树木根系，减小树木对砌体的破坏，局部拆砌鼓闪严重、
有坍塌隐患的墙体外皮砌块约10%，厚度约2000，局部择砌外闪、
变形的墙体外皮砌块约15%，消除开裂、外闪对券体的构成的安全隐患
，整段城墙灌浆、勾缝，补配碎裂、缺失石材约5%
±0.000
-0.180
-0.820
4300
1400
1500
1400
1900
2600
1900
山
沿开裂缝做局部择砌约5m²，消除鼓闪、间隙过大对墙体构成
的安全隐患，其余适当清除树木根系，减小树木对砌体的破坏
通过由下至上逐层锁口灌浆的方式填充砌体内部的空间，阻止
灰浆的进一步流失造成的石砌体错位
竹林坡地
补配门枕石，160X160X80；补配石下槛，长3000，高200，厚120
后砌树池，现状保留
边墙基础及外包砌石砌块
虚线为设备沟槽引入位置（节点见详图）
2000
体
南侧新做石材地面现状保留
小寨门一层平面修缮图 1:100
（±0.000为券洞内地面）
佛龛洞口4220X1500
现已多年无人使用
清除城门两侧山体表面堆积的杂物、渣土及草木
范围为台阶至边墙，面积共约100m²
注：图中未标明工程量处均参见工程量列表。
统一要求：所有拆砌、择砌、揭墁石活做法均须一打号记录，原位归安。
北京建工建筑设计研究院
BEIJING JIANGONG ARCHITECTURAL DESIGN AND RESEARCH INSTITUTE
甲级建设工程设计证书号:A111012399
甲级文物保护工程勘察设计资质证书号:文物设甲字0101SJ0004
设计签字 SIGNATURE
设 计 人 DESIGN
复 核 人 CHECK
专业负责人 DISP. RES.
审 核 AUDITE
审 定 AUTHORIZE
工程主持人 PROJ. M.
工程名称 PROJECT
涞滩二佛寺摩崖造像
——瓮城及城墙维修工程
图纸名称 DWG. TITLE
小寨门一层平面修缮图
工程编号 PROJ. NO. 10WB17001
图 号 DWG. NO. 修03-01
出图日期 DATE 2017.01
归档记录 FILE. NO.

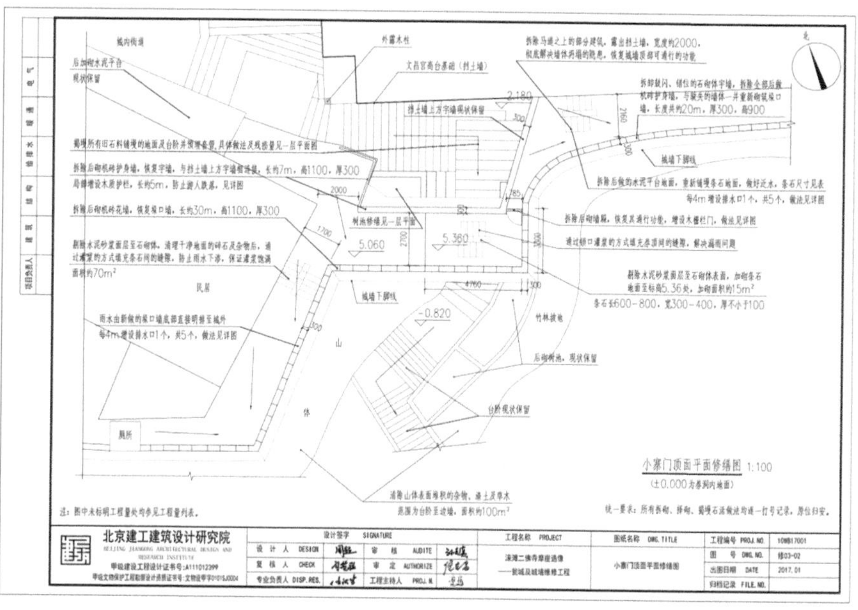

城内街道
后加砌水泥平台
现状保留
外露木柱
文昌宫高台基础（挡土墙）
拆除马道之上的部分建筑，露出挡土墙，宽度约2000，
彻底解决墙体坍塌的隐患，恢复城墙顶部可通行的功能
北
挡土墙上方宇墙现状保留
2.180
拆卸鼓闪、错位的石砌体宇墙，拆除全部后做
机砖护身墙，与缺失的墙体一并重新砌筑垛口
墙，长度共约20m，厚300，高900
2160
300
揭墁所有旧石料铺墁的地面及台阶并预埋套管，具体做法及线揣量见一层平面图
城墙下脚线
拆除后砌机砖护身墙，恢复宇墙，与挡土墙上方宇墙相连接，长约7m，高1100，厚300
局部增设木质护栏，长约5m，防止游人跌落，见详图
拆除后做的水泥平台地面，重新铺墁条石地面，做好泛水，条石尺寸见表
每4m增设排水口1个，共5个，做法见详图
2000
785
拆除后砌机砖花墙，恢复垛口墙，长约30m，高1100，厚300
树池修缮见一层平面
拆除后砌墙踩，恢复其通行功能，增设木栅栏门，做法见详图
1700
5.060
2700
5.360
通过锁口灌浆的方式填充券顶间的缝隙，解决漏雨问题
剔除水泥砂浆面层至石砌体，清理干净地面的碎石及杂物后，通
过灌浆的方式填充条石间的缝隙，防止雨水下渗，保证灌浆饱满
面积约70m²
民居
城墙下脚线
4760
300
剔除水泥砂浆面层至石砌体表面，加砌条石
地面至标高5.36处，加砌面积约15m²
条石长600-800，宽300-400，厚不小于100
-0.820
竹林坡地
雨水由新做的垛口墙底部直接明排至城外
每4m增设排水口1个，共5个，做法见详图
山
后砌树池，现状保留
体
台阶现状保留
厕所
小寨门顶面平面修缮图 1:100
（±0.000为券洞内地面）
清除山体表面堆积的杂物、渣土及草木
范围为台阶至边墙，面积约100m²
注：图中未标明工程量处均参见工程量列表。
统一要求：所有拆砌、择砌、揭墁石活做法均须一打号记录，原位归安。
北京建工建筑设计研究院
BEIJING JIANGONG ARCHITECTURAL DESIGN AND RESEARCH INSTITUTE
甲级建设工程设计证书号:A111012399
甲级文物保护工程勘察设计资质证书号:文物设甲字0101SJ0004
设计签字 SIGNATURE
设 计 人 DESIGN
复 核 人 CHECK
专业负责人 DISP. RES.
审 核 AUDITE
审 定 AUTHORIZE
工程主持人 PROJ. M.
工程名称 PROJECT
涞滩二佛寺摩崖造像
——瓮城及城墙维修工程
图纸名称 DWG. TITLE
小寨门顶面平面修缮图
工程编号 PROJ. NO. 10WB17001
图 号 DWG. NO. 修03-02
出图日期 DATE 2017.01
归档记录 FILE. NO.

二、长岩洞段城墙修护工程设计图纸（二期）

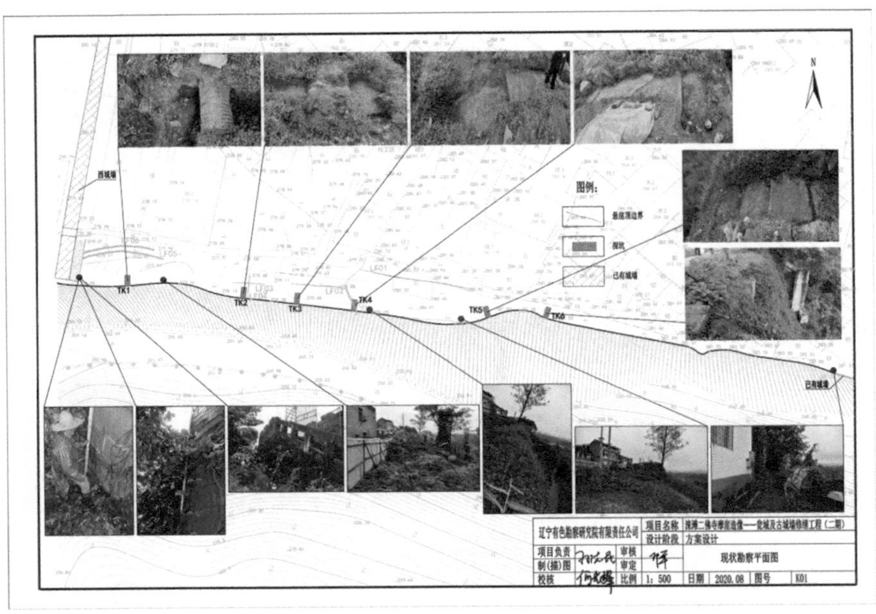

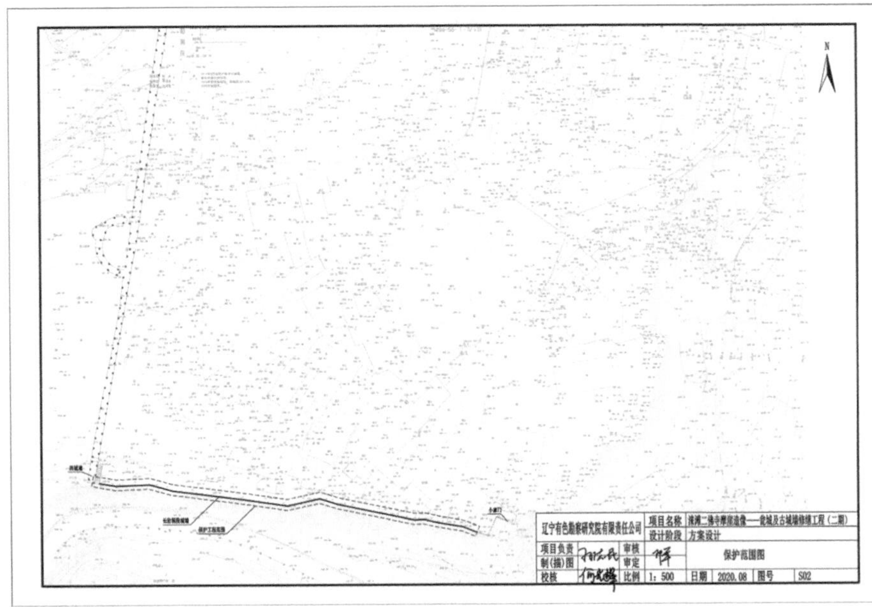

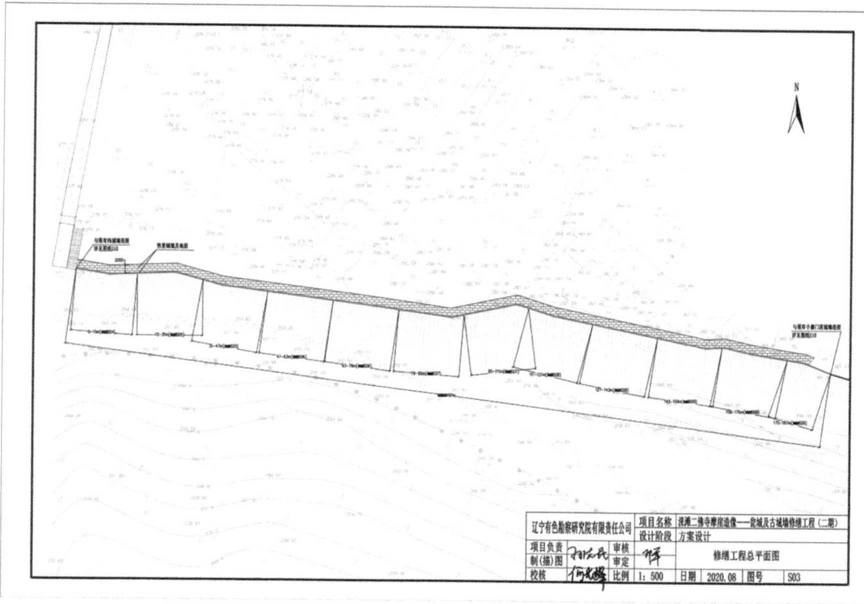
N
辽宁有色勘察研究院有限责任公司
项目名称
设计阶段
方案设计
项目负责
审核
制(描)图
审定
修缮工程总平面图
校核
比例
1：500
日期
2020.08
图号
S03

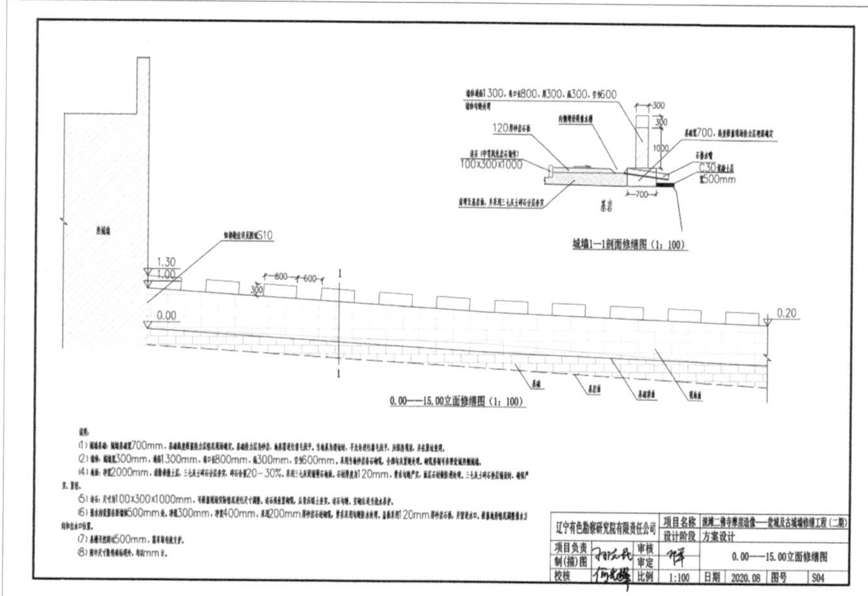
1.30
1.00
0.00
0.20
800
600
300
1
120
100x300x1000
C30
500mm
700
1000
城墙1—1剖面修缮图（1：100）
0.00——15.00立面修缮图（1：100）
辽宁有色勘察研究院有限责任公司
项目名称
设计阶段
方案设计
项目负责
审核
制(描)图
审定
0.00——15.00立面修缮图
校核
比例
1:100
日期
2020.08
图号
S04

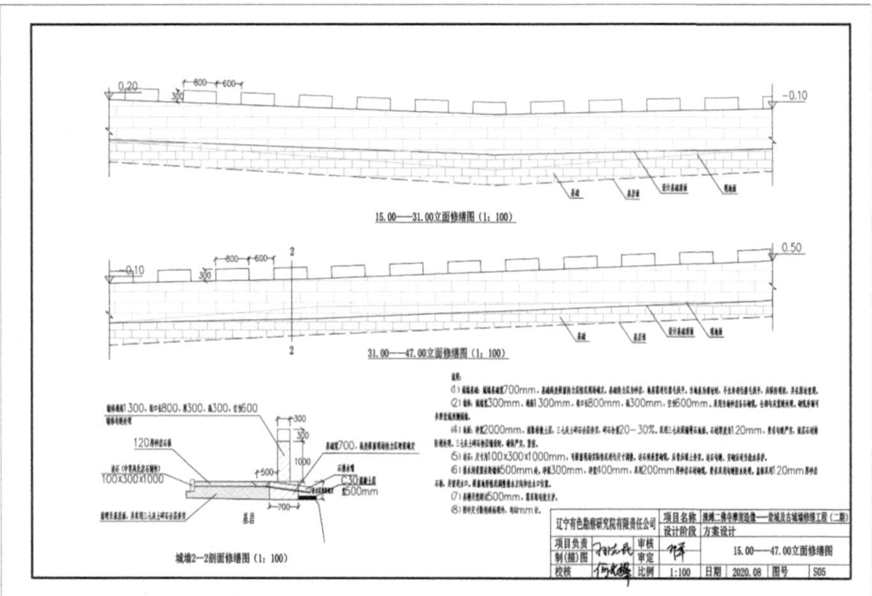
0.20
800
600
300
-0.10
15.00——31.00立面修缮图（1：100）
-0.10
0.50
31.00——47.00立面修缮图（1：100）
120
C30
100x300x1000
500
700
300
1000
基岩
城墙2—2剖面修缮图（1：100）
辽宁有色勘察研究院有限责任公司
项目名称
设计阶段
方案设计
项目负责
制(描)图
审核
审定
15.00——47.00立面修缮图
校核
比例
1:100
日期
2020.08
图号
S05

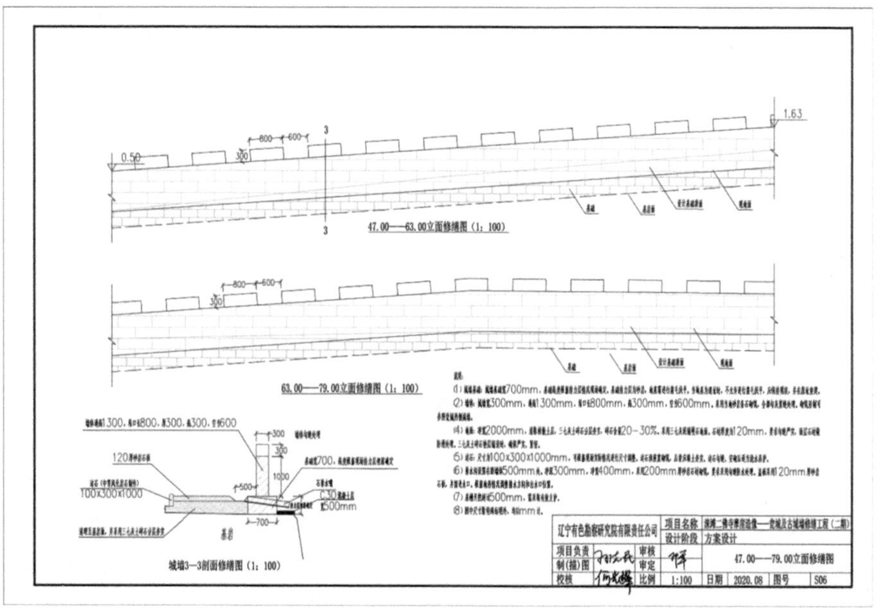
0.50
800
600
300
1.63
47.00——63.00立面修缮图（1：100）
63.00——79.00立面修缮图（1：100）
120
C30
100x300x1000
500
700
300
1000
基岩
城墙3—3剖面修缮图（1：100）
辽宁有色勘察研究院有限责任公司
项目名称
设计阶段
方案设计
项目负责
制(描)图
审核
审定
47.00——79.00立面修缮图
校核
比例
1:100
日期
2020.08
图号
S06

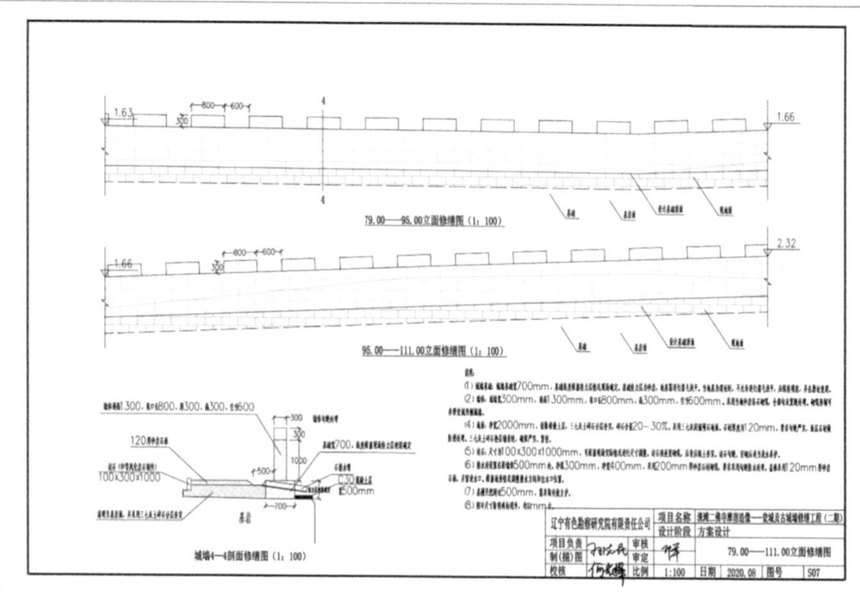
1.63
800
600
300
4
1.66
79.00——95.00立面修缮图（1：100）
1.66
2.32
95.00——111.00立面修缮图（1：100）
300
1000
500
700
C30
500mm
100x300x1000
城墙4—4剖面修缮图（1：100）
辽宁有色勘察研究院有限责任公司
项目名称
设计阶段
方案设计
项目负责
制(描)图
校核
审核
审定
比例
1:100
79.00——111.00立面修缮图
日期
2020.08
图号
S07

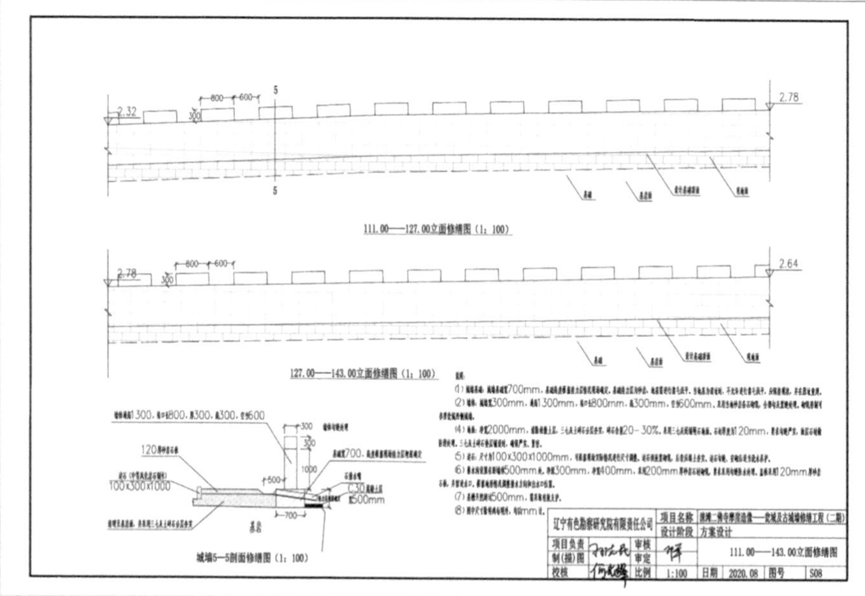
2.32
800
600
300
5
2.78
111.00——127.00立面修缮图（1：100）
2.78
2.64
127.00——143.00立面修缮图（1：100）
300
1000
500
700
C30
500mm
100x300x1000
城墙5—5剖面修缮图（1：100）
辽宁有色勘察研究院有限责任公司
项目名称
设计阶段
方案设计
项目负责
制(描)图
校核
审核
审定
比例
1:100
111.00——143.00立面修缮图
日期
2020.08
图号
S08

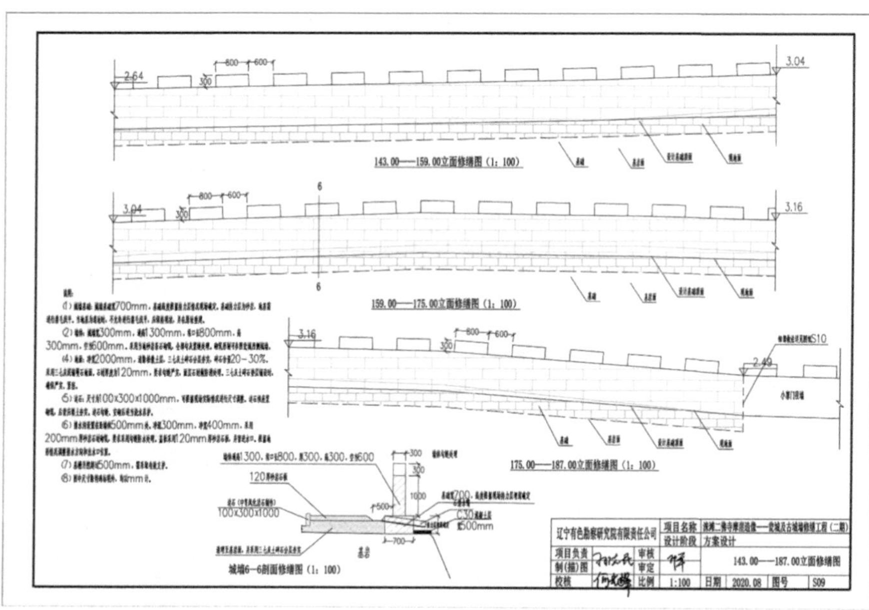

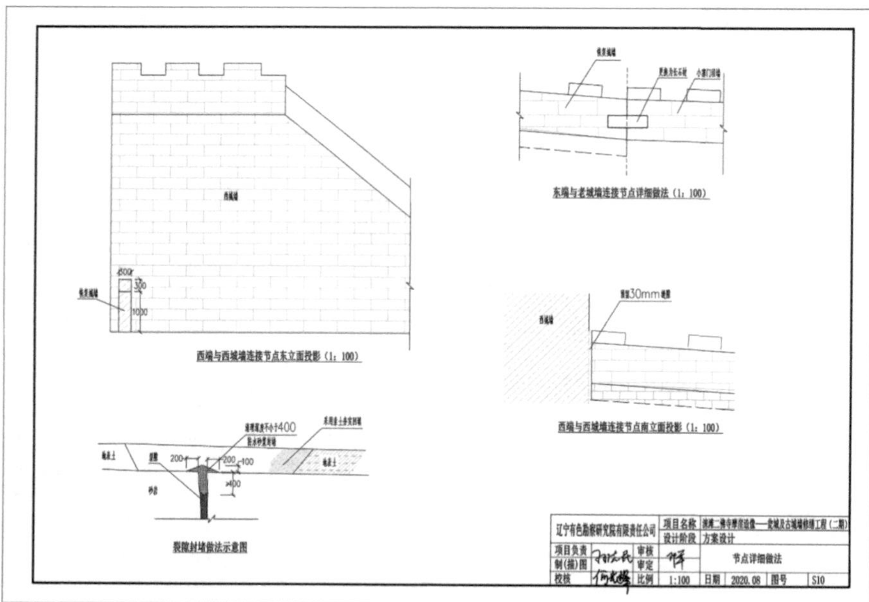

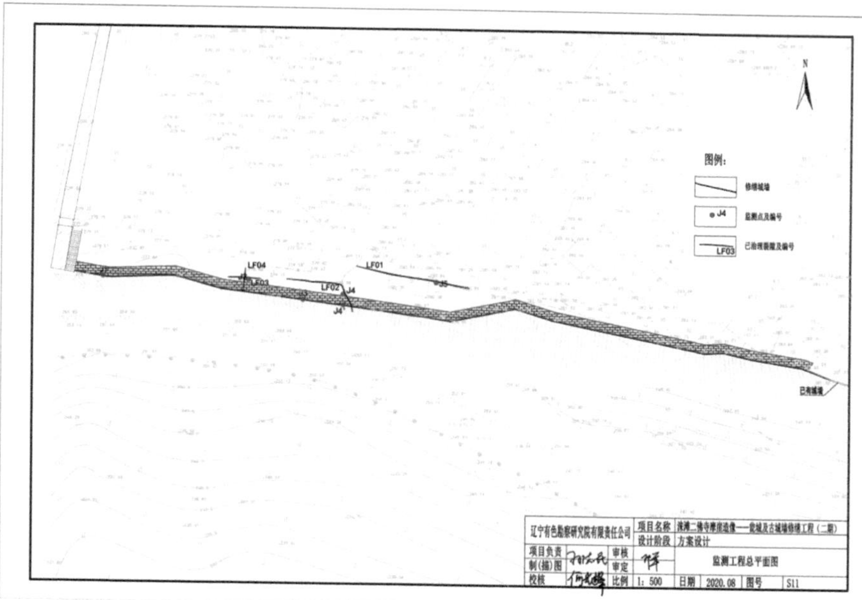
N
图例：
修缮城墙
J4
监测点及编号
LF03
已治理裂隙及编号
LF04
LF01
LF02
J4
J5
已有城墙
辽宁有色勘察研究院有限责任公司
项目名称
设计阶段
方案设计
项目负责
制(描)图
审核
审定
监测工程总平面图
校核
比例
1：500
日期
2020.08
图号
S11

附录三 施工文件

一、施工工作节点性文件

图纸会审和设计交底记录

渝建竣-4

工程名称	涞滩二佛寺摩崖造像-瓮城及城墙维修工程	工程地点	重庆市合川区涞滩镇
建设单位	重庆市合川城市建设投资（集团）有限公司	设计单位	北京建工建筑设计研究院
施工单位	北京市文物古建工程公司	监理单位	河北木石古代建筑设计及有限公司
交底会审图号		交底会审日期	2018年4月20日

交底及会审内容简述：

详见后附件

注：具体内容记录和处理见附件。

参加交底会审人员：

主管部门：重庆合川文委、文管所；建设单位：重庆市合川城市建设投资(集团)有限公司；设计单位：北京建工建筑设计研究院；中控单位：中煤科工集团重庆设计研究院有限公司；监测单位：北京原真在线监测有限公司；监理单位：河北木石古代建筑设计有限公司；施工单位：北京市文物古建工程公司。

建设单位	设计单位	施工单位
项目负责人签字：[illegible]（盖章）	项目负责人签字：[illegible]（盖章）	项目负责人签字：王林（盖章）
监理单位	（过控）单位	（ ）单位
项目负责人签字：赵琛（盖章）	项目负责人签字：李斌（盖章）	项目负责人签字：（盖章）

会审主持单位：重庆市合川城市建设投资(集团)有限公司	会审主持人：李亚林 2018年4月20日
设计交底单位：北京建工建筑设计研究院	设计交底人：2018年4月20日

重庆市城市建设档案馆
重庆市建设工程质量监督总站 监制

单位（子单位）工程竣工报告（竣工申请书）

渝建竣-3

工程名称	涞滩二佛寺摩崖造像——瓮城及城墙维修工程	工程地址	合川区涞滩古镇
合同开工日期	年 月 日	合同竣工日期	年 月 日
实际开工日期	2018年5月3日	实际完工日期	2019年6月14日
工程范围及内容	1、主要包括瓮城及南、北段城墙（含中寨门）、小寨门、东水门及相连部分城墙；长岩洞段城墙修复工程。 2、除长岩洞段城墙修复工程外其余工作内容于2018年5月3日动工至2019年6月14日完工。		
提前延期说明	延期说明：1、设计变更导致工程量增加。 2、长岩洞段城墙修复工程招标清单为暂列金项目，2019年3月授重庆市合川城市建设投资（集团）有限公司委托辽宁有色勘察研究院有限责任公司编制了涞滩二佛寺摩崖造像-长岩洞段城墙维修工程设计方案，该方案正在按程序报国家局审批，审批周期过长导致工程无法完工。		
报告要求	本工程合同所含工程范围（除长岩洞段城墙修复工程外） 其它已于2019年6月14日 施工完毕，经自查工程质量达到有关规定要求，鉴于长岩洞方案审批周期太长，现向建设单位申请 对已完工程组织竣工验收。		
施工单位：北京市文物古建工程公司 项目经理：（签名） （公章） 2020 年5月6日		监理单位：河北木石古代建筑设计有限公司 总监理工程师：（签名） （公章） 2020 年6月6日	

重庆市城市建设档案馆 重庆市建设工程质量监督总站 监制

施工组织设计/（专项）施工方案报审表

（监理[2018]施组/方案报审 001 号）

工程名称：涞滩二佛寺摩崖造像-瓮城及城墙维修工程

致：河北木石古代建筑设计及有限公司（项目监理机构）

我方已完成 涞滩二佛寺摩崖造像-瓮城及城墙维修工程 工程施工组织设计/（专项）施工方案的编制和审批，请予以审查。

附件：■ 施工组织设计

■ 施工方案

■ 专项施工方案

施工单位项目负责人（签字、加盖执业印章）：王林

施工项目管理机构（盖章）：

2018 年 5 月 3 日

审查意见：

施工组织设计（专项）施工方案符合现场施工要求。

专业监理工程师（签字）：陈志伟

2018 年 5 月 3 日

审核意见：

同意。

总监理工程师（签字、加盖执业印章）：赵琛

项目监理机构（盖章）：

2018 年 5 月 3 日

审批意见（仅对超过一定规模的危险性较大的分部分项工程专项施工方案）：

同意

建设单位项目负责人（签字）：

建设单位（盖章）：2018 年 5 月 3 日

工程签证单

日期：2020 年 1 月 4 日　　　　NO：033

建设单位	重庆市合川城市建设投资（集团）有限公司	施工单位	北京市文物古建工程公司
工程名称	涞滩二佛寺摩崖造像--瓮城及城墙维修工程（瓮城---地面：拆除、垫层、铺贴、勾缝）		

现已施工完成瓮城顶地面施工内容并进行现场核量：

其工程量为：

石板拆除：400.96m²　　垫层拆除：120.288m³

垫层新做：120.288m³　　石板铺设：400.96m²

石板勾缝：400.96m²

注：石板恢复 111.08 m²（破损更换 30%）　　新增更换石板 289.88 m²

计算式：（顶地面分段核量：详见现场分段收方记录）

1、地面石板拆除：39.98m² +20.08m² +65m² +10.85m² +10.9m² +2.56m² +10.98m² +10.86m² +11.2m² +7m² +6.63m² +68.23m² +42.85 m² =307.12m² 瓮城内

地面石板拆除：（3.9m+3.65m+3.1m+3m）宽/4*27.5m 长=93.84m² 瓮城外

2、地面垫层拆除：（307.12m² +93.84m²）+0.3m=120.288m³

3、地面垫层新做：（307.12m² +93.84m²）+0.3m=120.288m³

4、地面石板铺设：307.12m² +93.84m² =400.96 m²

5、地面石板勾缝：307.12m² +93.84m² =400.96 m²

简图：见附件（现场收方单 3 页）

施工单位	监理单位	过控单位	建设单位
万彩林　苏金荣 2020 年 1 月 5 日	[illegible] 2020 年 1 月 5 日	[illegible] 2020 年 1 月 5 日	邓斌 2020 年 1 月 5 日

日期：2020 年 1 月 4 日　　NO：033
现场核量单位：业主、监理、中控、施工
小寨门---瓮城---地面：拆除、垫层、铺贴、勾缝
瓮城内地面现场收方核量　瓮城内地面现场收方核量
瓮城内地面现场收方核量　瓮城内地面现场收方核量
瓮城外地面现场收方核量　瓮城外地面现场收方核量
瓮城外地面现场收方核量　瓮城外地面现场收方核量

现场收方单

<3> 共3页

工程名称	涞滩二佛寺摩崖造像—瓮城及城墙维修工程	时 间	2020 年 1 月 4 日
施工单位	北京市文物古建工程公司	地 点	合川、涞滩古镇
收方部位	瓮城外侧—地面工程		

收方及签证内容、简图及计算式：

一、地面石板拆除：[3.P+3.65+3.1+3]÷4×27.5m=93.84m²

二、地面垫层拆除：93.84m²×0.3m=28.15m³

三、地面垫层新做：93.84m²×0.3m=28.15m³

四、地面石板铺设：[3.P+3.65+3.1+3]÷4×27.5m=93.84m²

五、地面石板勾缝：[3.P+3.65+3.1+3]÷4×27.5m=93.84m²

石板铺设
三合土垫层
素土夯实

27.5m
3.P 3.65 3.1 3

收方汇总：	工程量确认	施工单位：	1-停报 [illegible]
1. 地面石板拆除：93.84m² 2. 地面垫层拆除：28.15m³ 3. 地面垫层新做：28.15m³ 4. 地面石板铺设：93.84m² 5. 地面石板勾缝：93.84m²		监理单位：	[illegible]
		建设单位：	[illegible]
		中控单位：	[illegible]

备注：

竣工工程申请验收报告

工程名称：涞滩二佛寺摩崖造像——瓮城及城墙维修工程　　编号：

致：重庆市合川城市建设投资（集团）有限公司　（建设单位）
河北木石古代建筑设计有限公司　（监理单位）

涞滩二佛寺摩崖造像——瓮城及城墙维修工程工作内容主要包括：瓮城及南、北段城墙（含中寨门）、小寨门、东水门及相连部分城墙；长岩洞段城墙修复。

本工程合同所含工程范围（除长岩洞段城墙修复工程外）已于2018年5月3日动工至2019年6月14日完工。因长岩洞段城墙修复工程招标清单为暂列金项目，2019年3月重庆市合川城市建设投资（集团）有限公司委托辽宁有色勘察研究院有限责任公司编制了涞滩二佛寺摩崖造像-长岩洞段城墙维修工程设计方案，该方案正在按程序报国家局审批，审批周期过长导致现场工程无法继续开展。

施工单位经自查已完工程质量达到有关规定要求，鉴于长岩洞方案审批周期太长，现向建设单位、监理单位申请对已完工程组织竣工初验。

承包单位（盖章）：
项目经理：
日　期：2020.5.6

审查意见：

建设单位（盖章）：
现场代表（签字）：
日期：

审查意见：

监理单位（盖章）：
监理工程师（签字）：
日期：2020.5.6

工程移交单

工程名称：涞滩二佛寺摩崖造像——瓮城及城墙维修工程

建设单位	重庆市合川城市建设投资（集团）有限公司	监理单位	河北木石古代建筑设计有限公司
施工单位	北京市文物古建工程公司	接收单位	重庆市胜地钓鱼城文化旅游发展有限公司
移交项目	涞滩二佛寺摩崖造像——瓮城及城墙维修工程	移交时间	
工程概况	主要包括瓮城及南、北段城墙（含中寨门）、小寨门、东水门及相连部分城墙修复工程。		
移交内容说明	涞滩二佛寺摩崖造像——瓮城及城墙维修工程(除长岩洞外）已于2019年6月14日完工，长岩洞段城墙修复工程招标清单为暂列金项目，2019年3月受重庆市合川城市建设投资（集团）有限公司委托辽宁有色勘察研究院有限责任公司编制了涞滩二佛寺摩崖造像-长岩洞段城墙维修工程设计方案，该方案正在按程序报国家局审批。　　该项目已完工程于　　年　　月　　日通过参建各方初验，现我司已完成整改及卫生清理工作，望贵司派人接收管理。		
施工单位（移交单位）项目负责人：（签字）王林 施工项目管理机构（盖章）： 年　月　日			
总监理工程师：（签字） 项目监理机构（盖章）： 年　月　日			
建设单位（接收单位）项目负责人（签字）： 建设单位（盖章）： 年　月　日			

二、施工过程行政程序文件

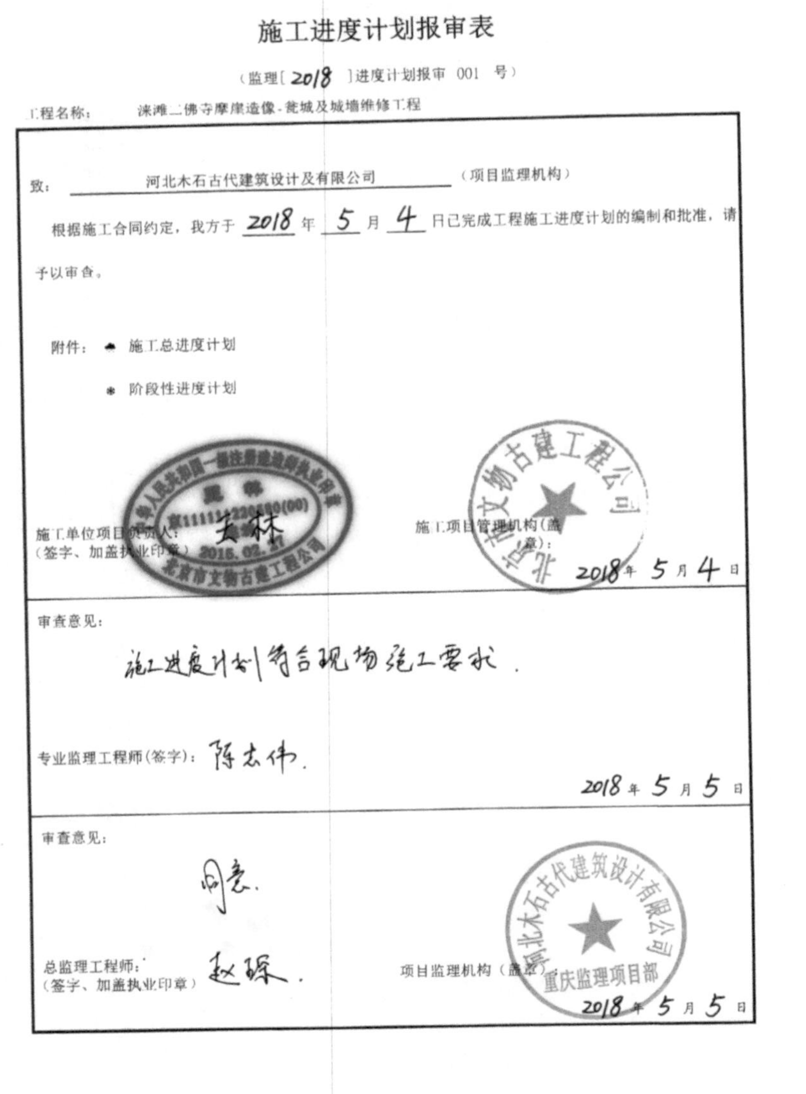

施工进度计划报审表

（监理[2018]进度计划报审 001 号）

工程名称： 涞滩二佛寺摩崖造像-瓮城及城墙维修工程

致： 河北木石古代建筑设计及有限公司 （项目监理机构）

根据施工合同约定，我方于 2018 年 5 月 4 日已完成工程施工进度计划的编制和批准，请予以审查。

附件：◆ 施工总进度计划

◆ 阶段性进度计划

施工单位项目负责人：王林
（签字、加盖执业印章）

施工项目管理机构（盖章）：

2018 年 5 月 4 日

审查意见：

施工进度计划符合现场施工要求。

专业监理工程师（签字）：陈志伟

2018 年 5 月 5 日

审查意见：

同意。

总监理工程师：赵琛
（签字、加盖执业印章）

项目监理机构（盖章）

2018 年 5 月 5 日

工程概况表

渝建竣-002- 001

基本情况	工程名称	涞滩二佛寺摩崖造像——瓮城及城墙修缮工程	工程曾用名	
	工程地址	合川区涞滩古镇		
	面积	约1785 m2	工程类别	本工程性质为修缮工程
	高（m）		工程造价	5445002.11元
	宽（m）		抗震设防烈度	

参建单位情况	责任主体单位名称	统一社会信用代码	项目负责人	备注
	重庆市合川区文化和旅游发展委员会		刘智	主管部门
	重庆市合川城市建设投资（集团）有限公司			建设单位
	河北木石古代建筑设计有限公司		赵琨	监理单位
	北京建工建筑设计研究院		倪越	设计单位
	中煤科工集团重庆设计研究院有限公司		赵曦	中控单位
	北京市文物保护工程有限公司	911010110130942 91	王林	施工单位

设计概况	主要包括瓮城及南、北段城墙（含中寨门）、小寨门、东水门及相连部分城墙修复。

施工单位：	监理单位：	建设单位：	其他单位：
北京市文物古建工程公司 第六项目经理部 经济合同专用章	河北木石古代建筑设计有限公司 重庆监理项目部		北京建工建筑设计研究院
项目负责人：王林	总监理工程师：赵琨	项目负责人：	项目负责人：倪越
2018 年 5 月 3日	年 月 日	年 月 日	2018 年 5 月 3 日

重庆市建设工程质量监督总站 重庆市城市建设档案馆 监制

施工现场质量管理检查记录

工程名称	涞滩二佛寺摩崖造像-瓮城及城墙维修工程		施工许可证号	
建设单位	重庆市合川城市建设投资（集团）有限公司		项目负责人	
设计单位	北京建工建筑设计研究院		项目负责人	任庆生
勘察单位			项目负责人	
监理单位	河北木石古代建筑设计及有限公司		总监理工程师	赵琛
施工单位	北京市文物古建工程公司	项目负责人 王林	项目技术负责人	姜言国

序号	项目	主要内容
1	项目部质量管理体系	已制定
2	现场质量责任制	已制定
3	主要专业工种操作岗位证书	已具备
4	分包单位管理制度	/
5	图纸会审记录	已实施
6	地质勘察资料	已具备
7	施工技术标准	采用国家、行业标准
8	施工组织设计、施工方案编制及审批	施工组织设计、主要施工方案编制、审批齐全
9	物资采购管理制度	已制定
10	施工设施和机械设备管理制度	已落实
11	计量设备配备	已落实
12	检测试验管理制度	已落实
13	工程质量检查验收制度	已落实

自检结果： 符合要求 施工单位项目负责人：王林 （签字、加盖执业印章） 2018年5月3日	检查结论： 符合施工要求 总监理工程师：赵琛 （签字、加盖执业印章） 2018年5月3日

重庆市城市建设档案馆
重庆市建设工程质量监督总站 监制

表 D.70 文物保护工程单位工程质量综合评定表

<table>
<tr><td colspan="5">文物保护工程单位工程质量综合评定表
（表 C8—1）</td><td>编号</td><td></td></tr>
<tr><td colspan="2">工程名称</td><td>涞滩二佛寺摩崖造像--瓮城及城墙维修工程</td><td>施工单位</td><td>北京市文物古建工程公司</td><td>开工日期</td><td>2018.5.3</td></tr>
<tr><td colspan="2">建筑面积</td><td>1785m²</td><td>结构类型</td><td></td><td>完工日期</td><td>2020.5.6</td></tr>
<tr><td>序号</td><td>项目</td><td colspan="3">验收记录</td><td colspan="2">验收结论</td></tr>
<tr><td>1</td><td>分部工程</td><td colspan="3">共 7 分部经查 7 分部符合设计要求及验收标准。</td><td colspan="2">合格</td></tr>
<tr><td>2</td><td>质量保证资料核查</td><td colspan="3">共 13 项，经核查符合规范要求 13 项。</td><td colspan="2">合格</td></tr>
<tr><td>3</td><td>观感质量评定</td><td colspan="3">共抽查 21 项，符合规范要求 21 项。
得分率 98 %。</td><td colspan="2">合格</td></tr>
<tr><td>4</td><td colspan="6">综合验收结论：</td></tr>
<tr><td rowspan="2">参加验收单位</td><td>业主单位
（公章）</td><td colspan="2">监理单位
（公章）</td><td>设计单位
（公章）</td><td colspan="2">施工单位
（公章）</td></tr>
<tr><td>单位（项目）负责人：
年 月 日</td><td colspan="2">总监理工程师：赵飞军
2020.5.6
（印章：北京太石古代建筑设计有限公司 重庆监理项目部）</td><td>单位（项目）负责人：
年 月 日</td><td colspan="2">单位（项目）负责人：王森
2020年5月6日
（印章：北京市文物古建工程公司 第九项目经理部 非经济合同专用章）</td></tr>
<tr><td colspan="7">注：本表由施工单位填报，业主单位、监理单位、施工单位、备案单位各方保存一份。</td></tr>
</table>

东莞市联安泰电线电缆有限公司

产品出产检验报告

检验依据：GA306.1-2007　型号规格：ZR-RVV5*10mm²　生产日期：2018-03-26

额定电压：300/500V

	检验项目	技术要求	检验结果
结构尺寸	绝缘平均厚度（mm）	≥1.15	1.17
	绝缘最薄厚度（mm）	≥1.05	1.1
	护套平均厚度（mm）	≥1.7	1.8
	护套最薄厚度（mm）	≥1.4	1.5
导体导通试验		导通	导通
电气性能	20℃时导体电阻（Ω/km）	≤1.91	≤1.78
	电压试验（2500V/5min）	不击穿	不击穿
印刷标志耐擦试验		擦拭10次字迹清晰	清晰
检验结果：所检项目符合GA306.1-2007标准要求			

检验员：杨辉　检验日期：2018-03-26　审批

涞滩二佛寺摩崖造像--瓮城及城墙维修工程

东水门、瓮城、西城墙、小寨门区域进场材料清单

序号	名称	型号（品牌）	数量	单位	备注 （产地）
1	钢管脚手架施工材料	48 钢管、标准扣件、架板等材料	1	批	重庆、山东等区域
2	发电机	重庆雅马哈三相 7.5kw	1	台	重庆
3	配电箱	JSP 建筑工地配电箱	8	台	重庆
4	电缆线	联安泰 2.5--10 平方橡胶护套线	1	批	深圳
5	小型提升机	ZR-RVV	2	套	成都
6	小型卷扬机	380V,1.5kw	2	套	成都
7	电镐	220v,2kw	4	台	成都
8	电锤	东成 ZIC-FF02-26	4	把	重庆
9	搅拌机	220V,1.5kW	4	部	重庆
10	钻机	东成工程钻机	2	台	重庆
11	电子台秤	TCS-150&TCS-60	2	台	成都
12	石材切割机	东成 355A,220V,800W	6	台	江苏
13	角磨机	东成 SIM-FF03-100A	10	台	江苏
14	条石	宽 300mm*高 300mm*长 500--1000mm	1	批	重庆合川涞滩
15	石板	300mm*长 500mm*厚 120 以上	1	批	重庆合川涞滩
16	岩石加固剂	KSE300、憎水剂	1	批	德国
17	修复砂浆	德国雷玛仕品牌	1	批	德国
18	水硬石灰	德塞堡公司代理 德国 NHL2	1	批	德国
19	石子	13#--15#	1	批	重庆合川
20	河沙	中沙	1	批	重庆合川
21	水泥	华鎣台泥 325#	1	批	广安
22	石灰	氢化钙生石灰	1	批	四川彭州

以上进场产品经项目部自检合格。

北京市文物古建工程公司

第九项目部

日期：2018 年 5 月 10 日

涞滩二佛寺摩崖造像-瓮城及城墙维修工程

监理工作月报

第一期

河北石木古代建筑设计有限公司

涞滩二佛寺摩崖造像-瓮城及城墙维修工程

项目监理部

2018 年 5 月 31 日

编号：LTWC－01

涞滩二佛寺摩崖造像瓮城及城墙维修工程监理工作月报

第一期

（2018年4月20日—2018年5月31日）

内容提要：

本月工程情况评述

本月工程形象进度完成情况

本月工程签证情况

本月监理工作总结

下月监理工作计划

监理单位：河北石木古代建筑设计有限公司

本月工程情况评述：

北京市文物古建工程公司：

东水门施工段：

⑴．新建观景平台及宇墙已完成设计总量的80%

⑵．城门券拱上皮内侧城墙已基本恢复完成。

⑶．外侧城墙已恢复80%。

⑷．内侧城墙待现场遗址清理后待确定设计方案再进行施工。

⑸．城墙新更换石料需进一步询价确定价格。

本月实际施工天数为31天。

本月工程形象进度完成情况：

一、实际完成：

完成东水门施工区域内脚手架的搭设、条石编号等工作。新建观景平台及宇墙已完成设计总量的80%。城门券拱上皮内侧城墙已基本恢复完成。外侧城墙已恢复80%。

二、采取措施：

1、要求工人仔细审阅设计图纸理解设计意图，对工人进行技术指导按照设计图纸及相关规范进行施工。

2、检查材料用量以及相关工艺是否达到设计要求。

3、要求施工资料要以工程进度同步进行。

4、协调各方力量，共同促进施工进度。

本月工程签证情况：

施工现场签证以及隐蔽工程报验签证：（2份）

监理通知单（1份）

本月监理工作总结：

4月20日进行涞滩二佛寺摩崖造像瓮城及城墙维修工程图纸会审。图纸会

三、施工日志

审后进行前期准备工作，5月9日正式开始施工工作。5月29日参建各方及文物部门相关领导至现场进行巡视发现：新建平台对东水门的景观视线有所影响。建议对新建平台进行拆除，并对原有步道、内侧城墙遗址进行清理。依照东水门原有遗址对东水门施工区域重新规划设计。对已完成设计内工程量进行认证。

监理项目部按照制定的工作计划，通过现场巡视、监理例会等形式严把各个施工工序、施工质量关。在工作中，严格规范自己的工作行为，对施工中的每道工序检查都坚持按照施工程序现场检查验收，客观、公正的处理施工中存在的问题。

针对发现的质量问题监理项目部以口头形式向施工单位提出整改要求，要求施工单位一定要对设计图纸进行深入的了解分析，在重要部位施工前一定要对施工班组进行施工前的技术交底，严格按照国家的有关规范、设计要求施工。本阶段发现的问题及要求：

①、城墙条石砌筑缝隙填充的设计方案与当地做法不符，施工单位应及时与设计单位进行沟通说明现场情况；②、城墙砌筑过程中横缝尽量少出现错缝，纵缝避免出现通缝情况；③、为确保施工安全与行人游客的安全，要求施工区域内脚手架架板满铺，城门洞要尽快维修恢复；④、施工单位要加强现场安全管理，进场施工人员必须佩带安全帽，禁止在施工区域吸烟；⑤、施工单位要做好施工前、施工中与施工完成后的资料收集、存档和整理，以便后期使用。

下月监理工作安排：

监理项目部结合施工现场的实际情况，督促施工单位在下阶段主要完成以下几个方面的工作：

1、督促施工单位上报下阶段的施工计划，并检查落实情况。完善材料报验、分部工程报验制度。

2、监理人员加强巡视、每天进行安全检查，协助现场管理，确保施工安全。

3、监督落实施工工艺及施工工序遵循设计理念及施工规范，确保工程质量。

4、根据业主委托和工程需要完成其它临时性工作。

监理工程师意见：

注重施工中的安全管理，做好安全检查工作。每日施工完成后要及时清理施工废渣、废弃物，确保景区内的良好环境。做好施工前后影像资料的采集工作；完善工程资料，确保工程资料与实际施工进度同步。参建单位应建立良好的沟通交流平台，避免沟通不畅造成工期滞后，及时将设计方案与现场实际情况存在的差异反馈给参建各方，为积极推进工程的进度创造条件。

河北石木古代建筑设计有限公司

重庆监理项目部

2018年5月31日

现场照片：

单位（子单位）工程质量控制资料核查记录

工程名称	涞滩二佛寺摩崖造像——瓮城及城墙维修工程	施工单位	北京市文物古建工程公司	
序号	资料名称	份数	审查意见	核查人
1	修缮工程现场查勘、拍照、测绘资料		齐全	王林
2	技术变更（洽商）记录		完整	王林
3	图纸会审		齐全	王林
4	工程定位测量放线记录		符合设计要求	王林
5	主要原材料出厂合格证及检测报告		完整	王林
6	试验报告(岩石单轴抗压强度试验报告)		符合规范要求	王林
7	隐蔽工程验收记录		完整	王林
8	施工记录		完整	王林
9	梁、枋、柱、桁、檩、等构件制作安装资料		有影像及验收资料	王林
10	分部检验及抽样检测资料		有验收资料	王林
11	分部、分项、检验批工程质量检验记录		完整	王林
12	工程质量事故及调查资料		/	/
13	施工工艺记录资料		完整	王林

项目负责人（签字）：王林　　　　日期：2020.5.6

（印章：北京市文物古建工程公司 ……专用章）

验收表-11（1）

单位(子单位)工程观感质量检查记录

工程名称		涞滩二佛寺摩崖造像——瓮城及城墙维修工程			
单位（子单位）工程名称			施工单位	北京市文物保护工程有限公司	
序号	项目		抽查质量状况		质量评价
1	地面	尺寸	共查 10 点，好 8 点，一般 2 点，差 点		好
2		拆除结构外观缺陷	共查 10 点，好 9 点，一般 1 点，差 点		
3		填芯处理	共查 10 点，好 8 点，一般 2 点，差 点		
4		排水沟设置	共查 10 点，好 8 点，一般 2 点，差 点		
5		石板坐浆铺设	共查 10 点，好 8 点，一般 2 点，差 点		
1	城墙主体结构	结构外观尺寸	共查 10 点，好 9 点，一般 1 点，差 点		
2		结构外观缺陷	共查 10 点，好 8 点，一般 2 点，差 点		
3		勾缝处理	共查 10 点，好 8 点，一般 2 点，差 点		
4		墙缝墙背塞缝处理	共查 10 点，好 8 点，一般 2 点，差 点		
5		杂物、树根清理缝	共查 10 点，好 9 点，一般 1 点，差 点		
6		灌浆外观	共查 10 点，好 9 点，一般 1 点，差 点		
1	建筑装饰装修	楼梯及踏步	共查 5 点，好 4 点，一般 1 点，差 点		
2		护栏	共查 点，好 点，一般 点，差 点		
3		门窗	共查 5 点，好 4 点，一般 1 点，差 点		好
4		油饰	共查 5 点，好 4 点，一般 1 点，差 点		
5		台阶、坡道	共查 5 点，好 4 点，一般 1 点，差 点		
6		散水	共查 5 点，好 4 点，一般 1 点，差 点		
7		室内墙面	共查 点，好 点，一般 点，差 点		
8		室内顶棚	共查 点，好 点，一般 点，差 点		
9		室内地面	共查 点，好 点，一般 点，差 点		
10		室外墙面	共查 点，好 点，一般 点，差 点		
11		细部处理	共查 点，好 点，一般 点，差 点		
1	建筑屋面	小青瓦屋面	共查 5 点，好 5 点，一般 0 点，差 点		好
2		脊饰、中堆	共查 5 点，好 4 点，一般 1 点，差 点		好
3		变形缝处理	共查 点，好 点，一般 点，差 点		
4		突出屋面建（构）物	共查 点，好 点，一般 点，差 点		
5		透气孔	共查 点，好 点，一般 点，差 点		
6		屋面排水坡度	共查 5 点，好 5 点，一般 0 点，差 点		好
7		防水保护层	共查 点，好 点，一般 点，差 点		
8		瓦、檐处理	共查 5 点，好 4 点，一般 1 点，差 点		好
9		其它	共查 点，好 点，一般 点，差 点		

重庆市建设工程质量监督总站
重庆市城市建设档案馆 监制

验收表-8

单位(子单位)工程质量竣工验收记录

工程名称	涞滩二佛寺摩崖造像——瓮城及城墙维修工程	单位(子单位)工程名称	
结构类型		层数/建筑面积	约175m2
施工单位	北京市文物古建工程公司	施工单位技术负责人	
施工单位项目负责人	王林	施工单位项目技术负责人	娄百国
开工日期	2018 年 5 月 3 日	完工日期	2019 年 6 月 14 日

序号	项目	验收记录	验收结论
1	分部工程验收	共 7 分部，经查符合设计及标准规定 7 分部	合格
2	质量控制资料核查	共 12 项，经核查符合规定 12 项	合格
3	安全和使用功能核查及抽查结果	共核查 4 项，符合规定 4 项，共抽查 / 项，符合规定 / 项，经返工处理符合规定 / 项	合格
4	观感质量验收	共抽查 21 项，达到“好”和“一般”的 21 项，经返修处理符合要求的 / 项	“好”
	综合验收结论	合格	

参加验收单位	建设单位	监理单位	施工单位	设计单位	勘察单位
	(公章) 项目负责人： (签字)	(公章) 总监理工程师： (签字、加盖执业印章)	(公章) 项目负责人： (签字、加盖执业印章) 王林	(公章) 项目负责人： (签字、加盖执业印章)	(公章) 项目负责人： (签字、加盖执业印章)
	年 月 日	2020 年 5 月 6 日	2020 年 5 月 6 日	2020 年 5 月 6 日	年 月 日

注：1. 单位工程验收时，验收签字人员应由相应单位法人代表书面授权。

2. 建设单位、监理单位、勘察单位、设计单位、施工单位项目负责人参加验收，施工单位的技术、质量负责人、分包单位项目负责人也应该参加验收。

重庆市建设工程质量监督总站
重庆市城市建设档案馆 监制

建设工程竣工验收意见书(一)

验收表-7-1

<table>
<tr><td>工程名称</td><td colspan="3">涞滩二佛寺摩崖造像——瓮城及城墙维修工程</td><td>工程地址</td><td colspan="4">合川区涞滩古镇</td></tr>
<tr><td>工程范围</td><td colspan="8">主要包括瓮城及南、北段城墙（含中寨门）、小寨门、东水门及相连部分城墙修复工程。</td></tr>
<tr><td>结算总造价</td><td colspan="2">万元</td><td>建筑面积</td><td>1785 m²</td><td>层数／总高度（m）</td><td colspan="3"></td></tr>
<tr><td>结构类型</td><td colspan="2"></td><td>设防烈度</td><td></td><td>最大跨度</td><td colspan="3"></td></tr>
<tr><td>地基持力层</td><td colspan="2"></td><td>基础型式</td><td></td><td>设计合理使用年限</td><td colspan="3"></td></tr>
<tr><td>规划许可证号</td><td colspan="3"></td><td>施工许可证号</td><td colspan="4"></td></tr>
<tr><td>实际开工日期</td><td colspan="2">2018年5月3日</td><td>实际竣工日期</td><td>2019年6月14日</td><td>验收日期</td><td colspan="3">年 月 日</td></tr>
<tr><td rowspan="9">参建单位</td><td colspan="3">单位名称</td><td>资质等级</td><td>证书号</td><td>法定代表人</td><td colspan="2">项目负责人</td></tr>
<tr><td>建设单位</td><td colspan="2">重庆市合川城市建设投资（集团）有限公司</td><td></td><td></td><td></td><td colspan="2"></td></tr>
<tr><td>勘察单位</td><td colspan="2"></td><td></td><td></td><td></td><td colspan="2"></td></tr>
<tr><td>设计单位</td><td colspan="2">北京建工建筑设计研究院</td><td>甲级</td><td>A111012399</td><td></td><td colspan="2">任庆丰</td></tr>
<tr><td>监理单位</td><td colspan="2">河北木石古代建筑设计有限公司</td><td></td><td></td><td></td><td colspan="2"></td></tr>
<tr><td rowspan="4">施工单位（含主要分包单位）</td><td colspan="2">北京市文物保护工程有限公司</td><td>一级</td><td></td><td>李彦成</td><td colspan="2">王林</td></tr>
<tr><td colspan="2"></td><td></td><td></td><td></td><td colspan="2"></td></tr>
<tr><td colspan="2"></td><td></td><td></td><td></td><td colspan="2"></td></tr>
<tr><td colspan="2"></td><td></td><td></td><td></td><td colspan="2"></td></tr>
<tr><td>隐蔽验收情况</td><td colspan="8">资料齐全，验收记录完整，核查合格</td></tr>
<tr><td>安全、功能检验（检测）情况</td><td colspan="8">符合设计和规范要求</td></tr>
<tr><td>工程竣工技术资料核查情况</td><td colspan="8">工程竣工技术资料真实、有效、完整和齐全，核查合格</td></tr>
<tr><td>工程监理资料情况</td><td colspan="8">工程监理资料，核查核查合格</td></tr>
</table>

重庆市城市建设档案馆
重庆市建设工程质量监督总站 监制

建设工程竣工验收意见书(二)

验收表-7-2

工程名称	涞滩二佛寺摩崖造像——瓮城及城墙维修工程
主要使用功能检查结果	检查结果合格，满足使用功能
监督机构责令整改问题整改情况	整改质量问题已整改完毕，合格
完成工程设计与合同约定内容情况	已完成工程设计内容
保修书签署情况	已签署
规划、消防、环保、档案验收情况	/
工程款按合同支付情况	工程款按合同约定进行支付
民用建筑节能设计及执行情况	/
验收意见	本工程共7分部，已按设计要求及合同约定完成全部内容。 1、工程竣工技术资料真实、完整、符合要求。 2、按照现行有关设计、施工规范，施工质量满足有关质量验收规范和标准。 3、综合验收结论：合格。
备注	

验收组成员	建设单位	监理单位	施工单位	设计单位	勘察单位
	（公章）	（公章）	（公章）	（公章）	（公章）
	负责人：	负责人：	负责人：	负责人：	负责人：
	年 月 日	年 月 日	2020年5月6日	2020年5月6日	年 月 日

重庆市城市建设档案馆
重庆市建设工程质量监督总站 监制

东水门-墙体灌浆 隐蔽工程报验表

（监理[ ]隐蔽报验 东水门-003 号）

工程名称： 来滩二佛寺摩崖造像-瓮城及城墙维修工程

致： 河北木石古代建筑设计有限公司 （项目监理机构）

我方于 2018 年 7 月 13 日已完成 东水门-墙体灌浆 隐蔽工程

工作，经自检合格，请予以验收。

附件： 工程隐蔽检查记录

检验检测报告

其他

项目专业技术负责人（签字）：姜志国

施工项目管理机构（盖章）：北京东文物古建工程公司

2018年7月13日

验收意见：

符合设计要求

专业监理工程师（签字）：张瑞勇

项目监理机构（盖章）：河北木石古代建筑设计有限公司

2018年7月13日

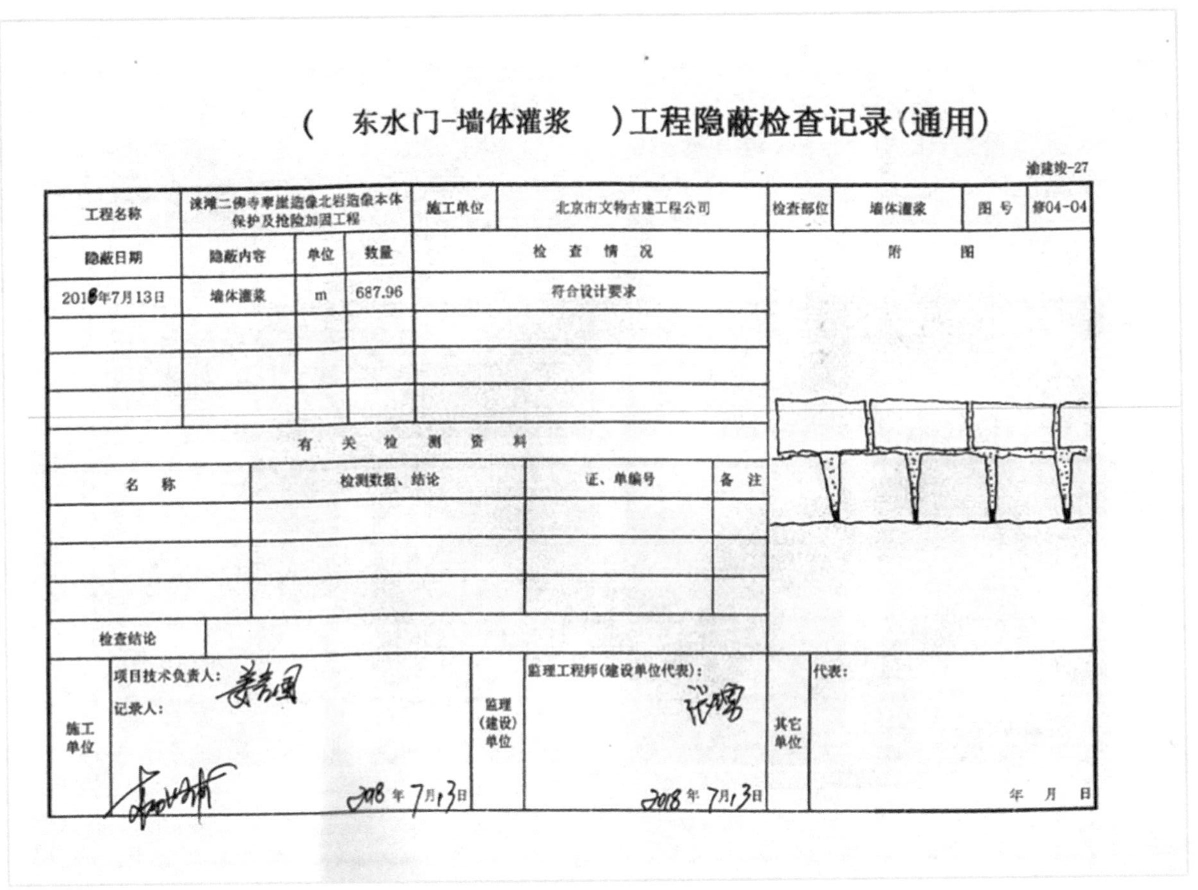

（ 东水门-墙体灌浆 ）工程隐蔽检查记录（通用）

渝建竣-27

工程名称	涞滩二佛寺摩崖造像北岩造像本体保护及抢险加固工程			施工单位	北京市文物古建工程公司	检查部位	墙体灌浆	图号	修04-04
隐蔽日期	隐蔽内容	单位	数量	检查情况		附图			
2018年7月13日	墙体灌浆	m	687.96	符合设计要求					

有关检测资料			
名称	检测数据、结论	证、单编号	备注
检查结论			

施工单位	项目技术负责人： 记录人： 2018年7月13日	监理（建设）单位	监理工程师（建设单位代表）： 2018年7月13日	其它单位	代表： 年 月 日

墙体灌浆隐蔽工程影像资料：

灰浆制作施工中	灰浆制作施工中
灰浆制作施工中	灰浆制作施工中
灌浆施工中	灌浆施工中
灌浆施工后	灌浆施工后

施工安全日记

涞滩二佛寺摩崖造像瓮城及城墙维修 工程 记录人 卜保[illegible]

起止日期：2018年4月20日至2018年6月8日

施工现场安全日记记录参考

1. 当天生产活动中的安全生产问题及处理情况简要记录。

2. 工人进场安全教育和工程分部、分项安全技术交底简要记录。

3. 工地自检和开展安全生产活动情况记录。

4. 分公司（工程项目组）、公司、上级有关部门检查情况记录。

5. 隐患整改、回复情况记录。

6. 未遂事故和工伤事故情况记录。

7. 购置安全防护设施，用具进场情况记录。

8. 脚手架搭设、安全网张挂，电线架设、垂直运输机械、施工机具等安装、检查、验收、使用情况记录。

9. 奖罚情况记录。

10. 与甲方或分包等单位有关安全往来情况记录。

安　全　日　记

建安表（　）

2018年 4月20日　　星期 五、　　天气 多云转晴、东北风3-4级，19℃-27℃.

1. 业主方、施工方、监测单位、设计单位、监理单位，文委、文管所等相关参建单位对城墙施工区域进行详勘并在回龙客栈二楼会议室进行图纸会审、技术交底。

2. 经检查，今日施工现场安全、无任何隐患。

2018年 4月21日　　星期 六、　　天气 多云、东北风微风，18℃-26℃.

1. 施工现场安全及布置情况：

(1). 准备施工现场打围材料、施工八牌一图制作中；

(2). 施工机具进场，现场调试、保养、试运转，确保安全使用；

(3). 继续踏勘施工区域（和设计单位、监理单位）；

2. 安全情况：

经检查，今日施工区域一切正常，无任何隐患。

安 全 日 记

建安表（ ）

2018年 4月22日　　星期 日、　　天气 零星小雨转阴，西北风2级，18℃-26℃.

施工现场安全情况：

1.经检查，今日施工现场未施工，施工现场安全，无任何隐患；

2.施工打围设施，八牌一图制作中；

2018年 4月23日　　星期 一　　天气 有时零星小雨，北风2级，19℃-24℃.

1、今日施工现场未施工；

2、施工现场安全情况：安全，无任何隐患。

3、施工前准备工作进行中。

安　全　日　记

建安表（　）

2018年 4 月24日　星期 二.　天气小雨. 东南风2级, 18℃-21℃.

1. 施工现场下雨, 未施工;

2. 经检查, 今日施工现场安全, 无隐患。

2018年 4 月25日　星期 三.　天气小雨. 东南风1级, 15℃-18℃.

1. 施工现场小雨, 未施工;

2. 施工现场安全检查, 安全, 无隐患。

3. 施工现场材料堆放区标识, 标牌齐全, 无隐患。

安 全 日 记

建安表（ ）

2018年4月26日 星期 四、 天气 晴，西北风1级，15℃-23℃.

施工现场安全情况：

1.经检查，今日施工现场安全，无隐患；

2.经检查，今日施工材料转运人员文明施工，无违规作业现象；

3.经检查，今日施工材料临放区标识标牌齐全，无隐患。

2018年4月27日 星期 五. 天气 晴转多云，东南风1级，17℃-28℃.

施工现场安全情况：

1、今日转运施工材料（石板、石条），施工操作人员安全防护齐全，文明施工，无违规；

2、今日施工现场施工材料临时堆放区（东水门城墙内）标识，安全牌齐全，无隐患；

3、今日施工现场施工机具正常运转，无故障，无隐患。

经检查，今日施工现场安全，无隐患。

后 记

文物维修需要对文物的历史沿革进行充分了解，对文物的形制、结构、材质、工艺、保存现状等进行勘察，分析和掌握其时代特征和地域特征，所有这些，已具备了文物研究的性质，将其进行资料整理与发表，实在是文物维修工程中的另一项成果。合川是重庆的文物大区，一直以来都有较重要的文物修缮工程，但均没有将修缮实践及相关研究成果进行出版，本书的出版旨在改变这一状况，以使今后更多的文物修缮工程资料及修缮过程中的认识与思考转化为书籍成果，为后继研究者提供公开的参考资料。

本书的编著，由笔者单位重庆市合川区文物管理所首先发起，北京建工建筑设计研究院提供了涞滩古镇瓮城及城墙维修工程设计方案，北京文物古建工程公司提供了维修工程的全部资料，工程责任单位重庆市合川区文化旅游公司也积极促成此事，特别是北京文物古建工程公司的卿梅女士从资料整理到编印成书提供了莫大帮助，在此，本人一并表示衷心感谢！但由于编著时间紧促，笔者水平有限，书中错误在所难免，希读者朋友不吝赐教，提出宝贵的批评意见。

王 励

2024 年 6 月 18 日